"985"二期哲学社会科学创新基地"科技伦理与科技管理研究中心"资助项目

辽宁省高校人文社会科学重点研究基地资助项目

大连市社会科学院人文社会科学研究重点资助项目

应用伦理学的新视野

——2007"科技伦理与职业伦理"国际学术研讨会文集

安延明　王　前　主编

人民出版社

责任编辑:陈寒节

责任校对:湖　催

图书在版编目(CIP)数据

应用伦理学的新视野——2007"科技伦理与职业伦理"
国际学术研讨会文集/安延明、王前 主编
　—北京:人民出版社,2008.12
　ISBN 978 - 7 - 01 - 007624 - 9

　Ⅰ.应… Ⅱ.①安… ②王… Ⅲ.①科学技术 - 伦理学
- 国际学术会议 - 文集 ②职业道德 - 国际学术会议 -
文集　Ⅳ.B82 - 057 B822.9 - 53

中国版本图书馆 CIP 数据核(2009)第 001881 号

应用伦理学的新视野

——2007"科技伦理与职业伦理"国际学术研讨会文集

YINGYONG LUNLIXUE DE XIN SHIYE

——2007"KEJI LUNLI YU ZHIYE LUNLI"GUOJI XUESHU YANTAOHUI WENJI

安延明　王　前　主编

人 & 出 版 社 出版发行

(100706　北京朝阳门内大街 166 号)

北京市文林印务有限公司　新华书店经销

2008 年 12 月第 1 版　2008 年 12 月北京第 1 次印刷

开本:710 毫米×1000 毫米　1/16　印张:20.5

字数:295 千字　印数:1～3000 册

ISBN 978 - 7 - 01 - 007624 - 9　定价:39.00 元

邮购地址:100706　北京朝阳门内大街 166 号

人民东方图书销售中心　电话:(010)65250042　65289539

《科技哲学与科技管理丛书》总序

  科技、哲学、管理，这是呈献在读者面前的这套丛书的三个关键词。这三个不同的概念通过标识这套丛书的"科技哲学"和"科技管理"两个截然不同的知识领域而联接在一起。

  纵观人类文明史，我们看到科技、哲学、管理三者各自相对独立，又彼此渗透交叉，构成绚烂的历史画卷与交响的知识乐章。

  科技，是贯穿人类文明史特别是近现代文明史的强大动力。从哥白尼革命到 20 世纪中叶的四个多世纪，是科学和技术超过以往五千年人类文明史的大时代。人类不独通过一次接一次的自然科学革命，认识了我们的太阳系、宇宙的历史与起源，揭示了物质组成的原子、基本粒子的结构与起源，而且唤起一场又一场技术革命和产业革命，从地下的黑色煤炭、石油和原子核内部获取巨大的能量，让灿烂的光明照亮整个世界；人类社会仿佛从科学技术获得一种无穷的力量而走上翻天覆地的道路，欧洲摆脱黑暗的中世纪而大踏步前进，而曾登上封建时代科学技术顶峰的中国迅速衰落，新兴资产阶级借助科学技术造就强大的生产力，炸毁了封建骑士制度，把资本主义扩张到全球范围；正是在 19 世纪自然科学、技术与社会的伟大变革中，马克思主义横空出世，掀起一场社会科学的理论革命，揭示了人类社会的发展规律，把社会主义从空想变为科学，并且在 20 世纪上半叶社会主义又从理论变为现实，震撼全世界，而资本帝国主义却在两次世界大战中从强盛走向衰败。20 世纪中叶分子生物学革命以来的半个世纪里，整个世界进入现代科学技术更加迅猛发展的新时代。人类的视野进一步向物质世界的宇观和微观两极拓展，解开了生命的奥秘和遗传的密码，一系列高技术变革改变了整个世界面貌，人类的指头可以随时指点江山瞬息尽收天下奇闻，人类的脚步开始走出地球踏上月宫，迈向探索和进入宇宙的漫漫征程。现代科学技术进步加快了经济全球化的进程和世界经济的发展，而日益显露的一系列全球问题：人口膨胀与两极分化，资源短缺与环境恶化，严重威胁着人类的生存与发展。同时，也是这半个世纪，世界历史又发生了戏剧性的逆转，帝国主义经营几个世纪的世界殖民主义体系土崩瓦解，而衰落的资本主义凭借日新月异的科学技术优势竟奇迹般地焕发出空前的活力；亚非拉新兴独立的发展中国家刚刚走上迅速发展的道路，却又很快地拉大了与发达国家的差距；世界社会主义阵营奇迹般地崛起，而传统社会主义模式竟然在不可思议的苏联解体、东欧巨变中宣告失败，唯有贫穷落后的中国奇迹般地迈向小康社会，走出一条中国特色社会主义的新路子。

哲学，是人类智慧的结晶，社会文明的象征和时代精神的精华。哲学作为孕育科学胚胎的母体，科学作为哲学思想的基础，二者有着不解的亲缘关系。从古希腊的哲人到古华夏的圣贤，他们颇富哲理魅力的经典，凝结了欧亚大陆东西两端古代文明和科学幼芽的精髓，也成为撒播到全世界的文明种子。自从近代科学从哲学母体中分离出来和从神学枷锁中解放出来，科学走上独立发展的道路，不仅成为社会进步的强大动力，而且变成反哺哲学的肥沃土壤。科学技术每一个划时代的突破，都引起哲学思想的深刻变革。而哲学对科学活动的抽象与反思，又为科学活动提供了探索的方法与指南。正如爱因斯坦所说，"哲学的推广必须以科学成果为基础。可是哲学一经建立并广泛地被人们接受以后，它们又常常促使科学思想的进一步发展，指示科学如何从许多可能的道路中选择一条路。"① 近代历史分析与统计分析表明，世界哲学高潮与科学中心的转移呈现出有趣的对应关系②。人文主义与文艺复兴运动，打破宗教神学对科学的桎梏，使意大利成

---

① A. 爱因斯坦、L. 英费尔德，物理学的进化，上海科学技术出版社，1979，第39页。

② 刘则渊、王海山. 近代世界哲学高潮和科学中心关系的历史考察，科研管理. 1981 年第 1 期。

为近代世界第一个科学活动中心；弗朗西斯·培根的归纳哲学及对实验科学的倡导，导致世界科学中心转移到英国；法国百科全书派与启蒙运动的兴起，为法国科学后来居上、领先世界发挥了先导作用；从康德到黑格尔的哲学革命，给保守落后的德国注入辩证思维的活力而一跃成为 19 世纪世界科学中心；富兰克林的哲学学会活动与实用主义哲学思想，广泛吸纳欧洲人才与科技，催生了美国科学的崛起，使美国成为 20 世纪世界科学的中心。

管理，作为一种活动，自古以来就存在于人类社会之中，是关于组织自我调节与控制的行为和过程；作为一门学科，则发端于近代科学方法在工业生产管理中的应用，是研究人类社会各种管理活动规律与方法的知识体系。管理学领域不断引入数学与自然科学、人文与社会科学，并与管理实践相结合，引起管理学理论的变革与发展。19世纪末 20 世纪初，工业革命从欧洲向北美转移，工业企业管理实践对提高生产效率的追求，导致"经验管理"走向"科学管理"。20世纪上半叶，单纯追求生产效率的传统"科学管理"对工人身心的摧残，引起人们对工作条件、人际关系等人性化的因素在管理中的重要性的关注，促进了管理学向管理心理学和组织行为学的转向。20世纪下半叶，是管理实践与管理学科及理论急剧变革和发展的新时期。50 年代到 60 年代，大科学的兴起，以及生产规模的扩大对管理整体运作的需要，而运筹学及系统科学的发展恰好适应这一需求，从而导致运筹学在管理中的应用和狭义管理科学的诞生，同时市场经营环境的复杂多变，使得管理学进一步从行为科学到战略管理的延展；20 世纪 80 年代以来，尤其是 90 年代以后，经济全球化和科技进步的加快，知识经济时代的来临，可持续发展观的形成，引发管理学学科与理论的一系列变革，从组织变革理论和竞争战略管理，到科技管理、创新管理和知识管理。

进入 21 世纪，现代科学技术前沿领域——信息科学与技术、生命科学与技术、纳米科学与技术、环境科学与技术、清洁能源科学与技术，呈现更加活跃、突飞猛进的新态势，并不断引发一系列创新成果，推进新一轮产业结构的转换，有可能导致一次新的世界经济浪潮的来临。人们估计，其对全球的影响将可能大大超过科学技术对20世纪下半叶世界面貌的巨大改观。然而，这些当代科技前沿问题到底是否酝酿着新的重大突破，能否引起一场新的技术革命和产业革命，它们将会对全球人类、社会和自然环境造成什么样的、多大程度的后果，某些领域对人的发展、伦理、心理和行为又将产生什么样的、多大程度的影响，中国在现代科学技术前沿的世界版图中处在什么位置，对我国提升自主创新能力、建设创新型国家与可持续发展的和谐社会将会起到多大作用，我们怎样合理有效地对这些前沿领域进行规划与布局，如何抢占它们前沿的生长点与制高点，应当采取什么样的战略、政策与举措，等等，都值得从哲学的高度与管理的视角加以关注、思考、分析和评估。

这正是我们力主把"科技哲学"和"科技管理"两个跨学科的知识领域联接起来，编辑出版"科技哲学与科技管理丛书"的背景与初衷。

作为"985 工程"教育部哲学社会科学创新基地暨辽宁省人文社会科学重点研究基地，大连理工大学科技伦理与科技管理研究中心创建之时，依托于我校"科学技术哲学"和"科学学与科技管理"两个博士点。我们注意到，当代科学技术及其社会应用的活动，愈来愈成为一个"二次方程式"，其数学解之根总是一正一负：正根就是"第一生产力"，而负根便是"社会破坏力"。因此，对科学技术活动及其后果，一方面需要进行哲学的反思与伦理的调控，另一方面需要展开科学学的探索与管理学的导向，从而既充分发挥科学技术的第一生产力功能，同时又避免科学技术应用的负作用。这应当是我们基地建设、学科建设与学术研究的出发点和归宿。基于这一认识，我们创新基地建立伊始，就规划设想把基地的研究成果以学术专著形式出版，汇集成"科技哲学与科技管理丛书"奉献给读者。这一设想得到了人民出版社的高度重视与大力支持。对此，我们表示诚挚的感谢。

现在，这套丛书终于面世了。至于丛书是否符合我们的初衷，是否起到应有的作用，就有待广大读者来评判了。我们期待以这套丛书为桥梁，与科技界、哲学界、管理界及广大读者建立广泛的联系，为我国科技发展、哲学繁荣和管理进步而携手共进，贡献力量。

2006 年 12 月 15 日

目　录

第三编　全球化时代的职业伦理

Contents

Historical Resources for
the Studies of Applied Ethics

Ethics in the Context of the Contemporary Science and Technology

Business Ethics in the Era of Globalization

应
用
伦
理
学
的
新
视
野

2007
『
科
技
伦
理
与
职
业
伦
理
』
国
际
学
术
研
讨
会
文
集

4

导　语

　　近年来，科技伦理与职业伦理研究引起国内外学术界的普遍关注，这一方面是由于现代科学技术发展带来了很多新的亟待解决的伦理问题，另一方面是由于科技工作者自身的职业伦理在新形势下也面临许多严峻的挑战。为了推动科技伦理与职业伦理研究的深入开展，促进国内外学术界在这一研究领域的交流与合作，2007 年 7 月 16 - 18 日，大连理工大学、北美中国哲学家联合会、《世界哲学》杂志社、中国社会科学院文化研究中心在大连理工大学联合举办了"科技伦理与职业伦理"国际学术研讨会。美国企业社会责任研究中心主任大卫·施沃伦博士、美国技术哲学家卡尔·米切姆教授、美国夏威夷大学哲学系成中英教授等国外著名学者和中国社会科学院、中国科学院、中山大学、浙江大学、哈尔滨工业大学、华中科技大学等科研单位和高等学校的许多专家学者出席了此次研讨会。会后我们选择了 8 篇国外学者的论文和 9 篇国内学者的论文，又增加了因故未能到会的美国著名哲学家孟旦教授和清华大学曹南燕教授已提交的论文，再加上我们为会议写的综述，共计 20 篇文章，汇编成这本文集。我们希望这本文集能从一个侧面反映出科技伦理与职业伦理研究的最新进展，进一步推动这一领域的研究活动，使之取得更为丰硕的成果。

应用伦理学的新视野

——2007 "科技伦理与职业伦理" 国际学术研讨会综述

王前① 安延明②

2007 年 7 月 16 – 18 日，由大连理工大学、北美中国哲学家联合会、《世界哲学》杂志社、中国社会科学院文化研究中心联合举办的"科技伦理与职业伦理"国际学术研讨会在大连理工大学举行。与会国外学者 15 人，国内学者 50 余人。现将会议内容综述如下：

一、应用伦理研究的历史资源

科技伦理与职业伦理研究，是当代应用伦理领域的热点课题。然而这方面研究的深入需要追本溯源，将现实问题置于开阔的历史背景上加以认识，充分利用有关的历史思想资源。与会学者从不同角度展开了这方面的讨论，使本次研讨会成为多维度、多层次思想交流的学术平台。

一些学者对当代应用伦理某些热点问题的历史演变进行了系统探讨。中国社会科学院哲学研究所朱葆伟研究员回顾了技术哲学研究自2000 年以来的伦理转向，从理论和实践两个方面讨论了技术伦理学的学科定位问题。他强调技术伦理学研究要深入到技术活动之中，要

---

① 王前（1950 – ），男，辽宁沈阳人，大连理工大学人文社会科学学院教授、博士生导师，主要研究方向为技术哲学、科技伦理。
② 安延明（1955 – ），男，美国克莱姆森大学汉学、哲学副教授，大连理工大学"海天学者"特聘教授。

与伦理学共同发展，特别要关注实践伦理学提出的问题。中山大学哲学系张华夏教授指出系统科学和系统思想可以成为职业伦理学研究的理论资源。他论述了自组织理论和复杂性科学对于管理伦理学研究的意义，指出了由外部控制者的管理思维转向内部参与者的管理思维的必要性，进而探讨了在现实生活中落实伦理原则的途径。大连理工大学王前教授从学术伦理、工程技术伦理、生命和医学伦理、环境和生态伦理这四个方面，对中国改革开放以来的科技伦理发展进行回顾和展望，提出了完善科技伦理教育、强化舆论监督和道德教化氛围、建立相应的社会保障系统等对策性建议。

在应用伦理研究的历史资源中，中国传统伦理思想的现代价值引起与会学者的极大关注。著名哲学家，"第三代新儒家"代表人物之一，美国夏威夷大学哲学系成中英教授在会议主题报告中介绍了他的管理哲学的基本理论——"C理论"。他将五行理论同西方管理理论相结合，提出了中西融合的管理哲学。他认为，"土"在五行中居中心地位，用Centrality表示；"金"具有控制性，用Control表示；"水"具有变化流动性，用Change或Contingency表示；"木"具有创造性，用Creativity表示；"火"具有协调性，用Coordination表示。结合西方管理科学，成中英先生认为"5C"的内在含义也可表示为决策（Centrality）、领导（Control）、权变（Change或Contingency）、创新（Creativity）、统合人才（Coordination）。以此为基础，他着重探讨了"TTT"（Time – Timeliness – Timelessness，即时机——适时——永久）作为经济、商业等职业活动决策模型的伦理学问题。时机具有偶然性。适时具有持续性，要充分考虑到社会的基本价值并创造新的价值。而永久则要求简单性，便于使价值观成为实际行动。

纽约科技大学的修海乐（Harold Sjursen）教授在题为"技术伦理、汉斯·尤纳斯和新儒家"的报告中，从中西文化对比的角度，探讨了汉斯·尤纳斯的责任伦理思想与朱熹的理学思想的相通之处，以及二者在当代技术伦理研究中的价值。他特别提到理学家关于"格物、致知、诚意、正心、修身、齐家、治国、平天下"的理念，对于今天的职业伦理研究有着重要的启发意义。

还有一些学者讨论了西方伦理思想成果对当代应用伦理研究的影响。

美国霍普大学的肯特·梯尔（Kent Til）教授讨论了基督教信仰与商业价值观的关系。他指出基督教信仰与企业追求利润的活动之间一直存在内在矛盾，许多问题至今没得到根本解决，这对职业伦理的发展有着深刻的影响。他希望这种讨论对中国学者研究传统文化与现代职业伦理的关系有所启迪。

上海师范大学哲学系陈泽环教授谈到了德国学者阿尔贝特·施韦泽（Albert Schweitzer）的高尚人格和深刻思想对科技工作者职业伦理的启示。施韦泽"敬畏生命"、充满爱心的人格，作为一种个人伦理，对于提升中国科技工作者的职业伦理境界，也具有强烈的感染力和深刻的启示性。施韦泽的有关"自然哲学"高于"思辨哲学"，文化的本质不是物质成就而是伦理的思想，作为一种文化哲学，促使我们不断思考科学技术在人类文化中的真实地位。

大连理工大学的文成伟教授和戴艳军教授分别讨论了古希腊"技术"神话的伦理意蕴和德国当代技术哲学家拉普的技术伦理思想。文成伟指出，古希腊神话中的"技术"具有工具性价值，其中充满了智慧和力量，然而"技术"本身又是具有原始性缺陷的存在，为此神（话）对于人类拥有技术表示担心，而道德则借助被赋予了神性的自然力成为规范人性和约束人的行为的内在尺度。戴艳军指出，拉普的技术伦理思想的现代价值在于，他提出技术哲学要为现实的技术选择提供价值指南；解决技术问题的根本途径不在于技术本身，而在于操纵技术的人及其价值观念的转变；技术发展需要伦理规约，即用伦理道德控制人的技术行为和欲望。

二、当代科技背景下的伦理学

当代科学技术的迅猛发展带来了许多新的伦理道德问题。与会学者从不同角度展现了当代科学技术背景下伦理学研究的新成果。

美国技术哲学家卡尔·米切姆（Carl Mitcham）教授的会议主题报告题目是"思考面向多元评价的技术与伦理关系"。他对技术伦理学中的欧洲现象学哲学传统和英美分析哲学传统进行了比较分析。米切姆认为：前者将技术看成是一个整体，其优势是倾向于将理解作为目的，不足之处在于几乎不能解决具体问题；后者关注特殊条件下的特殊技术，其优势在于能够通过实践上的益处来解决具体问题，不足之处在于缺乏一般方向。前者的推广影响到公民道德教育，后者的推广影响到政策上的进步。米切姆得出结论：这两种传统各有优点，而又有不足之处。因此在技术伦理学研究中，二者都是必需的，应当彼此互补和融合。

大连理工大学刘则渊教授和王国豫副教授在题为"技术伦理与工程师的职业伦理"的会议主题报告中指出，工程师要遵循技术工作的职业操守，履行工程技术相应的社会责任，但技术伦理学并不等同于职业伦理学和责任伦理学。要达到技术的和谐目的，必须从技术的决策、创造、生产、传播、使用各个环节，从技术的工程过程、经济过程、文化过程各个方面对技术进行社会建构，这不只是工程人员的责任，而且也是社会各界的共同责任。技术伦理学需要研究参与技术的社会各界的道德自律问题和责任伦理问题，而不能仅仅归结为工程师的职业道德和责任伦理。这是一种基于技术社会建构论的技术伦理观。

美国洛约拉·马里蒙特大学的菲利浦·彻梅莱沃斯基（Philip Chmielewski）教授多年来从事工程伦理学研究。他专门探讨了工程伦理案例研究中常用的"辨析法"（Casuistry）。实际上这种方法在中国古代和西方历史上都曾使用过，即在具体的案例分析中，根据实际情况运用伦理原则，从个案中发展伦理原则，使伦理学适应不断变化的社会生活。他认为当代的工程伦理研究尤其要重视这种方法，通过这种方法，职业工程师能够学会感知伦理问题，评价技术活动的可能后果，明确自己应如何行动，如何尽到自己的职责。

美国克莱姆森大学的凯利·史密斯（Kelly Smith）教授在其报告中提出应该关注当代科技的不恰当应用可能给人类带来的各种灾难，包括大气污染、战争、流行病和其他至今尚不完全清楚原因并极具破坏力的灾难，如温室效应、地磁场不稳定或新技术造出可能危害人类的"怪物"。这是一个需要有关部门和专家学者共同承担伦理责任的国际性课题，特别需要专业伦理学家的参与。

中国科学院研究生院的李伯聪教授专门讨论了工程伦理学中的团体伦理问题。他指出，工程活动的主体不是个体而是集体或"团体"（例如企业）。这就意味着，如果不能跨越一个从"个人伦理主体论"到"团体伦理主体论"的理论鸿沟，那么真正意义上的工程伦理学是不可能真正建立的。许多伦理学家都十分关心分析和研究工程活动所造成的环境污染、决策责任和事故责任等问题。对于这些问题，有关的工程师无疑地有其不可推卸的职业责任。但造成危害的责任主体不是单纯的个人而是某个"团体主体"和相关的"制度"。应该承认，在具体深入分析和"落实""团体"的伦理意识、伦理责任的时候，人们会遇到许多困难，这些困难不但是必须克服的，而且也是可以克服的。他还谈到，这个在工程伦理学领域突显出来的问题，在生命伦理学、计算机伦理学和网络伦理学中往往并非具有要害性的问题。因为对于这几个学科来说，在需要以个人作为伦理主体这一点上往往与传统伦理学基本一致。

厦门大学哲学系徐梦秋教授着眼于当代科学界的学术伦理问题。他认为，在科学界学术不端行为频频出现的今天，科学规范的建构和完善已是当务之急。科学规范是用来指导和调控科学工作者行为，具有普适性和长效性的指示或指示系统，也是评价科学活动和科学工作者行为的正当性、合理性的标准。根据科学规范调整的对象、科学活动的阶段或目标、科学家的权利和义务、科学规范的抽象程度或强弱程度，他提出了科学规范的具体分类，并阐述了其各自的功能。

北京航空航天大学的徐治立教授重点讨论了基因科技的二重性及其伦理张力。他认为基因科技在认识论上具有线性和非线性二重本质，在本体论上具有遗传与变异、形状确定与不确定、网络系统简单与复杂的二重性。在伦理学上，基因科技二重性要求保持相应的伦理张力，即基因研究的自由与干涉、优生的合理性与限制性、基因科技政策"生态"平衡的对立统一。

华南师范大学的江雪莲教授指出，当代科技伦理应该借助多学科研究视角和方法，成为新型的应用伦理即实践伦理的重要分支和主题构成部分。科技伦理不仅仅是一种德行伦理、职业伦理，也是一种制度伦理、社会伦理。当今中国科技伦理建设需要通过强化科技的社会价值、建立科技管理制度、完善科技立法等途径，实现科技伦理的社会化和制度化。

华中师范大学的刘鹤玲教授讨论了利他主义的生物学基础、经济学意义和社会文化机制。她指出，传统的利他主义的道德观念由于片面强调为他人做出牺牲，完全忽视个人利益而走向另一个极端。从现代生物学、经济学和社会文化角度看，利他也是为了更好地利己。这种新的伦理理念有助于社会矛盾和冲突的解决，实现社会的公平正义、诚信友爱和协调发展。

华中科技大学的韩东屏教授从一个别致的角度探讨了"永生不死是否可能当求？"这样一个话题。从古至今，无论是肉体的永生不死还是精神的永生不死都未见成功。然而用"克隆转忆"的路径可能实现这个梦想。这就是在一个人死后克隆出他的肉体，再用记忆移植技术将其原有记忆转移到这个克隆体的大脑中，使他死而复活。能做之事当然未必就是该做之事，这里需要从伦理学角度探讨其利弊得失。

哈尔滨工业大学的叶平教授指出，20 世纪的最后 25 年，关于生态危机的大讨论表明人类正在进入生态时代。人类试图从"征服自然"转向"协调自然"的可持续发展，需要转变观念、思维方式、生活方式、生产方式以及社会发展方式。面对如此的环境革命，工科大学应当肩负怎样的伦理责任和使命？值得深思。应当把确立生态意识和可持续发展观念作为工科大学师生文化素质教育的重要组成部分，开展绿色教育，建设绿色大学。南开大学博士研究生赵媛媛也在发言中强调，要从伦理学视角看待由传统经济增长方式向循环经济模式转型的历史与逻辑的必然性，而发展循环经济必须建立与之相应的新生态伦理观。大连海事大学史兆光教授讨论了海洋科技引发的伦理问题。这里的伦理问题不仅涉及海洋高科技发展对海洋生态环境的影响，也涉及海洋高科技的发展带来国家和地区之间的不公正、不平等，因而需要从伦理学视角重新审视人类的海洋意识。

三、全球化时代的职业伦理

在经济全球化的时代，企业经营者需要担负更多的社会责任，不仅要避免生产和营销活动对人类生存环境可能带来的负面影响，还要注意企业经济利益与社会效益的协调，促进社会的可持续发展。

美国"企业社会责任运动"的重要奠基者，美国企业社会责任研究中心主任，D. J投资咨询公司总裁大卫·施沃伦（David A. Schwerin）博士在会议主题报告"促进经济全球化健康发展的伦理学"中指出，在经济全球化的时代，狭隘自私的利己主义行为只能导致不公正、不稳定，以至于不可避免自拆墙脚。金钱和幸福感之间的联系并不像很多人想象的那样明显。关于幸福感的错误信念驱使一些人以不道德的手段获取更多的东西，全然不顾其他人受到不公正的对待和资源的轻率的消耗。全球化的进程表明，从经济、政治、社会和环境角度看，各部分都是不可抗拒地联系在一起的。如果某个地区当局做出了一个以自我为中心的，无视其他地区人们利益的狭隘决定，每个人都会付出难以承受的代价。大卫·施沃伦博士还谈到，不道德的行为可能导致紧张和创伤，进而影响人们的身心健康。改变我们某些根深蒂固的信念是改善我们目前并不可靠的生存条件的唯一选择。

瑞士联合银行金融业务有限公司副总裁亨利·古德斯皮德（Henry Goodspeed）先生的报告题目是"全球化股票市场：构想一个

和谐的社会"。他作为一个投资银行家和哲学家，倡导由怀特海奠基的过程哲学，这就是强调事物之间的内在的相互联系，注重这种联系变化的过程。他指出，西方经济学从亚当·斯密开始一直提倡通过"看不见的手"发挥市场的魔力，通过鼓励个体来实现赚钱的目的，将个人凌驾于群体之上。在全球化的过程中，有必要重新审视以往的动机和行为。全球的股市是相互联系的，其他国家的股市影响中国，中国股市同时影响世界。事物之间的相互联系要求我们构建人类和谐美好的关系，维持社会有机体的活力。所有的生命过程都依赖于广泛的和谐合作，和谐合作是构建复杂系统的必要因素。

美国过程研究中心的罗纳德·费普斯（Ronald Phipps）先生对基于过程哲学的伦理学作了进一步的讨论。他认为社会发展可分为离散式发展和整合式发展这两种类型，前者造成不和谐、不公平、资源浪费，而后者促成和谐、合作和进步。后者的思想基础就是过程哲学。整合式发展是由经济全球化决定的，这种发展模式依赖人们伦理观念的变革，需要破除狭隘的实用眼光，要有一种长远的考虑。建设和谐社会需要伦理学作为基础。

美国克莱姆森大学的丹尼尔·维斯特（Daniel Wueste）教授在题为"避免相互信任缺失：企业中的伦理"的报告中，强调需要关注企业实际经营中的伦理问题，而不是仅仅注意修辞的或公共关系的伦理学。企业中的伦理并不是一种强加于人的规范。遵守企业伦理的要求，能够支撑企业发展，使参与其中的人们得到真正的成功。企业中的伦理规范具有跨文化的特征。

美中贸易全国委员会的商务咨询经理艾瑞克·阿恩特（Eric Arndt）先生讨论了中国商贸活动的职业伦理问题。他认为中国作为一个贸易大国，面对着全球化、国际化趋势，需要提高企业的社会责任感，与国际企业界合作开展伦理教育，了解和遵守国际上通行的企业伦理道德标准，调整行为规则。他还提到媒体也需要遵守相关的职业道德，避免贸易活动中的歧视性报道。

南京大学哲学系肖玲教授从职业伦理的角度讨论了科学家的道德

责任问题。她认为科技活动本身是个过程，有初端、中端、终端之分。对于科技活动的不同主体，有不同的伦理道德要求。随着科技社会化和社会科技化，科学家需要承担更多的伦理责任。但科学家作为个体，只能承担初端研究的责任，而且应该预测科学成果可能造成的影响。因为他们对科技成果本身，以及最终结果的情况比较了解。但不能要求他们承担科学成果应用中的所有社会责任。大连理工大学洪晓楠教授也谈到，在"科学—技术—经济—社会一体化"背景下，科学家已经成为一种社会职业；在广泛的社会活动中，科学家属于为一定的上层建筑服务的某一组织或某机构的成员，是生活在一定社会中的人。科学家的这种角色特征使得他们在进行个人科学行为选择时，会面临着在国家、社会、企业、公众等角色选择的艰难境地，可称其为角色选择的困境。科学家选择哪些角色，就意味着要承担起该角色所带来的责任。从某种意义上可以说，科学家面临的角色选择的困境引发了与此相关的责任承担的困境。

华南农业大学高菊教授讨论了科学实验活动的自由边界与道德判断问题。她指出，在大科学时代，科学对于整个人类社会的影响越来越深刻、广泛，在这种情况下，科学的自由越来越有限。对科学活动进行伦理干涉的必要性已成为共识。问题在于如何合理有效地对科技活动进行伦理干涉。科技活动的伦理底线应该经过多方面的协商，而不应由官方单独确立。科技评价的手段与方法应该不断创新，不能僵化，才能使评价更加客观、公正、合理合法化。

本次"科技伦理与职业伦理"国际学术研讨会经过充分的思想交流，取得了丰硕成果。与会学者加深了相互了解，在许多共同感兴趣的课题上达成了共识和进一步合作的意向。这次会议将有力推动科技伦理与职业伦理研究的国际学术交流，开拓应用伦理的新视野，产生深远的社会影响。会议结束后，中美有关学者就如何深入研究相关课题进行了认真讨论，并且初步决定，2008 年夏季在纽约科技大学举办第二届科技伦理与职业伦理国际学术研讨会。

（本文原载于《哲学动态》2007 年第 10 期）

第一编
应用伦理研究的历史资源

科学技术职业与伦理

——阿尔贝特·施韦泽的启示

陈泽环①

科学技术已经成为决定当代个人、国家和人类命运的一种基本力量。因此，如何认识科学技术在人类知识系统中的地位，如何把握科学技术在人类文化总体中的意义，科技工作者应该如何从事自己的职业活动，也是我们哲学——伦理学研究者应该思考的问题。在这方面，许多西方的伟大人物以其崇高的人格和深刻的思想为我们留下了深刻的启示。而对于我们来说，在科学技术已经成为"第一生产力"或者"意识形态"的时代，就更有责任尽力收集和广泛传播相关信息，以深化中国人关于科学技术职业的哲学和伦理意识。有鉴于此，本文拟通过概括和分析阿尔贝特·施韦泽（Albert Schweitzer, 1875—1965 年)②的人格和思想，为国内学术界研究上述问题提供些资料和看法。

一、崇高·完满·深刻——施韦泽的伟大人格

就其人格的基本特征而言，施韦泽首先是"一个充满爱心的

---

① 陈泽环（1954 - ），男，浙江宁波人，上海师范大学法政学院哲学系教授，主要研究方向为伦理学。

② 在 20 世纪的西方世界，阿尔贝特·施韦泽（Albert Schweitzer, 1875—1965）是一个在文化和道德意义上的伟大人物。施韦泽，法国国籍，在文化上属于德国。音乐家、神学家、哲学家、医生。1913 年，他放弃个人在欧洲的锦绣前程，前往非洲加蓬建立诊所，自费为当地居民服务，直至 1965 年逝世。施韦泽行动的人道主义获得了包括诺贝尔和平奖（1952 年）在内的广泛赞誉，他的敬畏生命伦理学成为当代生态伦理运动的重要思想资源。

人"，自幼就在道德上十分敏感。青少年时代，施韦泽的爱心首先表现在"为在世界上所看到的痛苦而难过"上。用他自己的话说："思考不应该杀害和折磨生命的命令，是我青少年时代的大事。"① 从施韦泽父母家庭的生活状况来看，既不富裕，更谈不上显贵，但富于文化教养和道德情操。随着自己学习成绩的不断提高、艺术才能的逐渐显现，这又引起了施韦泽的深思："我日益明白，我没有内在的权利，把我幸运的青少年时代、我的健康和我的才能当作理所当然的东西接受下来。……我们大家都必须承担起世界上痛苦的重负。"（第26页）因此，施韦泽决定："30岁以前献身于布道、学术和音乐生活。然后，……就要作为一个人走直接服务的道路。"（第27页）不是竭力追求自己的幸福，而是反思自己是否有权利心安理得地享受已有的幸福。显然，只有一个充满爱心的人，才会这么思考问题。

值得注意的是，在阐述其"在赤道非洲纯粹为人类服务的计划"和动机时，施韦泽还深刻地批判了当时西方国家在殖民地的所作所为："我不想列举'基督教'民族在海外所做的一切：他们如何在法律的借口下掠夺土著的土地，他们如何使土著成为奴隶，他们如何唆使人类渣滓侵凌土著，特别是我们用烈性酒和所有别的东西系统地毁灭了土著，这是什么样的暴行啊！……我们必须赎罪，为我们在报纸上所看到的所有暴行赎罪，也为我们没有在报纸上看到的、被原始丛林的黑暗和沉默掩盖了的、更糟糕的所有暴行赎罪。"（第67页）这些论述表明，施韦泽的爱心行为不仅是其个人道德完善的体现，而且具有广泛的社会批判意义。一百多年过去了，当我们回顾西方资本主义历史时，总能想起他的这些批判。

施韦泽在非洲为黑人救死扶伤的志愿行为不是短暂的，而是长期的；不是轻松的，而是艰难的。直至90岁的高龄，施韦泽从未停息过。没有坚强内心信念的人，是根本做不到这一点的，更

① ［法］阿尔贝特·施韦泽著，陈泽环译：《对生命的敬畏——阿尔贝特·施韦泽自述》，上海人民出版社2006年版，第15页。以下引本书只在论文中注页码。

谈不上要坚持 50 年之久。而在此，诚挚的爱心就成为支撑施韦泽的精神力量："在远方行医，如果我把这看作我的人生使命的话，那么我就履行了耶稣及其宗教的命令。同时，我也就依据于基本的思想和观念。那些应该在黑人那里做的事情，对于我们来说，不应该是一种'善功'，而是一种不可推卸的义务。"（第 148 页）"那些有幸能够从事自由的个人服务的人，应该把这种幸运接受下来，并由此变得谦恭。他们必须想到别的也愿意并有能力这样去做的人，但没有被允许去做。"（第 75 页）

其次，施韦泽也是"一个全面发展的人"。当然，就其全面发展而言，是有一个成长过程的。施韦泽在少年时代并不是一个"神童"，甚至谈不上是一个"好学生"。仅仅在音乐方面，由于父亲的学前授课，以及有幸得到特殊的指导和提携，施韦泽才较早成为一个有声望的管风琴演奏家和巴赫研究专家。此外，施韦泽和一般的乡村少年实在没有什么两样。只是在高中后期，施韦泽才成为一个好学生。在全盛时期的斯特拉斯堡大学，他以过人的精力同时学习神学和哲学，于 1899 年和 1900 年先后获得了哲学博士和神学博士的学位。

从施韦泽的学术才能来看，可以说他首先具有广博的人文学科知识。除了对巴赫的研究之外，施韦泽对《新约》福音书的研究，在基督新教的耶稣研究中产生了深刻的影响。施韦泽的哲学研究也是广泛和深刻的，并由此为创立敬畏生命的伦理学奠定了深广的理论基础。要知道，施韦泽并不是一个专业的神学家和哲学家，他的大量论著都是在"业余时间"完成的。但更为难能可贵的是，施韦泽虽然在人文学科领域取得了杰出的成就，但他并不是一个单纯的人文学者。他还是一个医学博士，是一个在非洲丛林行医半个世纪的医术全面、经验丰富的医生。在这一意义上，可以说施韦泽是人文科学和自然科学相结合的典范。

除了艺术才能和学术才能的协调，人文学科和自然科学知识的结合之外，施韦泽全面发展人格的又一个特点是精神活动和实际行动的统一。施韦泽不愿意只做一个书斋里的神学家和哲学家，也不愿意做

15

一个职业性的艺术家，他要用行动而不是言论直接为人类服务："我的生命不是学术，不是艺术，而是奉献给普通的人，以耶稣的名义为他们做任何一点点小事情。"（第 86 页）由此可见，施韦泽的全面发展，不是一种狭义的"个人""能力"上的全面发展，而是一个充满爱心的人，通过与人们的共同合作，在奉献中的全面发展。这是我们在把握施韦泽的人格特征时千万不能忽略的。

施韦泽不仅充满爱心、全面发展，而且还是"一个思想深刻的人"。考察施韦泽思想的深刻性，首先必须指出，他是一个开放的基督教思想家。他的宗教虔诚，不是表现为固守一些传统的教义，不是为了信仰而牺牲思想，而是基于"对宗教进行反思"，是为了"探讨关于生存的终极问题"。因此，他强调"耶稣提出了爱的行动伦理！"（第 51 页），"真正的宗教同时就是真正的人道"。（第 68 页）"基督教必须坚持：伦理的宗教是最高的宗教"。（第 172 页）施韦泽为了强调自己对基督教爱的本质、伦理的本质的理解，还研究了各种世界宗教，并得出结论："我们基督徒认为伦理的宗教更有价值，我们放弃了逻辑的、自圆其说的宗教观念。"（第 168 页）

施韦泽思想的深刻性还体现在他对社会流行思潮的批判上。施韦泽的青少年时代，正是德国工业化、科学技术、市场经济迅猛发展的时期，当时流行的是一种浅薄的物质主义和盲目的乐观主义，缺乏对自己生活的深入反思。对于这种文化停滞和衰落的现象，施韦泽很早就进行了思考和批判，并倡导要"信赖精神和思想"。就施韦泽的哲学思想而言，在充分肯定 18 世纪启蒙运动哲学成就的同时，他在大学时代就意识到了近代主体性思辨哲学（康德、费希特、黑格尔）的局限。现在超越近代主客二分、重建当代天人合一，早已成为哲学的世界性潮流。应该承认施韦泽的思想是超前的。

当然，施韦泽思想的深刻性集中体现为他创立的"敬畏生命"伦理学。"有思想的人体验到必须像敬畏自己的生命意志一样敬畏所有的生命意志。他在自己的生命中体验到其他生命。对他来说，善是保存生命，促进生命，使可发展的生命实现其最高价值。恶则是毁灭生命，伤害生命，压制生命的发展。这是思想必然的、绝对的伦理原理"。（第129页）"敬畏生命"范畴的提出，既是施韦泽长期思考和理论探究的成果，更是其在非洲丛林，这个生命现象最为繁盛的地方救死扶伤，受到自然感悟的产物。如果说，当1915年施韦泽提出这一范畴时，还应者寥寥的话，那么，自20世纪60-70年代以来，施韦泽已经被公认为当代生态和环境伦理学的最重要先驱之一。

二、科技和伦理——何为文化的本质？

　　如上所述，作为一个充满爱心的人，一个全面发展的人，一个思想深刻的人，施韦泽的人格体现了崇高、完满和深刻的伟大特征。这种人格特征，不仅具有施韦泽个人德性的特殊意义，它是一个活生生的个人虔敬努力的结果，而且还具有发扬西方优秀文化传统，综合东西方文化精华的普遍意义，它充分展现了人类文化的积极方面。近代以来，西方文化在全世界处于强势地位，如何发挥其积极因素，限制其消极因素，同人类的命运息息相关。在这方面，可以说施韦泽是先知先觉的。从思想渊源的角度来看，自19世纪后期起，他就在继承西方文化两大传统（希腊和希伯来）精华的基础上，努力吸取东方文化的积极因素，特别是给予了中国的古典哲学——伦理学思想以最高的评价。应该承认，这正是阿尔贝特·爱因斯坦称赞施韦泽为"我们这一世纪的最伟大人物"，并认为在20世纪的西方世界，施韦泽是唯一能与甘地相媲美的具有国际性道德影响的人物。他的伟大人格作为一种个人伦理，对于提升我国科技工作者的职业伦理境界，无疑具有强烈的感染力和深刻的启示性，可以作系统地阐发。当然，要在一篇论文中展开相关的论证，要有一个恰当的基点。因此，以下本文从分析施韦泽关于自然科学和人文科学相互关系的看法入手，逐步阐明其伟大人格和思想对于我们探讨"科学技术职业与伦理"问题的意义。

作为"一个全面发展的人",在回顾学医的生活时,施韦泽曾经这么说过:"我意识到,掌握在文理中学时代就喜好的自然科学知识,真是一种幸运。我终于可以获得为使哲学具有现实基础的知识!当然,与自然科学打交道不仅使我完善了知识结构,虽然这也是我渴望已久的。更重要的是,这对我是一种精神上的体验。我一直认为,这种状况在精神上是危险的:在我与之打交道的所谓人文科学中,没有自明的真理,只有以要求被当作真理的方式而出现的意见。……使我感到沮丧的是,必须一直观看这种戏剧,必须与各种缺乏现实意识的人打交道。现在,我突然来到了另一个领域。我与形成于现实的真理打交道,我处在那些认为任何论断都必须通过事实加以证明的人之中。我认为,这是对我精神发展的一种必要体验。此外,陶醉于研究可确定的事实,并没有使我像其他人那样日益轻视人文科学。恰恰相反。通过学习化学、物理学、动物学、植物学和生理学,我比先前更强烈地意识到,除了可以明确地确认的事实真理之外,思想的真理是多么地合理和必要。尽管由创造性的精神活动获得的认识不可避免地具有主观的色彩,但它仍然高于纯粹事实的真理。"(第80页)

施韦泽本人就是一个卓有成就的人文学者,即使仅就其在艺术、神学和哲学领域内的成就而言,就是一个全面发展的人。但他认为,如果局限于此,那么"在精神上(仍然)是危险的",还是可能会使自己的哲学丧失"现实基础"。因此,施韦泽强调,在获得神学博士和哲学博士的学位之后,有幸能够再去攻读医学博士学位,不仅有利于完善自己的知识结构,而且还使自己有了一种更全面的精神体验:不仅有主观的艺术和神学、哲学思维的体验,而且还有客观的自然科学思维的体验。应该说,施韦泽的这一体验确实值得当代中国人文学者深思。从当前的状况来看,中国人文学者要达到施韦泽这种层次的知识结构水平,不是那么容易的。但是,为了避免片面性,哲学——伦理学学者,特别是研究科学技术问题的人文学者,还是应该努力,不仅要懂得自然科学,而且更要有对自然科学思维方式的深切体验。否则,就难以使自己的见解具有充分的说服力,更谈不上用自己的哲学——伦理学观点去影响科技专家了。此外，这里更值得我们重视的还在于，对自然科学的陶醉并没有使施韦泽日益轻视人文科学。恰恰相反，通过学习自然科学，施韦泽更坚信人文科学的真理高于自然科学的真理。这是一个具有高度和全面文化教养的人士的独特见解！当然，这里的人文科学是有特殊规定性的，特指能够探寻"思想的真理"的人文科学。那么，我们如何理解施韦泽的这一观点呢？特别是我国的科技工作者，能够接受这个观点吗？

必须指出，施韦泽关于人文科学和自然科学相互关系的这一看法，并不是他的一种偶然的"感想"而已。实际上，这是他的整个哲学——伦理学思想的一个基本观点。例如，在对欧洲近代哲学的回顾总结中，施韦泽就提出了"两种哲学"的观点："我逐渐意识到有两种哲学，它们同时并存。……通过强制自然和世界，使世界屈服于人的思想，第一种哲学要人这样与宇宙打交道。另一种不引人注目的自然哲学，让世界和自然按其本来面目存在，要求人顺应它们，作为精神胜利者坚守其中并作用于它们。第一种哲学是创造性的，第二种哲学是基本的。第一种哲学就像思想的火山喷发，例如德国哲学的伟大思辨体系，始终令我们惊叹，但它很快消失。第二种质朴的、简单的自然哲学则持续存在，基本的哲学思维日益赢得重视。"（第226页）这里的第一种哲学指以"主体性"原则论证了近代自然科学的伟大思辨哲学，特别是康德、费希特和黑格尔的体系；而第二种哲学则指由斯多葛主义、斯宾诺莎和歌德所体现的欧洲自然哲学传统。施韦泽认为自己的使命就是继承和发展这种自然哲学，以实现与无限及人的建构冲动之间的和平。这一论述的实质在于强调，相对于自然和生命的奥秘，人类要承认自己知识的有限性。"从而，最高深和最天真的认识都是：敬畏生命，敬畏我们在万物中面对的不可把握者"。（第159页）显然，从21世纪的立场来看，施韦泽这种承认自然的神秘性，主张发展人和自然更丰富、更和谐关系的思想，确实可以理解为是高于以"人为自然立法"为基本原则的，作为"纯粹事实真理"的数学和自然科学的"思想的真理"。与此相关，施韦泽关于欧

19

洲有"两种哲学"的观点也是值得我们深入加以研究的。

当然，为了深入理解施韦泽关于人文科学和自然科学相互关系的观点，还必须进一步了解他的文化哲学，即他的关于文化的伦理本质的思想。施韦泽认为："文化的进步有三种：知识和能力的进步，人的社会化的进步，精神的进步。"① "发现和发明，使我们能以不同寻常的方式控制自然力量，同时也完全改变了个人、社会团体和国家的生存关系。我们的知识和能力已以过去难以想象的规模扩展和提高了。由于这些成就，我们在某些方面能以过去不可比拟的有利条件改善我们的生活条件"。② 但是，"文化的本质不是物质成就，而是个人思考人的完善的理想，民族和人类的社会和政治状况改善的理想，个人信念始终为这种有活力的理想所决定。……某些东西是否或多或少能列为物质进步，这对文化并不具有决定性。决定文化命运的是信念保持对事实的影响。航行的出路并不取决于船开得快慢，它的动力是帆或蒸汽机，而是取决于它是否选择了正确的航道和它的操纵是否正确。……由于知识和能力的进步，要创造真正的文化不是容易，而是更难了"。③ 因此，"我们文化的灾难在于：它的物质发展过分地超过了它的精神发展。它们之间的平衡被破坏了"。④ 第一次世界大战的爆发就是文化衰落的表现。基于这些认识，施韦泽强调，只有区别了文化的本质与非本质方面，文化才会有其家园。这就是说，在对待文化的物质成就和精神发展之间，施韦泽虽然并不否认物质成就的重要性，但比较起来，显然更注重其精神方面；至于在科技和伦理之间，显然也更注重伦理。施韦泽对支配着时代精神的"知识就是力量"

---

① ［法］阿尔贝特·施韦泽著，陈泽环译：《敬畏生命——五十年来的基本论述》，上海社会科学院出版社 2003 年版，第 34 页。

② ［法］阿尔贝特·施韦泽著，陈泽环译：《敬畏生命——五十年来的基本论述》，上海社会科学院出版社 2003 年版，第 44 页。

③ ［法］阿尔贝特·施韦泽著，陈泽环译：《敬畏生命——五十年来的基本论述》，上海社会科学院出版社 2003 年版，第 44 - 45 页。

④ ［法］阿尔贝特·施韦泽著，陈泽环译：《敬畏生命——五十年来的基本论述》，上海社会科学院出版社 2003 年版，第 44 页。

的口号始终表示怀疑，强调科学并不是教养。因此，对于"科技和伦理——何为文化的本质"的问题，可以说，施韦泽的回答是伦理，即要求把知识和能力的进步置于精神的影响之下。

三、敬畏生命——科技职业伦理的基本原则

施韦泽崇高、完满、深刻的伟大人格，对文化的伦理本质的强调，实际上已经蕴涵着对科技工作者应该如何从事自己职业活动的深刻启示——敬畏生命。一个人要有爱心，要用自己的才能为人类服务，特别是在一定的条件下，走直接为人类服务的道路。此外，一个人还要把自己能够从事这种自由的个人服务的活动作为幸运接受下来，并且由此变得谦恭，不产生丝毫道德上的优越感，而只有充分的义务意识。施韦泽的这些自白洋溢着一种"敬畏生命"的精神，即与生命成为一个整体（与自然合一，天人合一）的精神，而且充分落实在他的长达50年的"志愿者"岁月中。一个有基本道德感的中国科技工作者，如果对施韦泽的人格和思想有所了解，并且受到感召，肯定会提高自己的职业伦理境界，形成相应的德性，发扬奉献和牺牲精神。这样，在科技职业活动中，作为个体的科技工作者，面对职业活动中的种种冲突，例如个人的经济利益、学术声望和社会地位与对真理的追求、公众和国家的利益、与自然的和谐等之间的冲突，往往会比较容易地采取合乎规范的态度，往往会自愿地作出合乎公共利益的选择，往往会倾向于作出超越现有科技发展水平限制的总体思考。毫无疑问，如果有比较多的科技工作者这样去做，那么就会显著改善当前我国科学技术界的职业伦理氛围。从这一角度来看，对于加强我国的科技职业伦理建设，施韦泽的人格和思想已经具有极大的启示意义。

对于个体德性伦理在当代整个科学技术职业伦理中的重要性，这里还有必要再强调一下。在近代科学兴起的初期，甚至在爱因斯坦时

21

代，科学研究在相当程度上还可以作为个人的事业。个人可以出于"为知识而追求知识"的动机，不带任何功利目的地探索自然的奥秘，还有可能取得划时代的科学成就，并由此导致社会生活的革命性变化。在这方面，爱因斯坦就是伟大的典范。在这样的条件下，或者在类似这样的条件下，科学技术职业伦理的问题也就相对比较简单，一般只要个人有比较纯粹的科研动机，有比较高的科技职业伦理境界就可以了。但是，当代科学技术职业活动的社会背景则根本不同。科学技术活动已经成为一种体制化的职业活动，大部分科学技术活动都离不开一定经费的支撑，有的与企业利益紧密地结合在一起，有的甚至关系到一个国家的生死存亡，有的已经逼近了人类传统伦理的极限，这样就使科学技术活动的社会条件大为复杂化了。因此，就当代科学技术职业伦理的整个结构而言，除了规范微观科技工作者个人行为的个体德性伦理之外，至少还要有规范宏观科技制度和体制的科技制度伦理，规范中观科学技术机构的科技机构伦理，甚至还要有反思和规范人和科学对象关系的"总体性"的科技限度伦理。

从而，在当代科学技术职业伦理的整个体系之中，个体德性伦理的地位也发生了变化。如果说，在先前的时代，个体德性伦理构成科技职业伦理的主体的话，那么在当代，它也许只占有四分之一的位置。这是我们必须认清的现实。但是，即使承认这一现实，也不意味着个体德性伦理不重要了。实际上，科技职业伦理领域的扩展、内涵的丰富，主要是其广度和深度的进展、结构的完整，但绝不是说原先作为主体的个体德性伦理学无关紧要了。从实践上看，个体德性伦理固然不能解决科技职业活动中的所有伦理问题；但是，如果离开了个体德性伦理，科技职业活动中的其他伦理问题恐怕也是难以解决的，而无论它属于哪个层面。从我国当前科技职业活动中的现状来看，弄虚作假，骗取金钱、名誉和地位，作为一种层次低下和影响恶劣的现象，显然与一些科技工作者的个体素质直接相关。其次，要解决严格意义上的中观科技机构伦理、宏观科技制度伦理，甚至"总体性"的科技限度伦理等问题，都要以有良好科技德性的科技工作者个体为基础。如果没有这样的科技工作者，任何良好的愿望都是空中楼阁。因此，可以说，即使在当代极为复杂的科技职业活动中，个体德性仍然具有基础性和根基性的重要地位，我们千万不能忽视。

至于就科技职业伦理实现其社会功能的基本方式而言，如果说其中的制度伦理、机构伦理和限度伦理主要是一个形式程序性伦理问题；那么，个体德性伦理则仍然主要是一种实质性价值伦理问题。所谓形式程序性伦理，指在当代社会的条件下，解决科技职业的制度、机构、限度等伦理问题，虽然也涉及实质性价值，但人们主要是通过合法的程序来解决的，因为任何人都没有权利把自己的实质性价值，特别是终极性的实质价值强加于人。但是，个体德性伦理则不同，虽然在科技活动中，职业人员首先应该遵循的也是形式程序性伦理，如康德的"绝对命令"，但个人履行这种形式程序伦理的自觉性则是和其信仰的实质性价值观念密切相关的。现在，许多科技工作者并不是不懂得底线性的游戏规则，而只是没有遵守这些规则的基本意愿而已。此外，在其职业活动中，科技工作者也不能停留在只遵循形式游戏规则的层次上，他还有必要在此基础上承担起更多的义务和责任，以提高科技活动的实质性文化和道德含量。而要做到这一点，就离不开高境界的实质价值伦理了。因此，在这一意义上，"敬畏生命"，作为施韦泽伟大人格的集中体现，作为其深刻的哲学——伦理学思想的核心命题，确实可以成为当代科技职业伦理的一个基本原则。

所谓"敬畏生命"，作为人类伦理活动的一个基本原则，从综合了人和自然的生命范畴出发，提出了道德的生命本体论，扬弃了道德生活中人和自然的区分和对立，促使人重新思考对人类、对动植物、对整个自然的关系。人连对动物、植物的生命都要敬畏，难道能不敬畏人的生命吗？这样，敬畏生命的伦理学就不仅扩展了人类的道德责任和活动的领域，深化和强化了人的道德意识，而且由于其创立者本人的身体力行，成为 20 世纪具有特殊道德感召力的伦理学说之一，促使着当代人为实现更高的文化理想而努力。因此，在建构当代科技职业伦理时，特别是在倡导科技工作者的实质性个体德性伦理时，我们应该自觉地吸取"敬畏生命"的道德和生命智慧。此外，施韦泽"敬畏生命"的伟大人格和深刻思想，对于科技制度和体制伦理，对于"总体性"的科技限度伦理，也是很重要的。但由于篇幅有限，本文就不能深入展开了。当然，在当代多元文化社会之中，"敬畏生命"作为一种独特的实质性价值观念，作为一种特殊的终极关怀，它也只是众多的合理价值观念中的一种，它不可能穷尽人类的真、善、美、圣的理想，也没有权利用强制的手段来迫使人们信奉。"敬畏生命"对人类生活的积极作用，主要是通过其创始者的身体力行的典范性行为而感召性地实现的。因此，在我们借鉴"敬畏生命"原则建构职业伦理体系的同时，仍然可以吸取其他伟大人物的人格和思想，特别是中华民族伟大人物的人格和思想，使我们的科技职业行为的伦理内涵更为丰富，也更具民族特色。

儒家伦理在生物技术中的应用

成中英[①]（著）／曹润青（译）

一、引言

生物技术的发展是 20 世纪后期最引人注目的科学成就。它分为四个研究领域：对构成生物和人类生命成分的理论研究；绘制人类和其他物种的基因构造图；将研究成果应用于临床实践，诸如产前矫正、器官移植、人工授精以及基因调控；以及将生物医学技术运用到更为广泛的个人生活、社会生活和环境管理的领域中。我们无法否认这些进展预示着一个关于医学、药理学、医院护理、食物制造和人口控制的新时代即将到来，不仅是个人而且整个人类都将因此受益。但是我们也不得不担忧，如果这些成就没有经过仔细的研究和严格的检查，不仅可能会被滥用，对个体的利益造成损害，并且可能会影响我们关于个体、家庭、群体和社会的价值观。生物技术的这四个领域是理论理性和实践理性共同作用的产物。在现代的科学精神下，对人和其他形式的生命的理论研究需要在实践理性下被重新认识和受到约束。因而对人甚至对动物都不应该进行任何非人道的实验。从万物在本性上都被看作是神圣和彼此联系的理学立场上，为了人类智力上的认知而在实验中牺牲人或者动物是难以设想的，更不用说接受了。在

---

① 成中英（1935 - ），男，江苏南京人，美籍华人，现代新儒家代表人物，美国夏威夷大学哲学系教授。主要研究方向为中国哲学、管理哲学。

中国，实际利益和实践理性在很大程度上约束着理论理性，这也是中国未能发展出现代科学的原因之一。

非常明显的事实是，与现代人对伦理的考虑联系最紧密的不是理论分析，而是已有的理论成果在解决实际生死问题上的应用。生物伦理学就是在这之上发展起来的。因而它的主要问题是双重的：我们该如何在生物技术和生物医学的应用中评估道德价值和道德问题？生物技术和生物医学技术将如何把新的价值引入到我们的伦理体系中，或者生命、生活的样式和形式中？

我们可以从义务论的观点，即有关义务和责任的观点来看待生物技术问题；我们也可以从人的权利的观点来看待它，但权利的概念需要首先被严格界定。并且我认为，正是在生物技术领域中，我们将不仅在目的上，而且在动机上重新考虑德性伦理的意义。对当代生物技术的发展和它在医学和基因应用上的反思和批判，使得几个伦理体系间的互相批判呈现出一个圆圈状的循环结构；尽管义务论指出了德性伦理在目的论上的不足，但是它反过来又为功利主义所批评。对功利主义的批评产生了权利伦理。但是当把权利伦理应用于人的生命和死亡的生物医学治疗上时，我们会同时发现权利伦理在应用上的公正性及其局限，这是因为在应用权利伦理时，我们需要重新考虑德性和动机之间的相关性。

我的观点是，我们既不能以某一个孤立的原则或某一类的伦理体系为基础，用来对生物医疗知识的应用问题做出选择，也不应该将生物医疗的进展及其应用仅仅看作是生物医疗技术这一个领域的事情。我们必须在一个广泛的、结合背景的整体立场上考虑这些问题，因为人在根本上是多种要素的结合，他不仅仅与个人有关，并且与他人以及整个社会有关。

因而，儒家伦理必须被视作综合的、一体的伦理体系。这样来看待儒家伦理是最为有效的，原因在于儒家伦理谈论的德性是建立在生命的本体宇宙论基础上，义务建立在德性的基础上，效用又建立在义务的基础上，而唯一没有被适当对待的是人的权利。

但是人的权利内在于人，并且人之所以能够个体化就在于他发现了他拥有成长和发展为一个完善的人的道德权利（这里我们看到了成为一个超人和成为一个圣人之间的关联），这是一个一般而完整的原则。基于这样的认识，我们将看到儒家关于人的存在和伦理的原则如何被吸收进有关生物医疗的道德决定和立法思考中。

谈到这里，我们应该对儒家伦理（Confucian ethics）和儒家道德（Confucian morality）做出一个区分。在西方哲学意义上，我所讲的儒家伦理（Confucian ethics）包括着儒家道德（Confucian morality）；相对地在中国哲学意义上，我所讲的儒家道德包括着儒家伦理。在西方伦理学传统中，伦理起源于民族气质（ethos），而民族气质扎根于持有共同价值的共同体的生活实践中。因此伦理回答的是好与坏的问题，对于追求一种善和幸福的生活，它是本质性的问题。这是亚里士多德学派的传统，并为阿拉斯代尔·麦金太尔认可，他以此反对现代的权利伦理。在亚里士多德的伦理系统中，善的概念支配着权利的概念，好人（good man）是其核心概念。但是从康德以来，伦理学的关注点转变为道德行为，道德行为的道德性开始支配好人的伦理学，因为道德的目的变成了道德行为，而道德行为对所有人都是必要和普遍的，并且在由自主个体组成的社会里，要达到和维持道德秩序和社会稳定性，道德行为是必不可少的。如何追求一种善和幸福的生活以及如何培养和提高一个人的德性变成了与完成道德义务无关的事情，而道德义务是建立在绝对命令的道德理性的满足上。努力行善和取得非凡的成就常常成为超过道德义务而不被要求的额外的美德，尽管康德把义务也看作是美德。

站在儒家的立场上，道德的任务不是亚里士多德伦理意义上的寻找幸福或者安宁，而是成为圣人或者德性上得到发展的人，他获得了完满的能力使他能够意识到自己的道德天性，甚至能够使他人同他一样。在这个意义上，所有的德性都有目的论的含义。因此，关于德性的伦理将从义务的道德性转变成为一个圣人，而人能够成为圣人的根据在于人的道德天性，它根源于天和地这两

27

儒家伦理在生物技术中的应用

个终极本体。正是在这个意义上，我们才可以谈论"道"和"德"。在这个意义上，我们用道德（morality）来指中国哲学意义上的道德；相应地，伦理代表人和人的关系的伦理原则，用它来指中国哲学意义上的伦理。对儒家伦理而言，伦理（ethical）是个体道德发展的必要基础。但是伦理（ethical）依然包含着对个人对待父母、其他家庭成员以及社会成员的道德行为的要求。

在中国—西方道德交叉映射的情形下，儒家伦理（Confucian ethics）和儒家道德（Confucian morality）之间的区分是动机和目的紧密结合的话语整体内的不同的层次问题。做正义的事具有道德性，它包含在成为一个好人的伦理中，而成为一个好人的伦理又是形成自我变化和变化他人的道德观和道德能力的一部分。修身的伦理同时也是修身的道德，与此联系的是做正义的事情同时成为一个好人。因此我们可以说，对于儒家伦理，它的伦理和道德是重叠的，并且二者呈现为一个不断作用、变化和成为的过程。

二、儒家伦理的五项基本原则

我们将进一步在五个基本方面解释儒家伦理。

第一，基于我们对儒家伦理所具有的丰富结构的了解，我们不能将其仅仅定义为伦理的伦理，或者把它看作是社群伦理的一个例子。原因很简单：生命有一个终极的目的，它不只是实现一个人的幸福或者安宁。人需要德性做一个道德高尚的人，过受人尊敬的生活。这些德性也包含了从周代传承下来的社群（community）的价值。这些德性的确象征着理想，这些理想将持有它们的人结合进拥有共同历史和文化传统的共同体中。但是除了来自历史的继承，这些德性也具有先验的来源：根据《中庸》，这些德性植根于由天这个终极实体规定的人性里。或者根据理学，这些德性是天理的具体化。在这种意义上，儒家伦理是本体伦理（onto–ethics）或者本体道德（onto–morality），这意味着它的道德原则不仅在伦理价值上，而且在道德理性上都是有效的。因而，儒家伦理必须与儒家人性的本体宇宙论和修身的方法论相结合。

第二，尽管儒家伦理中有一部分的德性伦理和社群主义，但是儒家伦理并不能被局限为德性伦理和社群主义。因为它还有义务论的部分。这一部分显示在用命令的方式要求人们做出道德行为。例如孔子要求："己所不欲，勿施于人。"（《论语·颜渊》）当人们在道德行为中遇到道德危机时，这一要求无疑是义务论意义上的义务。我们确实可以认为儒家这个通过自省实现的互惠原则显示了对道德的普遍化原则的意识。但是对儒家思想来说，这个原则是具体化在个体有意的行为和做出选择的过程中的。此外，因为这个原则不是从个体的道德决定行为中抽象而来，因此它没有康德的形式主义的问题。的确，心灵的每一个道德行为都是独特的，但是它们都建立在道德的反省上，这一点却是普遍的。像黑格尔那样把这看作是道德低下的表现是错误的。事实上，它所显示的正是特殊性中的普遍性以及普遍性中的特殊性。每一次道德意识都显示了植根于人的天性的真正的道德理解和道德决定。

第三，由于儒家伦理本质上是本体宇宙论的，所以儒家伦理强调动机和动力的重要性。孟子就认为，根源于人的道德天性的道德情感是极其重要的，它是德性的绝对的开端。当然，这并不意味着道德观念和道德目标不是道德行为的动机。它是指除了这些目的外，一个人仅凭道德情感的推动，就会做正义的事情。这就是孟子常说的人天性之中的"不忍人之心（《孟子·公孙丑上》）"，它激发我们的道德行为。在这种认识下，儒家伦理不仅是目的论，也是真正的动机论。

第四，与认为儒家伦理没有对道德行为结果的实用性考虑这一想法相对的是，儒家伦理对此有着严肃的思考，它认为一个共同体或者社会的康乐和共同的善（common good）在于满足生活基本的需要。尽管孟子作了义与利的区分，但是如果受益的是人民，他也并不反对利。他所谴责的是只考虑自己的利益而损害他人或者整个人民的幸福。义与利的分别是共同的善与个人利益之间的分别。在儒家伦理中，造福整个社会的物质财富、教育以及社会和谐这些公共利益永远处于优先地位和思考的核心。

第五，也许最终会有人质疑在儒家伦理中权利是否存在。但是正如我说过的，义务的意识就暗含着承担义务的人拥有内在权力。① 但是权利意识却只有被唤醒，权利才能作为行为的基础。在这里，我们也许不仅应该做出外在权利（explicit rights）和内在权力（implicit rights）之间的区分，还应该进一步在有权利的意识和明确将权利作为行动的原因二者之间做出区分。儒家伦理的确没有现代意义上的对权利的主张，也没有把权利当作行为的原因，这一点似乎是清楚的。但这并不意味着儒家伦理与权利冲突，或者不能将权利融合为它有关动机的和最终的结构中。将权利融合进儒家伦理，权利可以变为权利的义务、权利的德性或者甚至是权利的效用。

由上我们可以得出结论：儒家伦理在本质上是综合的和一体的，就像它在起源上就是综合的与一体的。作为一个综合、一体的结构，以及与其他类型的伦理体系的内在相关和联系，我们也许可以认为儒家伦理形成的是一种开放的体系，它是自我调节的，并且在道德行为和好的生活的所有基本原则和主要观念之间是互相适应的，这要求它应该被作为一个整体应用到所有情形之中，或者以一个整体接受针对它的道德批判。这种情况下，儒家伦理的丰富内涵将会在所有的考虑中以及理论和实践或者原则和现实间，实现"反思的平衡（reflective equilibrium）"和"创造性的融洽（creative harmonization）"。因此我们所讲的儒家道德行为概念包含着道德行为的来源 – 起源（source – origin）、目标 – 目的（objective – end）、社会责任（social responsibility）、分别对待的结果（difference – making consequences）以及个人自

① 参考成中英"Human Rights in Chinese History and Chinese Philosophy", Comparative Civilizations Review, No. 1., 1979. Issued as Vol. 7, #3 of The Comparative Civilizations Bulletion, 1 – 20.

主的权利（rights from individual autonomy）。简言之，我们所讲的道德行为概念包含着它的来源（source）、目标（objectives）、社会责任（social responsibility）和个体自主（individual autonomy）。在这一表述下，儒家伦理将不仅与近代所有主要的伦理体系立场发生关联，并且它还将为所有的道德理论提供基础和前提性的统一。事实上，我们可以将儒家伦理下人的行为的四个方面，即动机、结果、义务和权利用下图表示：①

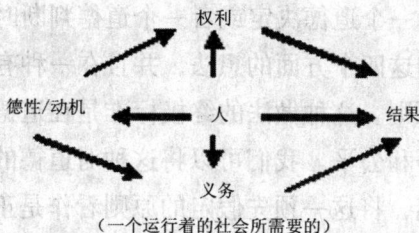

（一个运行着的社会所需要的）

从这里我们可以清楚地看到行为和人之间的二元性，并提出这样的问题，到底是人的行为决定和定义了人，还是人决定和定义了行为。我们看到我们不能将人从他的行为中脱离出来，也不能将行为与这个人脱离。在评价一个行为的道德价值时，我们必须公正地评价做出这一行为的人；而在评价一个人的道德善良时，我们也必须公正地评价这个人做过的行为。我们甚至需要引入一个过程概念，它将行为联系到人以及将人联系到行为。同样地，我们清楚地看到了行为或人的这四个方面的综合体，在本质上同时与这个行为以及做出这个行为的人相连。但是它们到底是如何联系的？每一个方面到底都起了什么作用？又是在什么样的秩序下它们形成了一次正义、平等和公平的道德判断？

设想一个两人之间建立合同或协议的例子。在建立契约的这个行为中，对这四个方面或要素存在着不同的联系和权衡方式。因此，如

---

① 见成中英"Onto – Ethics as Integration of Virtues, Duties, Utilities and Rights", Dao：A Journal of Comparative Philosophy, second issue 2002, 158 – 184.

果决策的双方是中国人，信任、良好的关系、人格以及体贴这些因素会高于结果的因素，从而起到主要的作用。所以，德性的原则是伴随着效用和利益的原则的。在签约中，权利是被考虑的，但是同时被考虑进去的还有对关系和德性的考虑。只有当这些考虑是同时照顾到双方的，合约才会被认为是公平和平等的。这种公平和平等与建立在只考虑效用和权利基础上的公平和平等是不同的，后者完全忽视了其他两个因素，而这是美国商业交易中的惯例。简言之，无论是评价还是合约，在我们做出一个道德决定或者一个道德判断时，我们不得不组织关于行为或人的这四个方面的想法，并且在一种有机结合的方式下应用相应的道德原则。这种做法的终极标准是在道德判断和道德协议中寻找正义、平等和公平。我们可以将这种对道德的有意识的寻求看作是正义道德原则，将这一预先假定的原则看作是正义的原则。①

那么儒家的伦理原则及其应用是什么样式的呢？儒家伦理是整体性的，它希望在宏观的和预防的层面上解决一个人的生命和死亡问题。对个体而言，在做决定时，必须平衡作为自尊的仁的原则和作为关心他人的仁的原则。因而不论这里所说的生物技术是什么，它都必须受到严格的监控，权利和义务的主体也必须建立起来，这样生物技术才不会破坏最基本的德性以及处于首位的得体和公正感。同样假定的是原则的普遍性是必要的，以及必须考虑特殊背景和情境下的相对性，从而使普遍转化为个别。在一个共同体中，话语原则（discourse principle）对建立道德的一致是有益的，并且就我们能够保护每一个相关个体的公平、自由和平等来说，它也是可接受的。但是我们也应该就相关的感觉和情感，留给个人与公共权利相对的个人权利。②

----

① 我们看到罗尔斯的正义理论已经考虑到了这个"道德方阵"中的两个概念，即权利（他的第一原则）和效用（他的第二原则）。但是在我的公正理论中，我试图阐明的是它除了考虑到"道德方阵"中的权利和效用外，还考虑到了其他两个方面，但是并没有排除权利和效用。参见注2提到的我的文章。

② 对于如何将罗尔斯正义论的第二原则应用于医学，还存在着许多疑问。这些疑问与在医学上如何同时满足短期与长期的正义有关，以及在这种考虑下生物医疗技术将如何产生影响有关。

在对儒家伦理的上述理解下，现在我们可以联系或者站在儒家伦理的立场上来考虑和讨论几个生物科技问题。既然生物科技所有主要的发展都是与生命状态可能的改善、维持、转变和变化以及人的健康和死亡相关的，那么我们就从生物科技对人的生命看法开始。

三、当生物科技问题面对儒家伦理

以下我们将联系上文理解的儒家伦理来讨论生物科技的一些问题。

1. 繁衍后代和母亲身份权（motherhood claims）问题

就一般生命而言，儒家伦理是尊重生命的（pro – life），但这是基于保存和培育生命的哲学原则。但是儒家学说还有另一个方面，即"民胞物与"，这样人便能"与天地万物为一体"。这便是仁的态度，它可以在对人的生命、一般生命和它们的内在道德能力和目的的理解基础上而养成。人的生命需要人来关心。一般生命需要环境来维持，这可以理解为自然界的一种关心形式。关心是指以己度人并用适当的方式给予支持和协助。它还能促进被关心的生命或人的潜能的实现，而这有助于在人或其他生命形式内部达到和谐，以及人与他人与环境之间达到和谐。它就像是一种生命力量在发生作用，带来完整平衡的内心状态，我们将这种状态称作和谐。

在对和谐的这种理解下，我们要看到和谐作为生命的创造力量和生命的道德本质，后者预设了包括自我成就和万物之间的和谐的道德目的，它必须在三个层面上得到实现：个人生活，社会生活以及宇宙生活。这就是生命如何获得了它的道德含义。正是基于这样的理解，德性及它实际上带来的效用、义务和权利必须被视作是属于所有生命形式的,并且构成了一个彼此联系的整体,而它的实现还有待努力。①

由于儒家道德珍视繁衍后代的行为,不仅将其看作增进生命延续的过程,并且看作是提升和谐生活品质(在认知,社会,道德和审美等方面)的过程;而且由于儒家道德重视有孩子的家庭生活,繁衍后代被看作是获得幸福和家庭和谐的一个因素,因此对于那些已婚却没有能力生育孩子的夫妇,他们自然会受益于生物医疗的体外受精技术,这将是可以预期的,只要没有破坏原有的和谐以及这一新的和谐能够被引入。上述无疑是最好的例子,并且基于夫妻双方使用的都是自己的配子(即精子和卵子),我们不需要对这一行为有任何犹豫,因为这会保存这对夫妇的基因遗传,给这个家庭带来基本的和谐和一致。但是另一方面,在受孕和怀孕问题上,问题变成了我们是否允许代孕及之后的代理母亲(surrogate motherhood)问题。

关于这个问题,我们也可以做出一个区分:代孕中有基因的体外受精和没有基因的体外受精。前者指使用想要孩子的夫妇自己的配子,后者则指使用匿名捐赠者的配子。若不特别考虑二者哪一个在技术上更为有效,更一般的问题在于儒家道德是要推进还是宽容这一行为。与此相关的,以香港从1989年以来对这一问题的讨论和辩论作为个案进行关注将是非常有趣的。

这些讨论和辩论是在香港科学协助人类生殖研究委员会引导下进行的,这一机构是香港政府于1987年建立的。同样值得关注的是,1977年以来,香港的人工授精实践已有20多年。1986年,体外受精即被成功引进。这两种实践都没有在社会上引起争议,尽管仍然缺乏规范这类人类生殖技术的法典和明确说明这种方式下出生的孩子的法律地位的法典。基于上述事实,由于这种方式保护了家庭的和谐(同时在狭窄和宽泛的意义上)和社会的和谐,因而它被社会所接受这一点是能够预料的;尽管不存在一个已经在社会上建立起来的、人

① 包括动物在内的所有生物都有要求生存、发展和终极实现的权利,因此任何人不应该被他人不正义地对待。

们知道的机构或者权力能够赋予和保证这些实践的合法性和道德性。显然地，经过了一个长期的讨论和研究过程，香港政府在 1995 年设立了生殖科技临时管理局，在 1997 年起草了规范生殖技术的法案（《人类生殖技术法案》），并向立法局提交了该法案等待正式立法。该法案中，非营利性的和有基因联系的代孕是允许的，而商业经营和无基因联系的授精代孕则是受到禁止的。

反思提案，提案似乎显示了推进帮助一对已婚夫妇获得孩子是公平和合理的，并且是符合儒家伦理的。它的非商业性和对基因遗传的要求同样是合乎儒家道德的。但是在一篇严肃讨论的论文中，香港城市大学的两位人类和社会科学学者甚至对允许非商业性的、有基因遗传的代理受孕和代孕母亲提出了激烈的反对，原因在于即使提供卵子的母亲和代孕的母亲双方是自愿达成协议的，争议仍然可能产生。① 具体地说，提供卵子的母亲可能出于某些原因不接受这个孩子，而代孕的母亲可能会希望自己能拥有这个孩子而不顾之前的协议和安排。据此，一个重要的原则在于母亲身份必须建立在怀孕的基础上。尽管代孕的母亲并不提供卵子，然而怀胎九月已经本能地使她在最原始的感觉上成为了一个母亲。因此代孕母亲拥有首要的权利去拥有这个孩子，尽管她可能要破坏早先签订的协议，即为一个提供了卵子而期望得到孩子的其他女人怀孕。由于这个问题，两位作者强烈地反对这一提案，并且建议彻底地禁止代孕母亲，无论是商业性的还是非商业性的，有基因联系的还是没有基因联系的。

从儒家道德的立场来看，怀孕一定会让代孕母亲在原始的感觉上成为母亲这一点并不十分明确，因为在儒家繁衍和生命的形而上学中暗含着阴阳交汇对繁衍后代的必要。血缘的原则要求提供卵子的母亲而非代孕的母亲成为原始意义上的母亲。因此在《易传》里有"一阴一阳之谓道"（《周易·系辞上》）。进一步地说，"大哉乾元，万

---

① 见陈浩文，陶黎宝华：《对香港应否全面禁止代母怀孕的道德探》，载于陶黎宝华，邱仁宗主编：《价值与社会》第一期，中国社会科学出版社 1997 年版，第 137 – 155 页。

物资始"，"至哉坤元，万物资生（乾、坤两卦的象辞）"。在坤的这种意义下，提供卵子的母亲为乾创造生命提供最初的资源，而代孕母亲则继续照料由提供卵子的母亲创造出来的生命。也许会有人争论代孕母亲同样发挥了阴的作用。就这一延长了的生命培育来看，代孕母亲仍然是非常重要且不可缺少的，在这个意义上，她将和提供卵子的母亲分有阴，而这将使一个新生命的成长成为可能。但是根据当代社会的现行标准，这两个母亲通常是不可能在同一个屋檐下生活的，因而看到存在于这两个母亲之间的潜在的维护权利的冲突是正确的。

同样，在这种情况下出生的孩子，将要由此承受分裂的忠诚感和被分割了的爱与尊敬（同样在这两名妇女必须在各自的家庭这一假定下），而他将因此在自己的个性形成中感到痛苦，看到这一点也是正确的。简言之，一个人必须随这两位作者阐明了母亲身份的定义以后，我们才能看到母亲身份是如何以及在什么样的语境下被正确理解的。其次，尽管可能会有人原则上同意两位学者基于儒家的立场对香港代孕母亲提案的反对，这一立场是指对代孕母亲的许可可能导致两个家庭之间的巨大的不和谐以及孩子的痛苦，但是这一根据还需要被谨慎地检查。换句话说，当说到"原则上同意"时，我们仍然需要再次检查这些反对意见的基础，因为儒家的保持和谐和推进康乐的原则可以理解为事前要求或者事后解决。尽管禁止代孕母亲是可取的，通过一项法律准许这一行为是不明智的，但是我们允许代孕母亲的存在同样是可取的，就像我们对于这种情况引发的争论最终会被合理和人性地解决，怀着期待和信心，允许养母和继母的存在一样。关于这个问题，我将在下文展开详细的讨论。

首先，尽管儒家伦理要求和提倡和谐，然而在繁殖后代的问题上，现代生物医学技术可能会引起对和谐的需求与对繁衍后代的需求之间的冲突。于是问题变成了哪一个原则更为重要，那一个原则应当被当作首要的原则。然而，在儒家传统中没有根据说哪一个一定是首要的。在一些情况下，和谐的原则似乎比繁衍后代的原则重要。这意味着繁衍后代要建立在创造出更多而非更少的和谐基础上。但是这并不总是必然地，对于另一些情况，繁衍后代被认为是比保持家庭和谐更为重要的。孟子说过："不孝有三，无后为大。"正如我们常常看到的，在一个传统的儒家大家庭中，子嗣的延续往往成为家庭不和谐的原因。正因为如此，我们不能规定这两个原则之间哪一个是更为重要的。事实上，它们是地位平等、同样重要的。如果在一个具体的情境中二者产生了冲突，我们应该努力去实现这两个原则间的和谐，也就是在对家庭和谐的需求和延续子嗣的需求的不和谐上促进和创造出新的和谐。

当然，我们常常将本质上是描述性的经验概括说成是本质上是规定性的道德要求，而这无疑是范畴上的谬误。这不过是因为混淆了两个有区别的范畴，然后得出了错误的结论。此外，我们必须区分一般原则和具体情况，因为一般原则所主张的可能在具体情况中有所不同。因此我们必须考虑每一个特殊的、不同的案例的道德价值。这指向了我的第二个观察结论：生物医学技术的应用引起的未经试验的案例必须要经过一个时期的测试和试验。对生物医学技术应用于繁衍后代进行一个时期的测试和试验，这尽管意味着法律上的困境和道德上的冒险，但是我们仍然必须认清这个问题不是逻辑上无法解决的。因为事实上，一旦或者如果这种情况作为既成事实发生了，我们仍不得不在法律上和道德上解决这个难题和争论。我们不能不给出任何解决方案就忽视这一情况。在这种情形下，需要指出的是为了寻求解决，儒家关于和谐的要求应该受到研究。那么对于两个母亲的情况，即提供卵子的母亲和代孕的母亲，可能的解决方法是什么？

不考虑细节，在儒家对和谐要求的立场上，我们可以提出以下可行的解决方案：

（1）在提供卵子的母亲想要孩子而代孕的母亲按照最初约定好的没有提出对孩子的要求这种情况中，不存在法律或道德上的问题。

（2）在提供卵子的母亲因为某些原因不想要孩子，而代孕的母亲希望得到这个孩子或者同意拥有这个孩子的情况中，也不存在法律或道德上的问题。

（3）在提供卵子的母亲想要孩子而代孕的母亲希望破坏合约而要求得到这个孩子的情况中，法院可以按照合同，就像按照其他合同一样做出判决；或者在考虑了所有的因素后，站在孩子的立场上安排协商解决。这就要求我们经周密考虑后，制定出相关法律。

（4）在提供卵子的母亲和代孕的母亲出于相同或不同的原因都不愿意要这个孩子的情况中，法院也不得不按照合同，就像按照其他合同一样做出判决；或者在考虑了所有的因素后，站在对孩子的立场上做出某些强制性的安排或者解决方案。比如，孩子可以放在养育他的家庭里或者被领养。

上述的分析显示了，提供卵子的母亲和代孕母亲之间的争论中的潜在冲突不是绝对地无法解决的。像人类的任何冲突一样，要获得一个公平合理、同时为双方接受并且在一个必需的程序中是可操作的解决方案，这既需要智慧也需要仁爱。事实上，3）和4）的办法已经显示出了对善意的、周详的相关法律的需要，而且它们应该按照程序进行制定。这适用于社会上所有的冲突。我们需要考虑立法，因为生活中的冲突已经成为生活中的现实或者事实。没有必要也没有原因回避这个问题，或者在遮掩下混淆这个问题。正是出于儒家在面对生活时的道德现实主义精神，作为潜在的法官和陪审员，我们必须有勇气和智慧来考虑所有关于冲突的艰难争议，并且为了合乎理性的清晰表达和双方的支持，提出我们最好的解决方案。

这样的道德任务可能会给一些个体带来困难。它可能会引起一定的社会代价，但是它也会引领我们探究一项迄今尚未经过试验的专项技术的应用将会在什么方面以及如何地影响我们。根据经验所得，我们可能将创造出一种解决冲突的新的模式，以及促成一种道德力量的形成，它将改变我们的实践，改善我们的社会，因为积极对待比消极对待要对整个社会和人性贡献得更多。在这种考虑下，在法律上和公共政策上对现代生物医学技术的应用进行规划，其中的道德风险就是值得尝试的。这里我想要表明的是新的生物用药与技术的进展可以纳入儒家伦理的一体的系统中，这一系统包括繁衍后代与和谐，同时也包括对智慧和仁的考虑。这适用于我们当前关于人工授精和代孕的问题。它同样适用于克隆和包括人造生命的培育和物种混交的基因工程，后者是出于器官培育的医疗目的。我们并不需要提前制定严厉的法律或者提出强烈的道德禁令来对其进行公开声讨，特别是在迄今没有有力的经验证据或者理性的原因来支持相反的观点，而经验未给予教训之前。因此对于香港提案，我愿意看到它保持着开放，并将继续关注，在香港的社会和文化背景下事态的进展。这无疑合乎儒家仁的原则，仁的内容被解释为只要没有未知的不公正和伤害，就要报以广泛的宽容。

2. 死亡和安乐死的问题

儒家伦理对待死亡的态度是严肃的，它要求人们学习如何在德性的指引下面对死亡。在《论语》中，孔子哀叹弟子颜回和司马牛的死。对他而言，出生和死亡的问题（是否应该出生，或者何时出生，何时死去）不是由人的意志决定的，而是由命决定。（《论语·颜渊》："死生有命，富贵在天。"）命的概念要在一个开放和宽泛的意义上理解：它是超越人的控制甚至人的知识（或者说人可以获得对它的知识却不能控制它）的一个或者多个因素，与人可以同时获得知识和控制的情况相对。在孟子那里，命是明确与性相对的，性指一个人塑造和决定自己行为和发展的能力，而命则是对人的能力、力量甚至潜能的先天限制。在这个意义上，命反映的是对人的生命的一般限制和界限，以及对人的能力的具体限制和界限。所以死亡的道德问题是一个人是否能够按照他的本性生活并充分发展他的本性的问题，也就是做自己的事情以及恰当地履行自己的伦理和道德义务。孔子说过，"朝闻道，夕死可矣（《论语·里仁》）"，并且建议君子"守死善道"（《论语·泰伯》）。他的弟子曾子说过"仁以为己任"，"死而后已（《论语·泰伯》）"。但是当孔子被问及死亡时，他说："不知生，焉知死？（《论语·先进》）"。当然我们不可能像了解生那样了解死，但是要获得对生命深层的理解，一个人不能为死亡而焦虑。在这个意义上，死亡不该被恐惧。在这种态度和看待死亡的德性下，儒家道德将如何评价安乐死？

要回答这个问题，我们首先要记住儒家提倡仁这个一般和基础的原则和德性，这意味着不强迫人接受疼痛和痛苦。人们需要安乐死，是在生命因为苦痛而变得令人绝望时。一个人可以因为自己的痛苦而要求放弃生命接受死亡吗？一个人能够宽容安乐死，并且从那些对他怀有深切关切和爱意的人那里，甚至是对他怀有同情的人那里要求它吗？两者都是艰难的问题。但是对人来说，人需要将抵抗死亡看作是一种勇气。这一点已经被孟子明确指出过，他说："可以死，可以无死；死伤勇（《孟子·离娄下·第二十三章》)"。这是想要活下去的意志和存在的勇气问题，而且是人们清醒和意志健全时的选择。但是当一个人承受着非常大的痛苦并且已经没有了做出选择的能力时，一个他亲近的人能够替他做出安乐死的决定吗？

再一次地，这里存在着道德不确定：一方面仁作为生命的原则，不允许人们为他们爱的人选择死亡；但另一方面，当"仁"作为仁爱的原则在孟子那里进一步发展为"不忍人之情"的原则时，难道我们还能忍心亲眼看着我们爱的人承受如此不堪忍受的痛苦吗？我没有看到能够做出果断选择的方式，即使怀着不忍人之情。孟子就一头母牛还说过，"见其生，不忍见其死"（《孟子·梁惠王上·第七章》)。也许如果我们将最痛苦的情况理解为一个人朝着逗留不去且更加痛苦的死亡时，那么根据儒家仁的观点，最好是采取安乐死。但是同样地这不能被当成一个一贯的原则广泛地应用到安乐死。安乐死也需要冒着道德风险经过一段长时间的试验。问题是无论是给自己还是给他人做决定，如何才能不违反仁的原则？这将是考验一个人的道德力量和道德智慧的问题，它会伴随着人的一生。

宰我，孔子的一个弟子，有一次对孔子说："三年之丧，期已久矣。君子三年不为礼，礼必坏；三年不为乐，乐必崩。旧谷既没，新谷既升，钻燧改火，期可已矣（《论语·阳货》)"。孔子是如何回答这个请求的？他说："食夫稻，衣夫锦，於女安乎？"宰我回答：

"安"。于是孔子说:"女安,则为之"。当宰我离开后,孔子评论道:"予之不仁也!(《论语·阳货》)"

这段对话的要点是指出了存在着一些事情,是人们不得不依靠他的道德情感和良心熬过去的。对话还显示出了孔子对他的弟子作为个体拥有的自由选择和自主原则的尊重,但是同时他也叹息真正的仁和礼在宰我身上的缺失。随着时间的流逝,在某种意义上宰我赢了,因为似乎已经没有人承受得起为双亲守丧三年。宰我是一个理性主义者,他从社会普遍的效用角度做出选择,而不仅仅听凭他的感情。但是我们必须尊重孔子对于子女孝行的深刻情感,因为他在其中看到的深度远远超过了理性和社会功利性的计算。

一个人伴着勇气和尊严而死,这永远是被儒家推崇的。它意味着人不应该让死亡剥夺了尊严感和对生命的敬意:它是意志的一次活动。孟子说过存在着比仅仅活着更为珍贵的东西:为国家献身,为爱的人而死,为了避免受到侮辱或者无尽的、至死的凌辱;"所恶有甚于死者"。但是平常活着时,对抗死亡则是一种源自本性的倾向。因此,从孟子的观点来看,没有外在的原因而采用安乐死是难以接受的。但是如果死亡是不可避免和必要的,那么一个人应该以勇气和尊严接受死亡,因为在某种意义上这是命运。那么允许安乐死与这个意义上的命运和勇气就不一致了。

3. 器官移植和克隆问题

器官移植的医疗实践已经进行了许多年了,它是在捐赠的程序下运行的。如果一个志愿捐赠者没有出现,那么器官移植就无法进行。它深层的基本伦理在于捐赠者必须是自愿地捐出一个活体器官,出于他/她的慈善心或者他/她对某个人特别的爱或关切。这里面不应该有强迫的因素。这一点很重要,因为它表明了医疗活动如何必须建立在对动力和动机的考虑基础上,我们已表明的是它们只能源于对德性的珍视。当然行善的德行可能导致显见义务(a prima facie duty),因为人能够反问自己是否愿意这个行为成为普遍的规则或准则,在捐赠器官这个情况中，就是我是否愿意捐赠器官成为一个人人都应该做的行为。这样做需要道德意志，这点我曾在其他地方讨论过。① 如果一个人能够做这件事，那么仁的德性就变成了德性的义务，根据康德的说法，反过来它也是义务的德性。要注意，共同意志的形成需要一个过程，它从个体德性的义务转变成公共的义务、社会义务甚至是法律所规定的基本义务需要过程。尽管我可以将我的捐赠行为当作必须和普遍的规则或原则，但是我并不能控制所有人的意志，因为是由每个个体控制自己的意志的。哈贝马斯就是在这点上讨论伦理在一个民主社会里变得有意义。正是在公共意志形成的过程中，我们将看到对结果的考虑以及对社会和个人利益的权衡将如何开始起作用。或者说正是在这个进程中，对符合条件的人应该捐献他的器官这个共同或普遍规则的思考和考虑开始发挥作用。

根据我之前的解释，功利主义原则无法单独地实行，在道德化或者道德形成的进程中，它不得不与其他的原则一起实行。一旦社会义务在普遍化的共同意志基础上得以建立，那么同时地，社会权利也被创造了出来。换言之，一项社会权利的产生，是当个人能够站在社会义务的立场上对权利提出要求时，而个人是与社会义务互相负有责任的。

现在让我们来看器官移植的问题，非常清楚地是，它的实践仍然处在最初的道德（即仁的德性）形成的阶段。在不考虑整个社会的情况下，我们可以指出购买或者出售人的器官是违背人的尊严的，而这是由于对行善和不做坏事德性的需要的普遍考虑。进一步的思考，它与个人的社会义务和社会权利的最高利益相冲突，更不用说与整个社会的康乐相冲突。② 因此，根据一个社会里对道德实践的道德要

---

① 成中英 "Confucian Reflections on Habermasian Approaches: Moral Rationality and Inter-humanity", Perspectives on Haberrmas, (Chicago & La Salle: Open Court Publishing, 2000), 195 – 234.

② 这个观点需要被加以详细阐释，一个社会普遍的康乐建立在社会长期的运行以及一致上。违背这种运行和一致，对一个新的道德来说是种测试，但是要使一个新的发明或实践工作对社会产生出最大的利益或者显现出它对社会产生的最大利益，是需要一个长期的过程的。

求，反商业化的原则必须被遵守。上述理由同样针对所有提议将商业化引入现代生物医学技术应用的观点，比如对克隆、有基因或无基因的体外授精代孕以及基因治疗这些特定领域，后者还包括非医学性的基因修正。提高生命的质量是值得的，但是不在道德普遍化原则的约束下，为私人利益进行商业操纵，在道德上，无疑是错误的。在这一意义上，儒家仁与义的一般原则在广泛地应用着。

与之相关的，我们来谈论由胚胎的干细胞培育新的身体部分的情况。研究已经发现，胚胎干细胞是人胚胎发育中最早期的细胞，由它们产生出身体里所有的组织和器官。研究者相信从人的胚胎或胎儿中取出的这些细胞，能够在控制下生长出生病的心脏、肝脏或其他器官的替代品。研究还发现一些从成人的身体组织中取出的干细胞能够转化为其他类型的细胞，例如脑细胞变成血液细胞或者骨髓细胞变成肝脏细胞。这看上去似乎是有百利而无一害的技术，能够使千万人受益而不损害一人。但在更深入的思考下，器官移植同样可能会被商业化，因为有多少人会愿意将自己的干细胞捐给那些不能成为爱和关心对象的陌生人？如果有人要从一个胎儿或者胚胎中取出干细胞，那么谁来做出决定，是胎儿、胚胎还是父母亲，还是细胞自己？显然地，胎儿、胚胎或者细胞都不能做决定，它将取决于父母或者监护人，而这无疑引向了对动机和结果的考虑。我不知道美国国会和一些反堕胎团体抨击这一项生物医疗创新的原因，但是我想站在反商业化的基础上反对它的广泛实践。然而，就和捐赠器官的情况一样，儒家道德会允许出于爱、关心和仁的动机捐赠干细胞。儒家道德认为进一步地建议这项技术接受长期的测试和试验也是同样合理的，这样社会中多数人共同的价值观就会形成，在我们把它看作一项义务或者一项完全由法律规范的功利行为之前。

这将引向我们对克隆问题的思考。如果我对克隆的理解正确的话，那么我们现在能够在技术上克隆任何一种生物物种。我们已经克隆了羊、牛、老鼠和猪等等。但是我们还没有克隆人类。① 克隆人的生物技术无疑已经具备。但是为什么克隆人是一个如此严肃的问题，不考虑过所有的问题就不应该进行？也许在关于克隆人类的伦理上需要一个国际性的委员会来做决定，而且一旦授权了可以克隆人，即使是在实验的基础上，那么这个委任必须为克隆人类的所有后果承担责任。如此严肃的原因是十分明显的：我们必须考虑克隆人类涉及到的方方面面的伦理：个体的、家庭的、群体的、社会的、经济的还有政治的。我们还必须从德性伦理、义务伦理、功利伦理和权利伦理的立场考虑这个问题。这是因为我们将要创造出一个新的人，而它与之前的人类繁殖的基本活动是不一致的。反对意见已经揭示了人类克隆中包含的危险：克隆人将没有真正的父母，他们可能无法获得一个真正的身份，他们将对自身持着较低的尊重以及他们的寿命要比常人短。在人际关系上，他们可能不会被人爱，将永远被当作二等人，或者为了促进商业消费而成为被大量生产出的工具。极端的例子下，他们可能为了给政治家创造选票、为了给医药产业带来替代的器官以及为了给政治强人制造战争的原因而被利用。②

另一方面，人类克隆的提倡者有他们的与此对立的争论，他们一般主张法律将会解决大部分的问题。在这种积极的提议下，人类克隆将不仅为那些在繁殖后代上没有任何方法的人们提供一个孩子，而且也许还能再生或者保存天才们的基因。权衡克隆人类的利弊，关于克隆人类的伦理质疑的原因能够在一点上是相同的，但却无法完全相同。首先，如果我们要求克隆人类的权利，我们必须问这个权利指的是什么权利？谁拥有这个权利？它肯定不是一个自然的权利，我们的生命不需要依赖它而生存。在极端的例子里它可以是个权利，比如一个人用尽了其他繁殖后代的方法都没有成功，所以为了延续家族他必须考虑克隆。也许在这一点上儒家伦理会宽恕这一行为，考虑到延续

① 据报道，事实上英国的一家私人实验室已经秘密地制造出了一个克隆人。
② 见最近出版的 M. L. Rantala and Arthur J. Milgram. Cloning: For and Against (Chicago: Open Court Publishing, 1998).

血统是子女孝行的一个形式。但是一个人如何能保证这一目的就会实现？如果这一目的实现了，那么关于父母的概念将不得不重新定义。第二，如果我们以社会功利的立场考虑人类克隆，那么对人类克隆不加限制的政策将使一个社会或者整个世界受益，这一点是不确定的（因为人类克隆将影响到世界人口）。第三，如果我们从义务伦理的立场上来考虑人类克隆，我们将看到不论我们如何精确地定义，克隆都不会是一个我们能期待所有人都会承担的义务。此外，要克隆还是不要克隆是一个道德选择，它还需要考虑许多其他的因素，并且要依靠科技的先行。最后，人类克隆既不是道德也不是非道德的或者乍看上去的罪恶（vice prima facie），因此人们不能说它是道德善的一个形式。出于所有这些原因，如果人类克隆没有被彻底的禁止的话。那么它应该得到严格的限制。

对于儒家伦理，还存在着另外一个超越逻辑的考虑：即一个克隆人能够认识到他的道德天性并且成为一个有德性的人吗？关于这个问题，无疑我们还要考虑很多，但问题是一个克隆人将如何对他自己的存在做出回应以及如何保护他作为道德个体的权利。从宇宙本体论上来说，一个克隆人可能被理解为在他的产生中缺少阴阳的运动和平衡，因为阴阳的运动和平衡源自一个精子和一个卵子之间的吸引和融合。关于这点，可能有人会指出阴和阳仍然发挥着作用，因为克隆人必须在子宫里生长，因此他被一个代孕母亲照顾，而她不提供卵子因为克隆不需要卵子。按照这种理解，不存在真正的形而上学基础对克隆孩子的道德天性提出质疑，因为他将按照基因长大就像他的父亲按照基因长大一样。他将仍然具有道德天性就像他的父亲具有一样，但是作为个体，他将拥有一个不同的身份，在一个特殊的环境下长大。对儒家伦理来说，障碍在于克隆孩子可能缺少一个由父亲和母亲组成的正常家庭，他可能会作为一个单身父亲或者单身母亲的孩子被养大，尽管他/她可以被当作儿子或者女儿被其他的人收养。再一次地，直到我们发展出一个完善的文化和生活的形态，它们包含了有关人类个体、家庭和社会的所有美德，那么在这之前，儒家对生命的本性以及其限制的尊重就应该被遵守，甚至应该被极高地对待和尊重。

四、结语

在现代和当代生物医疗技术带来的挑战下，人们需要知道这样的技术在哪里以及如何帮助解决了有关个体和社会的古老问题。对于同时保证了生命的繁衍与和谐的伦理原则是什么？

对新的生物技术具有的社会和个人价值进行测试和试验，普遍性与在和谐下寻求最好的结果无疑是两个非常重要的原则。为了保护公平、个人尊严以及自由，对于旨在满足人类繁衍生命和维持和谐的目的的生物技术，我们当然始终需要在它的使用和应用上建立必要的义务和权利。因此，为了寻求社会上和政治上的理解，讨论和辩护的理性原则始终是交流和怀疑的途径。

儒家伦理提供了两个思考和考虑的基本共识，在对生物技术和生物医疗做正式决定的时候，它们能够被用来作为基础：就对人作为道德实体的特殊性的理解而言，保持人性和人的尊严；以及平衡一个人类行为将要带来的和已经带来的所有基本个人利益和社会利益并达到和谐。换言之，不论我们引入了什么样的生物科技，作为一个人，我们需要保持我们的道德天性（无论解释为实在性的还是非实在性的）和道德尊严。如果通过生物科技的创新，我们能够从我们能发展的道德价值到达更高的生命等级，那么这就是为什么我们应该考虑将生物科技与修身和自我发展这项一生的道德规划结合起来的理由。但这并不是唯一的理由，我们也需要思考社会利益的总体，这样对生物医疗技术不同的使用安排才会是正当的。这里的两个思考是旨在引入生物医疗技术应用上的两个基础原则，即保存人类天性中的道德原则（the Principle of Moral Preservation in Human Nature）和人类社会中的社会和谐原则（the Principle of Social Harmonization in a Human Community）。它们二者共同构成了儒家道德公平和公正的原则，大可借以评价生物医疗技术的发展和应用。

儒家伦理是整体性的，它希望在一个广泛和预防的层面上解决所有基本的问题和难题，包括生命繁衍、克隆、死亡和器官的培育及移植。为了整体的评价和解决一个相关的问题和难题，它要结合所有基本的价值，这些价值必须包括德性、义务（责任）、效用和权利。对于个体而言，在做选择的时候，作为自我尊重和关心的仁的原则必须与对和谐的考虑取得平衡。因此，像代孕母亲这样的情况，必须实行严格地监管，并且必须尝试性地建立起一个权利和义务的主体，这样的话，现代和当代的生物医疗技术的创新才不会破坏处在首位的基本德性以及其延伸发展的公平与正义体系。

美国工程伦理的历史与启示

丛杭青①　仲伟佳②

当前我国的工程伦理事业最需要解决的问题是什么？要想回答这个问题，我们还需从历史的角度，对工程伦理的发展史进行重新梳理。在这方面，美国工程伦理的历史演变会给我们许多有益的启示。

美国是全球工程伦理发展最具代表性的国家，纵观美国工程伦理的发展史，可以将其分为相对独立的三个阶段。第一阶段是 1900 年以前，工程学与伦理学互不相关，在工程学中几乎没有伦理的考虑，我们称此时期为前工程伦理时代；第二阶段是 20 世纪初到 70 年代，随着工程的日益壮大，工程和社会的诸多矛盾暴露了出来，伦理问题在其中逐渐凸现出来，我们称此时期为工程伦理的孕育时期；第三阶段是 20 世纪 70 年代至今，工程伦理学作为一门学科走进了高等学校，并且实现了建制化的过程，我们称此时期为工程伦理学的兴起与发展时代。

一、前工程伦理时代

最初的美国工程教育不是出现在学校里，而是通过师傅带徒弟的方式来培养工程人才的。虽然这种培养方式可以培养出高质量的人

---

①　丛杭青（1958 - ），男，浙江杭州人，浙江大学哲学系教授，博士生导师，主要研究方向为社会认识论。
②　仲伟佳（1974 - ），男，江西九江人，九江学院继续教育学院教师，硕士，主要研究方向为工程伦理。

才，但培养出的工程师的数量远远不能满足当时美国政府和私人公司的需要。美国交通系统（公路、运河、铁路等）的快速增长迫切需要更多的工程人才，于是美国早期大学便将培养工程人才作为一项议题提上了日程。①

在早期，工程教育呈现出多种形式，有法国军校的模式，有英国理工（polytechnic）院校的形式，还有将工程教育移植到传统大学文科教育中的方式。两大原因可以说明这种现象，一是工程教育在美国是一个新鲜事物，没有经验可以借鉴，当时的美国也缺乏有工程院校管理经验的杰出人才，各地只能根据自身的实际情况来探索；二是19世纪的美国社会多种文化彼此交流与碰撞，思想相对分散，因此工程教育也就出现了多种形式。

1. 结合军校培养工程师的法国模式

法国是现代工程师的起源地，早在17世纪法国就开辟了学校培养工程师的先例，不过那时工程师的培养大多和军事工程联系在一起。在美国独立战争期间，美国士兵得到了法国军事工程师的极大帮助，因此采用法国军校模式培养工程师便很快成为当时美国政府的第一选择。

西点军校是美国第一所培养军事工程师的工程学校。② 西点军校首先开设的课程有两门：数学和自然实验哲学。第二年学校增加了法语课和军事艺术课程。当时世界上其他著名的高等学府大多以希腊文和拉丁文的经典著作为主要课程，而西点军校反其道行之，强调实际应用，重视理论联系实际。希腊文和拉丁文都不作为入学条件，也不列入军校课程。而且西点军校不开设道德哲学课程，不进行宗教测验，这在当时都是伟大的创举。

---

① Terry S. R. the Education of Engineers in America before the Morrill Act of 1862. History of Education Quarterly, 1992（32），460.

② Davis M. Thinking like an Engineer.（London：Oxford University Press，1998），23.

2. 具有理工特征的英国模式

在美国的工程教育中，随着法国模式的工程教育在美国陆续传播，代表民主和大众的英国理工模式也登上了历史舞台。成立于1824年的伦塞勒学院是一所美国早期的理工学院。学院最初的名称是伦塞勒学校。伦塞勒是一位具有哈佛学位的乡绅，他创办学校的目的是为他经营的农场的语法学校培养具有农业和机械技能的师资。1828年伦塞勒学校偶尔提供工程方面的讲座，到了1835年学校更名为伦塞勒学院，从那时起学院开始改变教学目标，开设了一个学习一年就可以拿到土木工程学学位的专业。该专业最初是为已获得文学学位的学生而准备的研究生课程。1850年，学校更名为现在的名称——伦塞勒工学院（Rensselaer Polytechnic Institute），同时放弃了原来的教学理念，即把一年制的工程教育加在传统的文科教育上，而是把一年制的工程教育延长至三年，而且学校集中精力开设科学和工程学科。

3. 其他模式

在早期的美国，无论是具有军校特征的法国模式，还是带有理工特征的英国模式，都与传统大学的教育有明显的区别。传统的大学教育以文科教育为基础，但在19世纪上半叶，面对剧烈变化的美国社会，大多数文科学校也试验性地开设了工程教育课程，这种工程教育和文科教育相结合的形式有三种：（1）与学位脱离的兴趣课程，（2）作为选修或必修的学位课程，（3）科学课程的模式。

通过考察美国早期大学的工程教育，我们可以发现：不管哪种工程教育的模式，工程学的教育和发展与伦理学几乎无关，学校注重的是科学知识的培养和工程实践的训练。为什么早期的美国工程教育没有伦理的考虑？戴维斯给出了一个答案，他认为，工程师没有更早地采纳伦理标准，是因为他们觉得不需要。早期的工程师人数很少，工程师之间也没有过多的交流，对他们来说，究竟什么样的训练是必要的，这在当时还不是工程师的话题，也不是社会的话题。1900 年以后，工程师的数量成十倍、百倍，甚至成千上万倍的增长，工程实践中涌现出了很多新问题，工程的伦理考虑也就提上了日程。

尽管戴维斯说的不无道理，但他忽略了一个重要的因素：那就是工程的复杂性问题。早期的工程相对简单，技术含量不高，工程师和公众都容易理解其中的原理，工程本身不会有伦理上的诉求，社会也不会关注工程中的伦理问题。随着工程知识的日益复杂化，普通的公众根本无法理解复杂的工程技术。我们每一个接受工程服务的人只能以工程技术提供者，即工程师的职业道德作为接受的前提，因此，这就要求工程师不仅精通技术业务，而且还要求他们善于合作和协调，处理好与工程活动相关联的各种社会关系。

二、工程伦理的孕育时期

为了促进技术知识的发现和传播，19 世纪中后期，美国工程界陆续成立了几个代表工程学科的社团。这些社团意识到，他们还肩负着促进职业伦理的责任，工程社团应该为工程师如何处理好工程师与雇主、工程师与客户以及工程师与社会公众之间的关系提供实践指导，并制定工程师的职业责任与义务。工程师的权利、责任与义务被职业社团以伦理章程的形式予以正式表述。

1912 年，美国电气工程师协会（AIEE）采纳了第一部伦理章程，[①] AIEE 提出伦理章程的主要目的是提升电气工程师的职业形象和社会地位。早期的伦理章程普遍存在着问题，几乎在刚被公布的同时就遭到了广泛的批评。这是因为，这些章程忽略了社会公众的利益，过多地考虑了公司和雇主的利益，存在着诸如"要将雇主与客

---

① Layton E. The Revolt of the Engineers. Maryland：Johns Hopkins University Press，1986，85 – 86.

户的利益放在首位"的条款。它们对工程师提出了严格的要求，过分地强调工程师对于雇主或客户应负的责任。甚至不同社团伦理章程之间的内容也相互抵触，例如，美国土木工程师协会章程（sec. 1）规定工程师"除了为客户服务所应得的报酬之外，禁止接受任何形式的酬劳，"而美国电气工程学会章程（sec. B. 4）允许工程师在客户同意的情况下接受厂商或第三方的报酬。①

虽然不同的工程领域有着各自的社团章程，但不同的工程职业社团还是一直在为采纳一部共同的伦理章程而努力。美国工程师协会（American Association of Engineers，AAE）于 1927 年提出了 AAE 章程，它试图适用于所有的工程师，但由于内部分歧太大而流产。二战前夕，美国工程委员会（American Engineering Council，AEC）也试图使所有工程社团都接受同一部伦理章程。在这一尝试几乎快要成功的时候，AEC 却解散了。之后，美国工程与技术鉴定委员会（Accreditation Board for Engineering and Technology，ABET）的前身，创建于 1932 年的工程师职业发展委员会（Engineers Council for Professional Development，ECPD）接过了这项任务。ECPD 有意识地综合了各种章程的条款，并最终建立起一部对所有工程师都适用的伦理章程。②

1964 年，最初采纳 ECPD 章程的美国国家职业工程师协会（National Society of Professional Engineers，NSPE）开始使用自己的伦理章程。NSPE 在美国工程伦理建制化过程中起到了两个重要的作用：其一，NSPE 下设伦理评价委员会（Board of Ethical Review，BER），专门回答工程师在工程实践中遇到的伦理问题，委员会的回答以及评论成为工程师处理许多伦理问题的重要参考；其二，NSPE 是唯一一个经政府许可管理注册工程师的民间社团，比起其他社团章程，NSPE 的章程具有较大的约束力。

另一个比较重要的伦理章程来自电气和电子工程师协会

① Davis M. Thinking like an Engineer. London：Oxford University Press，1998，119.
② 同上．，60.

（IEEE）。该协会有三百多万会员，是美国最大的工程师组织，它的1979 年版章程被公认为是其他社团章程的标准范本。由于 IEEE 章程只是对其会员适用，所以它要比 NSPE 章程简明的多。尽管 IEEE 章程非常简明，但它仍然保持了自己的独特性。例如，条款二要求工程师应忽略种族、信仰、性别、年龄和国籍，公平地对待所有的同事和合作者，而其他社团章程只保护工程师免受不公正的待遇，但并不包括所有的合作者。①

三、工程伦理的建制化时期

从 20 世纪 70 年代起，经过 30 多年的发展，美国的工程伦理已经步入了建制化的阶段。作为一项法律制度，注册工程师法案得以在全美国实施；作为工程学学科教育体系的一个组成部分，工程伦理学也以不同的形式在所有的工科院校中普遍开设。

工程伦理的建制主要包括四个方面的内容：一、职业注册制度；二、工程教育鉴定制度；三、工程社团伦理章程的修订与完善；四、工程伦理学的形成与发展。

1. 职业注册制度

在工程伦理的制度化建设方面，一个直接相关的问题就是工程职业注册制度。② 1907 年，怀俄明州通过了美国首部规定申请职业工程师执照（或注册）所必须满足的标准的法案。该法案的动机在于，试图减少怀俄明州银矿发生致命事故的数量。同样，德克萨斯州发起工程执照的动机直接源自于一桩 1937 年发生在德克萨斯小学校园内的锅炉爆炸事故，在这次爆炸中，有 200 多位师生殒命。自从 1907

---

① Davis M. Thinking like an Engineer. London: Oxford University Press, 1998, 61.
② 丛杭青：《工程伦理学的现状和展望》，《华中科技大学学报》（社会科学版）2006年第 4 期，第 78 页。

年之后，每个州都陆续颁布了类似的法律，州注册委员会负责管理该法案的实施。各州注册委员会同时又是国家工程与测量考试委员会（NCEES）的成员。NCEES 理事会现在是由 50 个州和 5 个特别区的注册委员会的代表所组成的，每个州委员会都享有一票投票权。①

和工程社团相比，州注册委员会更容易实施工程伦理和职业标准。州注册委员会依靠州政府拨款和收取 PE（Professional Engineer）执照费来运作，不像工程社团那样可能受到商业利益的影响；而且州注册委员会拥有法律权力，可以对违法的工程师吊销 PE 执照甚至提起公诉；此外，州注册委员会通常有一个内部的机构，用来调查对非职业行为的投诉，而职业社团的调查能力却受到相当多的限制。

2. 工程教育鉴定制度

美国的工程伦理教育始于 20 世纪 70 年代后期，主要有两方面的原因：一方面是工程事故的频繁出现迫使人们意识到，必须重视工程活动的社会意义，提高工程师的道德素质和伦理意识。工程是一项广泛影响公众的社会活动，关于工程师的伦理职责以及对工程活动的社会影响的研究迫在眉睫。除了这一内在的历史要求外，另一方面，外在的社会推动力也是工程伦理教育得以展开的重要因素之一。美国工程与技术鉴定委员会（ABET）在其中起到了积极的推动作用。

高等学校的工程专业鉴定工作由 ABET 下属的工程鉴定委员会（Engineering Accreditation Commission，EAC）负责；高等学校的技术专业鉴定工作，由 ABET 下属的技术鉴定委员会（Technology Accreditation Commission，TAC）负责。② ABET 的主要工作之一是为全国的工程教育制订专业鉴定政策、准则和程序，统管鉴定工作，并授予申请专业鉴定合格的资格。工程师要想获得注册工程师执照，就必须通过经由 ABET 认证的工程院校开设的专业课程学习并获得相应的学

① 哈里斯等著，丛杭青等译：《工程伦理：概念与案例》，北京理工大学出版社 2006 年版，第 215 页。

② http://www.abet.org.

位。1985 年，ABET 开始要求申请鉴定的工程院校必须开设工程伦理方面的内容，它认为工科学生应该有"一个对工程职业和实践的伦理特征的理解"，它要求工程学专业的毕业生不仅仅要对与工程实践相关的伦理和职业问题要有所了解，而且也要了解工程对更大的社会问题的影响。[①]

ABET 进行工程学专业鉴定的目的，在于鼓励和促进工程教育的改革和发展，从而使工程教育更好地适应工程界和全社会的需要。ABET 通过其鉴定制度，让学生、教师、社会公众和政府部门能够直观地了解到，哪些学校的工程学专业已经达到了 ABET 的最低标准，其教育质量是有基本保证的。[②] ABET 在 1997 年推出的工程 2000 标准，将其鉴定的重点由"学校教了什么"改为"学生学到了什么"。这一重要转变使高等院校不再受传统观念的约束，从而能够采用灵活的方式来改进教学质量。

近十几年来，ABET 努力适应全球化的趋势，开展了一系列工程认证的国际多边合作，与其他国家鉴定机构相互学习和借鉴，共同研究和解决一些新问题，以推进工程教育的改革与发展。

3. 工程社团伦理章程的完善

20 世纪 70 年代以来，工程社团伦理章程也在不断的修订和完善之中。正如前文所述，早期的工程社团章程一开始就受到非议，这是因为它们过多的强调工程师对顾主的忠诚，而很少涉及工程师对社会公众的责任。而当今几乎所有的工程社团都把"公众的安全、健康和福祉"置于条款的首要位置。这种变化其实是对社会观念变化的集中反映。早期的工程师对工程职业是缺乏自我理解的，一方面，工程师有时并不承诺工程是他们的终身职业，而只是当作一种达到另一

---

① Harris C E, Pritchard M S, Rabins M J. Engineering Ethics: Concepts and Cases. 3rd ed. Belmont, (CA: Wadsworth/Thompson Learning, 2005), 25.

② 孔寒冰，邹晓东，王沛民：《工程教育鉴定和职业资格认证初辩》，《高等工程教育研究》2005 年第 5 期，第 15 - 18 页。

目标的方式；另一方面，工程师通常不认为自己的工作是直接服务于公众，而只是为他们的经理或顾主效力。①

除了首要条款之外，值得一提的还有跨文化的工程伦理规范问题，这也近十年来工程伦理章程的一个显著的变化。越来越多的工程师去其他国家工作，而东道国又有着不同的实践、传统和价值观，由此便引发了工程与文化之间关系的问题。在不同的文化背景之下，工程是否有相同的伦理规范？或者说，是否应当制定超越不同文化的国际工程伦理规范？例如，在决定工程师何时应该采用东道国的价值观和实践，何时不应该的时候，依据什么样标准才是合适的？②

在这种情况下，我们依靠原有的职业规范往往会出现问题，即使这些章程有时制订的很详细。什么样的规范可以适用于国际伦理的原则？这有待于进一步探讨。

面向国际的伦理章程应尽可能少的依赖地区文化，可以称它为超文化规范。哈里斯认为，寻求超文化规范有四个方法，③ 一是考察主要的伦理学家和宗教学者的著作；二是考察国际文献，如联合国的《世界人权宣言》；三是考察有国际背景的各类工程社团规范；最后，我们还可以深刻领悟尊重人的伦理学和功利主义的伦理学，从中也许可以找到超文化的规范。他认为有 9 种超文化规范：1. 避免剥削，2. 避免家长主义，3. 避免行贿和送礼，4. 避免侵犯人权，5. 促进东道国的福祉，6. 尊重当地的文化和法律规范，7. 保护健康和安全，8. 保护环境，9. 促进合理的背景制度。

4. 工程伦理学的形成与发展

20 世纪 80 年代开始，美国出现了一些并非完全由哲学家开设的

---

① 哈里斯著，潘磊，丛杭青译校：《美国工程伦理学：早期的主题与新的方向》，工程哲学（第三卷），北京理工大学出版社 2008 年版。

② 丛杭青：《工程伦理学的现状和展望》，《华中科技大学学报》（社会科学版）2006年第 4 期，第 81 页。

③ 哈里斯等著，丛杭青等译：《工程伦理：概念与案例》，北京理工大学出版社 2006年版，第 204 页。

工程伦理课程，这标志着工程伦理学作为一个学科领域开始显现。

起初，工程伦理学的研究集中于两所美国高校：伦塞勒理工学院和伊利诺斯工业大学（Illinois Institute of Technology）。① 但是，在当时工程伦理并不属于哲学领域，并且发表的文献数量不多，也未被哲学索引所收录，这种情况直到 1986 年才有所改观。

工程伦理学研究的主要推动力来自于工程教育的需求和国家基金的支持。为了促进工程伦理学这一新兴领域的发展，并为教学提供素材，从 20 世纪 70 年代后期开始，美国国家人文基金（National Endowment for the Humanities，NEH）和国家科学基金会（National Science Foundation，NSF）陆续资助了一系列的工程伦理学项目。

到目前为止，美国的工程伦理学已经形成了由研究项目、出版物、网络以及会议等一系列组成的制度化学科模式。其讨论范围涉及到工程师的责任、环境问题、风险、伦理章程、职业化、举报、利益冲突、保密、计算机伦理、跨文化规范等诸多的问题。

四、我国工程伦理事业亟待解决的三大问题

反思美国工程伦理的历史，结合我国工程伦理的现状，我们认为我国的工程伦理事业面临着三个亟待解决的问题。一是完善和规范工程社团伦理章程；二是推进工程伦理教育和工程专业认证；三是建立注册工程师制度。

1. 完善和规范我国工程社团伦理章程

我国的工程社团现在已初具规模，截至 2006 年底，中国科协下属有 64 个工程学会或社团，这 64 个社团分布在 17 个专业领域中。其中主要的工程社团有：中国土木工程学会、中国机械工程学会、中

① Davis M. Engineering Ethics. (London：Ashgate Publishing Limited，2005，15.

国计算机学会、中国工程咨询协会、中国化学工业协会等。

计算机学会是唯一一家专门制订道德规范的社团。其道德规范主要包括 5 条比较具体的准则，即尊重知识产权、尊重事实、客观评价作品、评审公正以及不一稿多投等。正如其标题"中国计算机学会学术道德规范"所示，该规范主要针对工程科学的学术道德，而不是关于工程师的职业伦理。

从严格的意义上说，没有一家工程社团制定了独立成文的伦理章程。尽管以上的工程社团大多有社团章程，在其中也有一些类似伦理的条款，但其内容主要局限于以下三个方面：遵守宪法和法律，服务经济建设和坚持民主办会。[①] 缺乏对社会福祉、环境等重要伦理问题的关注，同时也缺乏对工程师的职业责任、权利和义务的说明。

2. 推进工程伦理的教育和工程专业认证

对于在工科院校推广工程伦理的教育，我国教育界与工程界远没有达成共识。造成这种现状的一个可能的原因是，"当前我国工科学生，未来的工程师，未来工程活动的设计者、决策者、实施者、管理者和评估者，对国内工程领域现状的态度普遍是，虽然痛感问题严重，但多数认为与己无关也不愿多去思考这些问题，或者认为问题太复杂，不是个人所能解决得了的"。[②]

另一原因可能是，对实施工程伦理教育方式的分歧。一种观点认为，工程伦理归属于工程学科的范畴，应由工程界来实施工程伦理教育，而工程界实施工程伦理教育的最好方式是工程实践。我们当然不否认工程实践在解决伦理问题中的重要作用，但也应忽视伦理教育对于今后工程实践的指导意义。

也许制度化的安排对于解决以上分歧是有帮助的。在美国，一所

---

① 苏俊斌，曹南燕：《中国注册工程师制度和工程社团章程的伦理意识考察》，《华中科技大学学报》（社会科学版）2007 年第 7 期，第 97 页。

② 曹南燕：《对中国高校工程伦理教育的思考》，《高等工程教育研究》2004 年第 5 期，第 37－40 页。

院校的工程学学科要想通过 ABET 的认证，它就必须将工程伦理纳入整个工程学教育规划之中。此外，职业工程师执照的考试中就包含了工程伦理的内容。

近年来，人们越来越重视专业认证对于国际工程教育相互承认的重要作用，普遍把专业认证制度作为建立国际性的工程教育相互认可协议的基础。① 工程专业认证制度的建立不仅对于工程教育的宏观调控非常重要，而且对于工程教育体制的改革，工程技术人员培养模式的探讨，工程技术人员整体水平的提高等都有十分重要的意义。

从 1989 年开始，虽然我国的建筑学专业实施了专业评估，但至今仍没有形成一个独立的官方或非官方的认证机构，也没有将认证工作推广到其他工程学专业中。教育界和工程界联合组建工程教育认证机构是建立工程教育认证体系的重要标志，在这些方面我们还有很多工作要做。

3. 建立和完善注册工程师制度

随着经济全球化进程的加快，跨国的工程技术项目越来越多，工程师的国际流动日益频繁，各国工程师需要通过注册制度加以互认。而我国的工程师由于未经正式注册，其资质在国际上不被承认，在涉外工程项目中，我方人员承担了大量工作却得不到相应利益的情况比比皆是。因此，在我国建立和完善注册工程师制度有其必要性和紧迫性。

虽然注册建筑师制度已于 1995 年启动，第一批注册建筑师于1997 年开始执业，目前工作开展得比较顺利；早在 2000 年，我国就有了"注册工程师制度实施计划"，计划到 2010 年全面实行注册工程师执业资格。但迄今为止，尚未建立国家层面的注册工程师制度。许多涉及国计民生的重大工程专业领域（如机电设备、矿山工程、

---

① 韩晓燕，张彦通：《试论我国高等工程教育专业认证制度的构建》，《高等工程教育研究》2005 年第 1 期，第 46 – 47 页。

锅炉压力容器与管道等）均未实施注册工程师制度。

一般来说，注册师制度包括专业教育评估与认证、职业实践、资格考试和注册登记与管理四个部分。注册师制度与专业教育评估与认证制度的关系是包含与促进的关系：专业教育评估与认证是注册师制度的一项重要环节和基础性工作，而注册师制度则促进了专业评估与认证制度的建立和完善。如何将工程伦理教育与建立和完善注册工程师制度结合起来，也是需要认真关注的问题。

实际可行的伦理准则及其进化论基础

孟　旦①（著）／安延明（译）

一、引言

本文的主要目的在于，指出科学中关于人性的提示与伦理学的相关性。这特别涉及到认知科学、进化生物学和进化心理学的某些发现和说明。② 由于这些研究结果涉及社会行为、情感和直觉的模态，所以它们可以同文化研究一道，解释我们的某些随处可见的社会行为。这些发现也可以说明，哪些伦理准则是切实可行的。在此，我所关心的是心理学和生理学文献中的发现对于伦理学的相关性和提示性，而不是它们本身的科学确切性或可能性。

哲学家们可能会将"切实可行"理解为"'应该'理当蕴含'能够'"，即只有当我们能够从事某事时，该事才成其为一种合理的义务。我们不应该对主体的一般动机和态度提出过分的要求。科学中与人性相关的发现，只有当其涉及一种道德体系时，才与伦理学相关。在我的语汇中，道德体系指的是一种理想的、可以作为判断是非

---

　　① 本文作者孟旦系美国密西根大学哲学、汉学荣誉教授，香港中文大学"钱穆讲座"访问教授。因为工作安排，作者本人未能出席此次研讨会，但为其提交了此篇论文。此文亦见孟旦教授新作《Ethics in Action：Workable Guidelines for Private and Public Choices》第一部分（香港中文大学出版社，2008）。由于专著与单篇论文在体裁上的差异，译者在从事翻译时相应地作过些许文字改动。另外，本文的发表曾征得英文出版者同意。在此，谨表谢忱。——编者。

　　② Steven Pinker, The Blank Slate：The Modern Denial of Human Nature（New York：Viking, 2002），164.

的标准的行为规范。它的权威性来自于一些部分地源起于人类生物属性的直觉（个体的良心）。研究这一内容的学科就是元伦理学（meta-ethics）。在我看来，它的理论基础就是一种伦理自然主义，即我所谓的双领域功利主义（two-realm utilitarianism）。

一种可以产生实际作用的道德体系总是自然的；这也就是说，它考虑到某些缘起于生物属性的动机和倾向。同时，一种自然的道德体系要以最小程度的强制和最大程度的自主服从，即非强制性的服从，促进人类的团结。正因为此，这类体系才能实际产生作用。当我们心目中的正确者与我们的某些自然产生的强烈欲望，即所谓的"基本欲望"（ultimate desires）二者一致时，所谓的正确处事便会进展顺利，并且引出利他主义的结果。这种道德体系是多元的，因为它得自于不同的文化，并且受制于我们现存的动机和态度。自然限制着一切文化道德，同时也积极地挑选和促进它们中间的某些部分。

当今时代，无论在中国还是在美国，确定政策的好坏成败的最重要标准都是经济指标（高效/浪费，盈利/亏损）。虽然这一标准值得注意，但是单纯地强调它可能会使人们忽略另外一点，即一种政策、观念或产品是否有利于公众，特别是，是否在长远的意义上，有利于公众。我相信，如果公众和政治领袖能够理解并且表明这种公众利益，那么各类新的计划等就会更加坚实可靠。例如，绿色技术的创新便带来了大众欢迎的产品，并且对气候变化产生了积极的影响。这后一个方面涉及到人们的健康与生活，因此具有伦理学意义。在我的国家（美国），选举人应该知道所谓的非经济利益，政治家们也应该就此表明自己的立场。一种切实可行的道德体系可以推动个人和公众思考这些利益。这篇论文的目的就在于帮助人们找到一种实际可行的标准，并且将其付诸实践。

进化心理学首先涉及心灵，其次才涉及基因。它要探讨信念、欲望、动机、情感以及与此相关的社会行为。这一领域的研究者们更加关心人类的相似性，而非差异性。文化心理学家们也研究人类的心灵，并且为我们提供了与此相关的知识。但是，行为遗传学却要处理我们的差异性。在研究心灵时，进化心理学家们试图确定：各种情感、动机和其他心理活动如何展开，它们是否影响自然选择的过程，受到其影响的会是哪些内容等。心理学家们将这些情感等称为"直接动力机制"（proximate mechanism）。它们可以使个体采取某种行动，例如利他主义行动或者参与社群等。心理学家们既关心负面的行动与感受（侵犯、欺骗和仇恨），也关心正面的行动和感受（同情、爱和信任）。研究者们常常借助功能磁性共振反映（FMRI）和正电子放射（PET）等。他们也研究荷尔蒙与神经传导的程度，研究文化变异，脑损伤以及灵长目动物的行为等。

但进化心理学研究有一个弱点，即几乎没有哪个研究者试图将自己的发现和理论运用于当下的社会问题，例如气候变化、大规模的经济不平等以及法律和政府机构中的裙带关系等。但是我相信，他们的发现同各种由此类问题所提出的伦理原则密切相关。同时，这些原则也为我们的某些选择提出了根本性的规范。

进化中的信念、欲望、动机和行为等，本身无所谓好坏。我们生来具有同情和利他的倾向或本能，也具有部落主义（tribalism）和将人区分为"圈内者"和"圈外者"的倾向或本能。进化论以生存和恰当的再生产作为评判个体和群体是否"成功"的标准。"进化过程中的血亲选择是基因的自然选择。这种选择基于基因对于带有该基因的个体的影响，也基于基因的存在对于个体的一切具有遗传关系的亲属的影响。这些亲属包括父母、子女、兄弟姐妹、表亲，以及其他仍旧健在的血亲。他们可以再生产出血亲，或者影响着血亲的再生产。血亲选择对于利他行为的产生具有特别的重要性"。[①]

部落主义的根源在于，人类具有一种初始倾向，他们要为自己以

---

① Edward O. Wilson, Consilience: The Unity of Knowledge (New York: Knopf, 1998), 168－169.

及与自己基因相同的人们创造某种恰当状态（"内聚的恰当状态"）①
部落主义的畛域包括近血亲集团以及其他圈内者。同时，部落主义也
会越出血亲集团的界限，网罗进更多的人们，——他们是非血亲的，
但却具有共同的特征，例如领土、相貌、语言、宗教、文化等。在典
型的情况下，部落主义的成员们也分有一种以共同的古老故事为基础
的、想象中的共同体。② 就中国而言，这包括大禹治水和轩辕黄帝的
故事。

爱国主义和意识形态有可能压倒同情和利他主义的本能。例如，
当一个国家受到侵犯时，部落性的爱国主义可以有效地团结人民，保
卫家园。列宁主义者和毛泽东主义者试图用对于特定的革命阶级的关
心取代同情和利他主义；他们的努力显示出了意识形态非同寻常的影
响。③ 此外，人们总是对国家的惩罚力充满恐惧。这可以解释，为什
么某些人会贬斥利他主义，服从国家的信条。但是，理性和情感是一
种制衡因素，它们可以钝化那种高扬部落性利益的倾向。乔纳森·格
莱沃写道，肯尼迪以及他的内阁的其他成员（马克纳马拉、腊斯克）
曾用过一个下午，听取有关核战争的全部后果的介绍。这一介绍从情
感上冲击了他们的现有价值。这些官员都属鸽派，他们不赞成对古巴
发动核攻击。腊斯克说道，一场突然的空中打击"在法律上和道德
上都站不住脚"。④

人类具有多种多样的动机；他们筛选朋友或合作团体的理由千差
万别。这可能是因为他人可以带来物质资源，或者带来可供他们模仿
的炫耀财富的方式等。这是经济市场的模式，或者是赞助与被赞助关

---

① Jonathan Glover, Humanity: A Moral History of the Twentieth Century (New Haven: Yale, 2000), 142; Edward O. Wilson, 171.

② Jonathan Glover, 146.

③ Munro, A Chinese Ethics for the New Century: The Ch'ien Mu Lectures in History and Culture, and Other Essays on Science and Confucian Ethics (Hong Kong: The Chinese University Press, 2005), 81 – 82.

④ Jonathan Glover, 220, 407.

系的模式。① 但人类的特殊性在于，我们同时具有另外一些动机，它们可以超越以财富为基础的社会筛选。这类选择的主要动力在于，人们可能更愿意因为人格和道德品质的原因，或者因为共同的利益而追随他人。当然，某些心理学家会将归结法用于社会筛选问题。在他们看来，人们展示其道德品质，也如展示其名车、豪宅和银行账户一样，都是为了公共关系的目的。某些时候，情况可能如此；但并非大多数人，在大多数时候，都是如此。内斯写道，"人类的道德能力和非互惠性的利他行为可能主要来自于一种竞相炫耀名声的需要"。② 这是对于人们的正确行为的狭隘解释。人们常常会赞扬和身体力行"同情"等价值，但却并未考虑过什么公共关系。

因此，我们需要一种道德标准来说明，哪些直觉和行为倾向是正确的，因而应该得到扶植，哪些具有潜在的危险性。如同斯蒂芬·品克所说，"各种［有关人类本质］的事实必须与关于价值的陈述、关于解决人类冲突问题的方法等结合一道"。③ 现在，我想谈一下我所主张的标准，以及与此相关的各种价值。

二、从双领域的功利主义到五种本能

我可以接受传统功利主义的观点：行动的好坏要由结果作出判断。结果总是涉及幸福，或者快乐与痛苦。双领域功利主义主张，任何个人都应该考虑到两组人的幸福：一组是全体人类，另一组是与他相关的近亲、邻居和社群。他对这两组人负有不同的责任。就其自己的资源和关怀而言，他可能更偏向于自己的家庭成员，因为他们之间存在着牢固的情感纽带。同时，他应该将国内和国际的无偏私的法律

① Randolph M. Nesse, "Runaway Social Selection for Displays of Prtner Value and Altruism," Biological Theory, 2. 2 (2007), 7.
② 同上.
③ Steven Pinker, 164.

看作是神圣不可违背的，因为这些法律可以保护那些与其相距遥远的、素不相识的人们，可以为他们带来幸福。这是一些成文法，它们同时也符合那些出自一切人的平等价值（equal worth），并且是可以使人们获得快乐、减少痛苦的道德法律。我假定这些法律是合理的，因而值得我们遵奉。它的合理性在于，它们是由人民代表在非强迫的情况下制定的，而且选举人和立法者都知道，人们统统分有同样的道德直觉（"我们坚信这些真理是自明的"）或基本欲望。幸福、快乐和痛苦涉及我们对于恰当状态的全面感受，涉及我们对于基本欲望的满足感或不满足感。

我们在不同程度上关心着两个道德领域。其一是"公共道德"领域；它的规则可以促进所有人的快乐，减少所有人的痛苦。其二是"私人道德"和私人选择的领域。公共道德要求人们服从法律，而且希望他们在自愿的前提下，为他人提供私人帮助。

私人道德承认所有人的平等价值。但除此以外，它也具有一种与平等价值的观念经常处于紧张关系之中的价值标准。我不能同意传统功利主义的观念：人类应该总是致力于"最大多数人的最大利益"。我们的与生俱来的情感并没有为我们提供一种动机，去特别关心那些既不相识，也（因为地理的分隔或其他的原因而）爱莫能助的人。我们对于自己的家庭和社区有着更强的私人义务。这是传统功利主义的潜在弱点。甚至约翰·斯图亚特·密尔也承认，就大多数人来说，对于一切人的平等关心的感情"在力度上，远远低于他们的自私的感情"。① 我认为，这一观点支持了我的双领域理论。考虑到各种基于进化的动机和倾向等，这两个领域（平等关心的感情和自私的感情）都可以说是合理的。我们的选择经常需要权衡此二者。在从事选择时我们应该知道，人们如何分有同样的基本欲望，满足或不满足这些欲望可能会带来怎样的后果等。人类有能力从事合作，有能力坚持那些与短暂的个人快乐相冲突的共同之善。法律为这样一些选择提

66

---

① John Stuart Mill, Utilitarianism (1863)，第三章.

供了帮助。

基于人类共有的某些特性，我们应该假定，人们具有平等的价值这一观点多少是有根据的。人类有四种特别突出的共同特性。其一是共同分有的 DNA。人们的 DNA 差不多99%都是一样的，尽管它们之间也存在着某些重要差别。其二是感受快乐与痛苦的能力（就伦理学的意义而言，这种特征最为重要），以及用语言表达这种感受的能力。如同安东尼奥·达马西奥（Antonio Damasio）所说，身体力图保护自己，而快乐/痛苦则可以提示出身体的相关状态。① 第三，人们可以感受到别人的关爱，或者希望得到关爱。最后，人们分有某些共同的道德直觉。例如，他们都能够预测出有关结果，都能相应地作出计划和选择，都想要控制自己的选择以及与此相关的行动。在西方，这个过程通常被称为自治性或自主性（Autonomy）。换句话说，我们都有能力去判断社会关系中的平等性或不平等性，都有能力去看到某种反应是公平的或不公平的。在西方历史的某些阶段中，其他一些特征也曾被看作是价值平等性的基础。例如，每个人的灵魂都是上帝按照自己的形象创造出来的，或者上帝平等地关爱每一个人等。

对于这些普遍特性的认识强有力地推动我们，将所有的人都看作是平等的，并且认真地考虑如何彼此相处。"法律面前人人平等"这一镌刻在美国最高法院门口的原则，其根据就在于此。以这些共同特性为基础的平等价值可以证明，人们应该根据国内的和国际的法律平等相待。因此，在公共道德领域中，平等价值也来自于各种合理的法律条款。它们可以帮助人们实现全体人类的普遍幸福这一功利主义的目的。人们究竟会在多大程度上将仁爱施之于家庭以外的人，对于这个问题的回答不仅因人而异，而且难以预料。所以，为了保护个体选择者们所不熟悉的那些人，一个社会需要有无偏私性的法律和行为规则。我们的与生俱来的仁爱可以引导出某些博爱的举动；同时我们也会遵守那些有利于一切人的法律和道德准则。相关的例证之一就是那

67

---

① Antonio Damasio, Looking for Spinoza（New York：Harcourt, 2003），167, 17.

些保护我们免受统治者伤害的法律，——它们表现在各种权力的分立之中，表现在政府各个部门的监督机构中。所以，公共领域中的"结果"乃是一些方式或方法；某些政策和法律正是通过它们而促进了最大多数人的最大幸福。

无偏私性与偏私性

无偏私性（impartiality）在某些时候被说成是中立性（neutrality），它在很多情况下都是一种美德。它促使人们注意更多的事实，鼓励各种理论和方法之间的竞争。但是，当用之于伦理学这一不同于法律或科学的领域时，无偏私性常常显示出自己的局限。一个中立的观察者常常会囿于某种情感中立的、过分消极的或被动的状态。① 所谓不偏不倚的态度很可能会使人失去一种道德责任感，一种从事道德行动的动力。基于这样的考虑，许多人一直坚持认为，司法机构的候选人必须具有某些真正的生活经验。

由于罗尔斯（John Rawls）的影响，生物学家马克·豪瑟（Marc Hauser）在《道德心灵》一书中，将中立性看作是从事道德判断的关键。罗尔斯说到，我们必须在一幅无知的面纱下思考正义问题。根据豪瑟的解释，这意味着我们不能考虑任何人的个人特点，包括他的各种关系等。在他看来，这都是一些与道德问题无关的偏见。豪瑟说到，"就普遍的道德理论而言，我们需要排除一切偏见，——正是这些偏见使我们将偏向圈内者，贬抑圈外者看作是正常的。在此，我将'排除'这一观念看作是一项实际的要务。我们必须坦率地承认，我们（可能在很久以前就）从我们的类人猿堂兄那里接受了一种高度偏私的心灵状态，一种从一开始就偏向于血缘亲属的状态。如果我们想要推进一种无偏私的道德理论，那就一定要克服这种圈内偏见（in

① James Q. Wilson, The Moral Sense (New York: The Free Press, 1993), 37 – 38; John Doris、Stephen P. Stich, "As a Matter of Fact: Empirical Perspective on Ethics," in F. F. Jackson、M. Smith, ed., The Oxford Handbook of Contemporary Philosophy (Oxford: Oxford University Press, 2005), 129.

– group bias）。①

坦率地说，我对此非常吃惊，因为这位思想深邃的学者竟然会忽略亲属情感这一最强有力的因素的道德意义。在豪瑟那里，"无偏私的"一词窒息了所有其他的考虑。但是，他在何时应该放弃生命维持这一问题上，却违背了自己的论点。他指出，在此仅仅考虑经济后果是不够的。② 这意味着，某些非金钱的因素，或者某些相关的后果并非无关紧要。但是，这不会为某种偏私性打开大门吗？在我看来，有关特殊护理的决定总是应该由亲属做出，总是牵涉到他们的时间和金钱。在支持非偏私性的法律和允许偏向亲属的社会规范之间可能潜在地存在着冲突。事实上，罗尔斯对"无知的面纱"问题做出过全方位的思考（即想到了某些与选择相关的社会环境），而且他所设计的是正义原则，不是道德原则。

为了确定无偏私性的价值，也为了找到一些原则，从而说明在哪样的情况下对于他人的伤害是可以接受的，豪瑟借用了一个著名的实验。一辆有轨电车的驾驶员突然失去了驾驶能力，电车失去了控制。一位乘客恰好站在他的身边。他可以听任电车继续滑行，——但是前方不远处站着五、六个人。或者他可以将电车开上另一条轨道，——站在那里的人少一些，对事故毫无觉察。受试者不可以提问，站在另一轨道上的人与该乘客有否关系。这一实验的问题在于，测试者根本不想让受试者知道，这些潜在的受害者们是不是他们的亲人、邻居或朋友等。事实上，这已经取消了他们从感情的向度思考这一事件的可能性。③

我主张，我们不仅要站在法律的立场上，而且要从我们最强有力的、最持久的情感角度出发，去看待他人。从我的情感角度看来，人

① Marc D. Hauser, Moral Mind：How Nature Designed Our Universal Sense of Right and Wrong（New York：Ecco, 2006）, 133.

② Marc D. Hauser, Moral Mind：How Nature Designed Our Universal Sense of Right and Wrong（New York：Ecco, 2006）, 424.

③ Marc D. Hauser, Moral Mind：How Nature Designed Our Universal Sense of Right and Wrong（New York：Ecco, 2006）, 112－121.

们可能并不具有平等的价值。对我说来，我的家庭成员和社区成员的生命要比某些陌生人的生命更有价值。所以，他们的生命状态、他们的快乐与痛苦等更值得关怀。这意味着，我在财力、物力和心力上，对他们负有特殊的责任。

公共道德与个体的私人标准或态度之间显然存在着差别。由于我的兴趣在于实际可行的伦理学，所以特别关心行为的动因。我相信，所谓的动因首先来自情感投入，其次才来自对于法律规则的信任。人们对于客体的感受决定着他们情感投入，而不同的情感（特别是关爱）可以赋予客体不同的价值。

如同汉森（Chad Hansen）所说，① 公共道德的规则应该允许每个人去关心自己最亲近的人。功利主义者可以证明，一种要求人们自我关心的规则其实可以最有效地引向全体人类的普遍幸福。这一假设符合一般的功利主义标准。但在我看来，我之所以为自己而行动，首先不是因为我要遵循什么规则，而是因为与对于他人的爱相比，我对自己的爱更加强烈。

我的看法不同那种只论平等价值，不及个人情感的一般的功利主义观点。肯定平等价值也是盖茨基金会的公开立场。他的网站赫然标示，"一切生命，——不论他们居于何处，都具有平等的价值。"我同样坚持这一观点。但我同时认为，它所涉及的是一个合理的法律责任领域，而且也渗入了某些与个人的博爱情感相关的动机。单领域的功利主义（single – realm Utilitarianism）的一般观点是，人类的价值不应该依赖于我们的实际感受。否则，自我中心主义的变态杀人狂们便不必负有什么责任；同理，无私的利他主义者们（例如圣女特丽莎）的行动也无所谓超越自我。对此，我的第一个看法是，变态杀人狂们在法律和道德上确实有责任不去破坏他人的权利，因此他们应该受到惩罚。我的第二个看法是，无私的利他主义行为乃是一种例外。色盲现象的存在并不能妨碍我们将某些视觉经验说成是"正常

70

---

① Chad Hansen，私人通信，2006 年 12 月 8 日.

的"。同理，无私的利他主义行为的存在并不能否认，大多数时间中的大多数人们都会觉得，圣女特丽莎式的无私是难以仿效的，比较容易的还是从对于亲属以及具有共同纽带者的情感出发而行动。这一点直接联系着伦理学中的可行性问题。抽象地说，圣女特丽莎的榜样显然是高贵的。但是，我们仍然需要面对生物伦理学家彼得·辛格（Peter Singer）提出的问题：盖茨家庭一方面相信平等的价值，并且捐赠出 300 亿美金，另一方面住在一亿美金的豪宅中。对此，他们当如何解释？① 至少现在的答案是，他们对于自己的家庭具有一种偏向性关心（这种关心乃是诸多相互竞争的普遍的和合理的情感与动机中的一个）。

所以，除了无偏私的法律和行为准则这一公共领域以外，还存在着一处接受家庭准则的地方，——在此，人们以偏向性关心的态度对待家庭成员和社区成员。这些准则首先被用之于时间、关怀和金钱的分配。在此，所谓的"结果"指的是那些可以促进一个家庭或社区全体成员之幸福的时间和行动。同时，所谓"社区"也包括人们之间的某些非亲属性、但又类似亲属性的结合方式，例如"兄弟会"。这些"兄弟"之间的持久联系缘起于他们的共同军事经历。一般说来，只有强烈的情感才会推动人们去从事某种具有重要意义的行动。我很容易想到去帮助那些实际接近我的人；同时，某些特殊的标准规定了我对他们的行为。对于身处远方的陌生者，我可能不会非常强烈地体会到他们的道德价值。但摄影和其他艺术形式拉近了我们之间的距离，从而激起我对他们的情感。这可以看作是这些艺术形式的价值作用之一。

概括来说，双领域的功利主义者会提出这样的问题：好的法律，以及倾向于家庭和社区的选择可以造成怎样的结果？当然，他所关心的不仅仅是物质上的得与失。为了突出各种与道德相关的结果，我将

① Peter Singer, "What Should a Billionaire Give——and What Should You?" New York Times Magazine, 2006 年 12 月 26 日, 58 以下. (本文作于 2006 年, 此时盖茨夫妇尚未捐出全部金钱。——译者)

根据科学文献，指明那些可以最大化人们的适宜感（senses of well - being）的欲望。

三、人类本能和五种基本欲望

根据我所描述的标准，我们的关爱的"结果"便是公共和私人领域中的那些可以满足基本欲望的事件。这些结果促进了人们的幸福。欲望开始于本能的领域。进化生物学家和进化心理学家用"直接动力机制"一词指谓某些通过自然选择而产生的倾向。在此，我称其为本能。它们乃是一些与生俱来的对于某些刺激或情境的反应模式。一般说来，人类具有四种基本本能。

第一是父母对于孩子以及同族亲人的关爱，即母亲 - 婴儿纽带和亲族选择。① 第二是避免身体受伤，即对于可能造成机体伤害的信号的反应。艾略特·索博（Elliott Sober）和大卫·威尔逊（David Wilson）说道，"疼痛一般与肌体受伤相关。今天所有的生物体都会避免疼痛，因为这种做法有利于自然选择"。② 达马西奥描述出"肌体的感觉区，——它们提供了一张有关肌体变化的、确切的线路图，"包括各种可以传达出肌体受损情况的线索。③ 第三是互惠和分享形式上的利他行为。如同罗伯特·崔沃（Robert Triver）所说，"由于互惠利他主义的实践在今天的人类中间处处可见，所以我们有理由假定，它一直是最近的人类进化中的一个重要因素，而且那些导致利他行为的基本情感倾向具有重要的基因成分"。④ 互惠性是个体合作和团体合作的基础。最后，也存在着各种由等级系统中的地位所决定的行动

---

① Edward O. Wilson, 164, 169；James Q. Wilson, 18.

② Elliot Sober、David S. Wilson, Unto Others：The Evolution and Psychology of Unselfish Behavior（Cambridge, MA：Harvard University Press, 1998）, 201.

③ Antonio Damasio, 111 - 113.

④ Robert Triver, "The Evolution of Reciprocal Altruism," Quarterly Review of Biology, 46（1971）, 48.

（如低眉顺目或趾高气扬等）。所谓地位差别见之于一切高级哺乳动物群中，并且经常与遗传情况相关。

从这些基本的生物本能中，人类发展出一系列道德直觉（moral intuition）。某些人在某种语境中称其为价值。借用索博和威尔逊的术语，我称其为"基本欲望"。① "基本欲望"比"直觉"内涵更为丰富，因为在某些学者那里，后者仅仅涉及某些与知识相关的内容。所有的人都具有五种基本欲望，——它们植根于进化过程之中，并且为我们的生活选择提供了动机和道德基础。这些欲望包含着大量的本能成分，也包含着情感以及与满足这些情感相关的、非本能的认知信念。在从事道德选择时，我们通常会考虑到这些直觉，以及由此而来的行动后果。我们并不必然地考虑到那种与基本欲望天然相关的快乐或痛苦。

我并不认为，任何一个人都在同等的水平上具有五种基本欲望。大脑的神经通道具有可塑性，神经传导的通道有所不同，同样的遗传结果可能具有不同的样式。这一切造成了人格的差异。许多人对于他人充满同情和移情。有些人，包括某些自闭症者和社会封闭症者可能是非社会的或反社会的。但一般说来，人们总是表现出某种形式的同情。1992年，意大利神经科学家基阿科莫·里左拉提（Giacomo Rizzolatti）领导的研究小组发现了镜式神经元（mirror neutron）。今天人们的研究工作显示，同情很可能就植根于这种神经元之中。②

第一种基本欲望是追求健康和身体的舒适。达马西奥说道，"我们恰好在生物学的意义上被构造成这个样子：命定地追求生存，追求最大化的快乐生存，而不是痛苦生存"。③ 我想根据达马西奥的说法，在快乐和痛苦的意义上定义舒适。

---

① Elliot Sober、David S. Wilson, 201.

② G. Rizzolatti、L. Foggasi、V. Gallese, "Mirror in the Mind," Scientific American, 2006年11月，59-60. 关于这一发现对于自闭症治疗的意义的总结，见 Vilayanhur S. Ramachandran、Lindsay M. Mberman," Broken Mirrors：A Theory of Autism," Scientific American, 2006年11月，63-69.

③ Antonio Damasio, 173.

第二种基本欲望是婴儿与抚养者之间的爱，以及直系亲属之间的爱。当然，这也包括获得关爱的欲望。这种爱联系着同情（sympathy），或者一种为他人生活中的事件所感动的能力。这里也涉及到移情（empathy），即对于他人的感受的体验。在移情中我们可以考虑到他人的思想和感受，因此移情是对于同情的一种认知补充（cognitive addition）。①

这种欲望对于利他主义的源起也是根本性的。② 如果再生产的适宜性是利他主义的基础，那么它的初因之一就是同情。"镜式神经元"在此发挥着重要作用，因为它可以使我们体验到他人的内心活动。镜式神经元是人类和猿类大脑中的神经元的子集。当一个人作出行动，或者当他看到他人从事同样的行动时，该子集便会做出反应。它们可以使观察者在自己的内心立即感受到他人的体验，包括他们的动机和情感等。这类似于欧洲现象学家的说法，为了理解某事，人们必须体验它，或者以移情的方式认识它。

第三种基本欲望是对于公平性（fairness）的渴求。它联系着移情、平等以及交流中的互惠性（reciprocity）。③ 它也联系着信任（trust），换句话说，公平感蕴含着一种信任，即人们会根据互惠的准则公平地对待所有的相关方。如同其他基本欲望一样，公平性也可能与部落主义本能发生冲突。豪瑟发现，虽然各个社会对于何者构成不公平看法不同，但是他们都具有一种公平感。他同时也指出，我们内在的处理数字的内力联系着我们对于交换的平等的思考能力。互惠性也牵涉到计算亏损和盈余的能力，以及记住这一切，以便惩罚欺骗者的能力。④ 平等或公平性可以与交换中的量的差别和平共处；这种功能反映着不同文化在何谓公平享有这一问题上的社会化情感。在商业界，这一点可能也适用于主管和小时工之间的所谓公平的分配差别。

---

① Marc D. Hauser, 193, 352；James Q. Wilson, 29-54.
② Michael Gazzaniga, The Ethical Brain (New York：Dana, 2005), 169.
③ James Q. Wilson, 56, 60, 65.
④ Marc D. Hauser, 84, 257, 380.

在我们的自主选择中，我们会对公平和平等作出自己的判断。公平性并不必然等同于无偏私性。我支持法律上的无偏私性，同时也指出它在私人领域中的不恰当性。就后一领域而言，公平性和不平等的价值完全可以同时并存。

尊敬（respect）或尊重（esteem）是第四种基本欲望。它得自于关于社会等级系统的经验，表现为对于尊敬和尊严的赞誉，对于羞耻（shame）的厌恶。人类追求尊敬，躲避羞耻的欲望可以成为一种控制机制，——各个团体正是借助于它去肯定和推进服从与合作精神。

最后一种基本欲望是，将对于我们的行动结果的前瞻（foresight）与对于我们的选择的控制结合一道。它来自躲避伤害的本能；它的实现根源于我们对于好的或坏的选择的敏感性，以及我们对于各种危险作出创造性反映的能力。在私人层面上，它是我们的自主性的来源，同时它对于人类的自我保护也发挥着积极的作用。如同达马西奥所说，"归根结底，各种情感在与过去的记忆、想象和推理的有效结合中，引导出前瞻，引导出创造新奇的、非常规的反应的可能性"。[①]

从事选择是一种神经活动过程。镜式神经元的意大利发现者们曾经就理解或预知他人意向问题写道，"人类和猴子都是社会性物种，所以我们不难看到一种基于镜式神经元的机制的潜在生存优势……它可以让人类和猴子不必动用复杂的认知机器，直接和立即认识他人的行为。在社会生活中，理解他人的情感同样重要。事实上，情感经常是一种可以表现某一行动的意向的关键因素。正是由于这一原因，我们和其他研究组一直在探讨这样的问题：镜式系统除了让我们理解他人的行动以外，是否也让我们理解他们的情感"。[②]

我们在选择自己的行动时，部分地依赖于一种预测，即他人将会对该行动做出怎样的反应。在团体的和个人的层面上，前瞻都联系着公共和私人行为中的一贯性或一致性（consistency）。这种性质带来

① Antonio Damasio, 80.
② G. Rizzolatti 等, 59 – 60.

实际可行的伦理准则及其进化论基础

75

了一种可以促进合作精神的可预测性（predictability）。

豪瑟强调，道德系统有赖于一些"具有前瞻性的个人，——他们可以为了自己和他人不去理会某些当下利益的诱惑"。合作和稳定的社会关系离不开前瞻，"至少在人类中间，这些社会关系依赖于下述因素的发展，即丰富的自我感、对他人的移情式关怀以及无需直接经验他人的行动，便能预测其思想状态的能力等"。[①]

因此，对于双领域的功利主义而言，所谓"后果"主要指这些基本欲望的满足与否。它经常表现为人们因为遵守某些政策和法律（公共领域）以及家庭准则（私人领域）而得到的结果。忽视这些欲望以及双领域的标准将会给社会带来严重的消极后果。政治家、社会设计者和社会工程师们的一个常见错误就是，忽视小家庭和社区的突出意义。例如，上世纪五十年代末中国农村以公社食堂取代家庭厨房的决策。这项政策最后彻底破产，因为它得不到乡下农民的真心拥护。

概括地说，我们生来具有对于某些刺激的反应模式（本能）。它们是那些情感的、认知的和意志的层面上的道德直觉的根源。我将五种这样的道德直觉看作是基本欲望。这五种欲望在两个意义上是基本的。它们（通过对于健康状态的前瞻和追求）改善了个体的生存；同时，（通过滋养合作精神）改善了团体的生存。合作是实现生存和恰当的再生产的关键。而且，这五种欲望在伦理学上也是基本的，因为它们的满足与否乃是快乐或痛苦，以及生活本身的稳定性的最可靠的标示物之一。进化心理学研究心理机制，包括那些推动个体加入团体合作的动机等。但是，我笔下的功利主义形式所关心的乃是这些发现的伦理学意义。

综合来说，那些与基本欲望相一致的直觉就是我所谓的道德感。豪瑟在其《道德心灵》中不仅肯定了这种机制的存在，而且用许多来自不同种族和集团的信息丰富了它的内容。这包括权衡有意的结果

---

① Marc D. Hauser, 313, 又见 214.

和偶然的结果之间的差别的能力，权衡坚持与放弃所造成的结果之间的差别的能力等。① 他发现，各个文化和宗教中的人们都会对道德困境中的选择做出同样的判断，但是他们的理由通常是不连贯的。但是，我不能同意他的说法——"我们的情感并不是道德机制中的专门和特殊的部分。"豪瑟认为，道德机制根据因果规律处理问题。判决的到来早于情感。② 我本人对于西方和中国问题的研究得出了相反的结论。达马西奥指出，"情感和感受不仅在推理过程中发挥作用，而且它的作用是不可或缺的……如同我们先前所说，我们生活中的每一种经验都伴随着一定程度的情感，这在某些重要的社会和个人问题上尤其明显"。③ 因此，我们关于任何一种基本欲望的经验都包含着情感的部分、认知的部分和意志的部分。在情感对于幸福的作用这一特殊问题上，我同样有别于传统的功利主义。在我看来，情感、对于结果的认知以及与本能相关的动机等可能同时发生作用。

四、道德直觉

我们对于基本欲望的认识表现为各种可以影响我们的选择的道德直觉。社会科学中的许多发现已经使不少作者相信，在各个文化、性别和年龄的人群中存在着某些相同的道德选择。一位优秀的生物学家写道，公平性观念"几乎见之于人类生活的所有方面。"④ 研究者们发现，所有的社会都具有这样一些共同信念：谋杀和乱伦是错误的（尽管这种信念在不同地方有着细微的差别），孩子们应该得到关爱，我们应该忠实于家庭，以及我们不应该违背诺言等。⑤ 另一位生物学

---

① 同上，130，207.

② 同上，53，248-251.

③ Antonio Damasio, 145-146.

④ Marc D. Hauser, 392.

⑤ Michael Gazzaniga, 167；James Q. Wilson 17.

家说道，我们都在骨骼、认知和行为上继承了某些发展规则。① 还有一些人认为，我们的许多选择都来自同情，来自合作对于进化的好处。② 这些选择产生于具有生存价值的道德直觉。如同一位生物学家所说，"我们的认知过程让我们迅速作出某些可以增加生存可能性的道德决定"。③ 还有一位生物学家写道，"大多数情况下，我们的公平竞争的倾向、同情他人痛苦的倾向等都是直接的、本能的。它们所反映的首先是我们的情感，而不是我们的智力活动"。④ 上述发现表明，一种关于先天具有的社会选择模式的知识可以帮助我们理解某些与道德选择相关的进化模式。

在中国和西方的历史上，人们曾经使用多种词汇表示我所谓的直觉。例如，中国的一些思想家称其为"良知"、"良心"等。一位西方哲学家使用的是"态度"一词。他认为，态度是基本的选择来源。它在各个文化中有所不同。例如，某些文化更多地强调荣誉和耻辱。⑤ 但在我看来，追求荣誉，避免耻辱乃是跨文化的普遍直觉。当然，还有一些学者给出了自己的特殊定义，例如直觉是在研究其他课题时无意识地学到的内容。⑥ 在此，我打算超越前一节关于本能和直觉的区别，直接从进化心理学的角度处理道德问题。简单地说，大脑的神经系统的认知、情感和意志产物彼此结合，共同造成了道德直觉。

认知部分牵涉到信念；它可以解释某一事件的内容，并且判定其是非。情感部分离不开记忆；它可以促使我们从事行动。每一种直觉都出现于人们对于刺激的本能反应之后。一位认知神经学家说道，"我们人类会对事件本能地做出反应；这种反应在人脑的独特系统中

---

① Edward O. Wilson, 164.

② Steven Pinker, 167 – 168.

③ Michael Gazzaniga, 171.

④ James Q. Wilson, 7 – 8.

⑤ John Doris、Stephen P. Stich, 130 – 132.

⑥ Mathew D. Lieberman, "Intuition: A Social Cognitive Neuroscience Approach, Psychology Bulletin, 126. 1 (2000), 109 – 112.

得到解释。从这种解释之中，产生出关于生存规则的信念。有时，它们具有道德属性；有时，它们只具有某种纯粹的实践性质"。① 总体说来，道德直觉的结构产生出所谓的道德感。

人类所接受的信念体系经常涉及各种谨慎的行为规则；这些规则对于获得一种舒宜感乃是必需的。这类信念中的一些可以更有效地满足我们的基本欲望，另一些则基于我们对自己的选择的可能后果的理解。我们的大脑通过镜式神经元对各种可以影响信念和情感的经验等做出解释。在个人的直接经验和对于他人经验的同情性反应基础上，这些神经元为大脑提供出各种认知的和情感的线索。② 在构成信念的过程中，我们会使用概念、语言和形象，——所有这些都牵涉到大脑中的那些本身与道德毫无关系的系统。如同达马西奥所说，"那些促成道德选择的系统可能并不特别专注于伦理学。它们专注于规则、记忆、决策和创造"。③

情感或感受附着在记忆，以及各种用于推理过程、并且以直觉的方式表现出来的信念之中。反过来，它们又引发出对于规则、移情和满足欲望的手段的解释。达马西奥说道，"情感信号完全可以避开意识的雷达发生作用。它可以通过自己与记忆、关注和推理的合作造成各种变化，并且因此使决策过程偏向于选择某种最容易带来最好结果的行动……在这些前提下，我们直觉到一种决定，并且可以高度有效地、不经任何中介知识地将其付诸行动"。④ 品克说道，"人们具有某些可以为其带来明确道德信念的直感（gut feeling）……它们来自于道德情感这一神经生物学的、进化性的器官设置"。⑤ 道德情感包括（对于欺骗者的）愤慨与厌恶、（对于利他主义者的）感激、同情、慈爱以及骄傲和羞愧等。

---

① Michael Gazzaniga, 146.
② G. Rizzolatti 等, 60.
③ Antonio Damasio, 165.
④ 同上, 148 – 19.
⑤ Steven Pinker, 275 和第 15 章.

直感可以建议人们避免做出某种曾经造成过消极情感后果的选择。因此，它增加了理性过程的效率。同时，镜式神经元对于直观他人的经验和感受，从而形成与其相关的信念这一能力至关重要。它是许多伦理体系的核心因素，即同情和利他主义的根源。

现在我们谈一下作为直觉构成者之一的动机。如伽扎尼伽所说，我们的情感可以刺激出我们的行动。"当某人想要根据道德信念而行动时，这是因为当其考虑面前的道德问题时，他的大脑中的情感部分开始活跃起来"。① 人们一旦采取行动，他或别人便可以判定，这一选择是好的，还是不好的。例如，人们可能会考虑，一种选择是否符合互惠性原则。古代儒家认为，道德心也是一种可以从事判断的器官。"是非之心"不仅可以认识正确与错误，也可以赞成或否定某事。

道德感必须与财富、权力、性爱等其他欲望相抗争。我们这些道德存在物必须拒斥一种常见的错误，即欲望的生物学根源可以天生保证欲望的合理性。品克在关于《奸淫的自然史》的书评中解释了这一问题。② 他认为，原始人中存在着奸淫团伙这一事实并不能证明男性性压迫的合理性。他指出，这种解释的错误在于，生物学并不能告诉我们，何者是道德的或不道德的。它只是揭示出一些道德或倾向。男人们应该知道这些倾向，从而注意和控制它们。对于性欲的生理学根源的认识不能否定一种伦理学认识，即女人以及一切人都具有一种追求自主性，包括自主支配其身体的基本欲望。这是一个有关欲望冲突的经典例证。只有道德感才能使我们看到，哪一方应该成为赢家。

在没有为意识形态或负面情感所左右的情况下，道德感本身是一种有效的和积极的指针。这一点的保证在于，我们信守那些由直觉表现出来的价值。但是，并非一切直感以及由此而来的选择都是合理的。由于缺少关于可能的后果的完整信息，某些选择或许是不明智

① Michael Gazzaniga, 167.

② Steven Pinker, 161; Randy Thornhill、Craig Palmer, The Natural History of Rape (Cambridge, MA: MIT Press, 2000).

的。在此，所谓缺失的信息可能涉及实际情况，也可能反映出一个事实，即该选择与另外一些基本欲望难以协调，或者某人的道德直觉可能不符合社会的伦理准则。在我看来，任何强迫我像关心家人一样关心陌生人的努力都违背了双领域的准则。此外，这样一种选择也是不现实的，因为我没有足够的能力去帮助我不认识的人。但是，互联网、大众传播媒介、国外旅游等可以使世界上彼此分离的人们获得更多的接触机会。由此，我们对于"他人"的利他主义感也会有所扩展。

镜式神经元

镜式神经元将生物学和文化联系在一起。它们是个体学习技艺，包括语言的基础。它们可以让个体观察其教师如何行动，并且将这些形象转化为自己的行动。同时，镜式神经元可以使文化从一代传递到另一代。任何新的一代都要观察和模仿前一代，都要学习他们在事关社会健康的问题上如何行动。

镜式神经元也揭示出"模拟"（simulation）这一最有效的直觉式学习方法。模拟涉及到模仿他人在某一情境下的经历。它也涉及到想象我们在某一情境下的经历，我们如何了解自己，了解他人，以及我们在头脑中模仿何人等。在许多领域中，由模拟而来的学习过程都要使用一种模型，例如操纵飞行模拟器，对假设病人的医疗诊断，或者与"代表"商业对手的学生的谈判练习等。在这些活动中，学习者经常会尝试模仿他所预期的、来自其教师和他人的行动与经验方式，模仿他们对他的评价方式。

当道德直觉的亮光在我们头脑中闪现时，我们可以实践那些从模拟中学来的内容。通过经验和想象，我们可以预测，如果根据某一直觉行动，结果将会如何。最近的研究表明，从模拟中学习要比以书本为基础的训练更能提高我们的技艺。

公共道德

当我意识到我自己的基本欲望也是其他人——我的家庭成员、我的邻人以及一切同我具有工作和组织联系者的共同欲望时，这种欲望

81

就变成了公共道德的一部分。我个人的利益扩展成所有人的共同欲望。在此，我们特别需要一种可以预期的政治和法律保护。事实上，《联合国人权宣言》已经标示出这些根本欲望中的一部分。

我坚决支持联合国及其机构等法律实体。公共道德承认，帮助他人实现他们的欲望也是我自己实现这些欲望的一种方式。[①] 这种支持意味着遵守和尊重各种恰当制定的法律；它也意味着关心那些出于同情而保护他人权利的组织。我也相信，我们必须分享各种与基本欲望的实现相关的信息，包括空气、水和树木等公共自然资源方面的技术和知识等。信息共享是互惠利他主义的一个重要方面。这种合作有利于所有的人。

五、社会情感、服从和独立性

当一种道德直觉突然出现，并且指示出一种行动选择时，人们如何从认识走向实践呢？在中国传统伦理学中，这是一个有关"知行如何统一"的问题。但是，对于我现在的研究说来，重要的是，一种选择如何有助于满足一种或几种基本欲望。满足和安闲一类情感有助于修补或养息身体。其他的情感可以保护身体：恐惧引导我们逃避伤害，愤怒让我们攻击敌人；羞耻使我们有所收敛。有时我们也会用一种情感抗衡另一种情感。例如，我们会将移情作用施之于某一罪犯，并且因此减轻自己的愤怒。所以情感经常可以转变，并且因此可以保证我们的健康存在。羞耻/荣耀或者敬重可以促进一个团体中的合作精神。文化研究告诉我们，这些感受如何得到表现，如何得到解释。理查德·布兰特（Richard Brandt）曾经指出过"荣耀"在美国南方和北方文化中的不同表现。[②] 在伦理学所涉及的各种情感中，比

82

---

① James Q. Wilson, 59.

② John Doris, Stephen P. Stich, 135.

较突出的是罪孽（guilt）、羞耻（shame）/荣耀（honor）、和信任（trust）。

罪孽与羞耻/荣耀

羞耻是一种泛人类的或普遍的社会情感；文化决定了它的产生条件。[1] 根据丹尼尔·弗斯勒（Daniel Fessler）在苏门答腊所做的研究，大多数的羞耻表现（87%）都遵循着一种具有六个要点的逻辑（six‐point logic）。它的核心内容是，一个人破坏了一种规则，他意识到这种破坏，而且他意识到别人知道他的破坏。在剩下的部分中（23%），羞耻的产生可能与某一比自己高明者的在场有关。

在中国，骄傲（pride）与羞耻乃是一对赏罚因素。在古汉语中，"荣"（honor）是骄傲的外在根源，它表现为各种头衔、旗帜、牌坊以及特权等。同时，内在的价值感是它的另一个来源。《礼记》提到，即便是在饥渴难当的时候，一个有自尊心的人也会拒绝"嗟来之食。"[2] 这样的人具有内在的道德指针。在此，我将主要论述"羞耻"。当然，构成羞耻的三个因素（情感、认知和动机）也存在于荣耀/骄傲之中，尽管它们的内容恰好相反。

将羞耻和荣耀用作政治手段的传统一直流传至今。在此，我指的是公开的树立正面的和负面的榜样。使用负面榜样的极端例证就是公开处决某些人犯。它的目的不仅在于惩罚，而且也在于警示。同时，正面的榜样永远风光无限。中国教育部最近曾经考虑是否应该修改小学教科书，将现有的榜样"狼牙山五壮士"撤换下来。上海方面的建议是，用刘翔这位当代人物替代"五壮士"，因为他是奥林匹克运动会110米跨栏跑金牌的获得者（雅典，2004），是一位可以表现竞争精神的榜样。教育部倾向于继续使用现有的榜样。这大概是因为，

---

① Daniel Fessler, "Toward an Understanding of the Universality of Second Order Emotions," 见 A. Hiton 编, Beyond Nature or Nurture: Biocultural Approaches to the Emotions (New York: Cambridge University Press, 1999), 75–116.

② 《礼记·檀弓下》。

他们觉得体育明星追求名利的竞争精神可能并不具有持久的价值。①
最近，上海的南京东路街道委员会启动了一项计划，公开羞辱那些不
孝顺父母，或不充分关心父母的人。2006 年四月，中国的领导集体
开始了一场名为"八荣八耻"的全国宣传活动。他们也支持公开羞
辱一位从事造假的电脑专家陈进。② 许多领域的人们——摄影家、漫
画家、政论作家、公众演讲家等都曾成功地使用过这种管理术。他们
通过图像和文字激发起公众对于羞耻的潜在恐惧（或对荣耀的欲
望），并且有效地改变着人们的行为。

　　羞耻不是羞愧（embarrassment），也不是罪或罪感。它所涉及的
是一种自我价值的贬损。这部分地是因为，当事人明白，他的违规行
为已经为人所知。一部有关中国人的情感的出色作品写道，"概括说
来，学者们认为，羞耻概念与'面子'概念有关"。③ 我不同意这种
看法。在讨论羞耻时，我所谈论的不是"丢脸"或"没面子"意义
上的"面子"。"面子"所涉及的是对于我的既有社会状态的某种挑
战。如果我的妻子在我同事的面前批评我，我会觉得羞愧（没面
子），但是不会觉得羞耻。就羞愧而言，他人或者我自己并没有伤害
我的道德地位。但是，羞耻却涉及到这种伤害。

　　同时，我所谈的也不是"罪"。羞耻不是罪恶意义上的"罪"，
也不是原罪意义上的"罪"。中国传统的道德著作（例如，《尚书》）
包含着不少有关亵渎神灵的例证，它们所涉及的就是这种"罪恶"。
如同弗斯勒所说，一个人可能因为他的某一行动，例如淫乱，而产生
罪恶感。在此，可能除了行动者（或许还有上帝）以外，无人知晓
他的所作所为。相反地，他人对于我的违规行为的认识乃是造成我的

　　① 应该再次强调，此文做于 2006 年。刘翔在 2008 北京奥运会上的表现证明了中国
教育部决策的正确，也凸显出孟旦教授关于"持久性价值"的论述所包含的智慧。——译
者。

　　② David Barboza, "In a Computer Scientist's Fall, China Feels Robbed of Glory," New
York Times, 2006 年五月 15 日, A1.

　　③ Paolo Santangelo, Sentimental Education in Chinese History: An Interdisciplinary Textual
Research on Ming and Qing Sources (Leiden: Brill, 2003), 417.

羞耻感的关键因素。人们的羞耻感与神灵无关；它仅仅联系着他们对于自己在社会中的道德价值或道德地位的感受。

信广来提到，我们现在译为"羞耻"（shame）者，其最好的译名之一是"厌恶"或"鄙视"（disdain）。① 但是，这两个术语区别很大。"鄙视"指谓一个外在评价者的轻蔑态度，而"羞耻"则描述出一个人对于羞辱和丢失原有地位的内在感受。在《论语》中，shame 的中文对应词是"耻"。② 它集中表现出某些有关自我的明显事实，例如某些妨碍我们行"道"的性格缺点等。对于这些缺陷的认识和鄙视构成了人们的控制机制。它促进人们遵从社会规则，保护他们不受外在势力的惩罚。这种内在的机制使他们看清自己身上的那些道德低下，并且可能降低其自我价值的属性。它可以促使人们避免或改变这些可见的缺点。在《论语》中，我们已经看到，羞耻（情感）联系着关于恰当行为规则的知识（认知）；伴随着这种知识，人们会调解其行为，以便遵循社会的准则。"道之以政，齐之以刑，民免而无耻；道之以德，齐之以礼，有耻且格"。③

关于"罪"，学者众说纷纭。有人认为，罪来自于对责任的背弃；④ 另一些人认为，罪的产生是因为缺少正面的动机。吉巴德（Gibbard）说到，罪是对他人那可以预见到的愤怒的反应；弗斯勒则强调，它不会受到别人的观点的影响。⑤ 一种常见的观点是，罪或罪感在中国不像在西方那样作用明显，因为中国人的个人身份是通过诸多关系表现出来的。例如，一个人是某省、某村中一位妻子、母亲

① 信广来，Mencius and Early Chinese Thought（Stanford：Stanford University Press，1997），62.

② 《论语》，2. 3.

③ 同上。

④ Olwen Bedford、Kwang - kuo Huang，"Guilt and Shame in Chinese Culture：A Cross Cultural Framework from the Perspective of Morality and Identity，" Journal of the Theory of Social Behavior，33. 2（2003，6），127 - 144.

⑤ Alan Gibbard，Wise Choice，Apt Feelings（Cambridge，MA：Harvard University Press，1990），139；此书提到 Daniel Fessler 的观点。

和女儿，她附属于某一工作单位等。① 每个人都会以符合其社会身份和角色的方式从事活动。在我看来，"罪感"和"羞耻"都会促使人们去避免冲突，避免他人的负面反应。虽然"罪感"不是他人的负面观点的直接结果，但是它可能会使人们感到，自己在破坏上帝的规则，"在上帝的注视下犯罪"。例如，淫乱行为可以带给淫乱者一种罪感，尽管他的行为无人知晓。但是，"羞耻"总是对于他人的可能的鄙视的一种反应。② 在中国，羞耻感总是与道德相关，它常常被用于实现前面提到的各种社会责任。

羞耻和敬重促进了社会中的顺从与合作。某人破坏了成文法、社会习惯和工作职业中的某一规则，他意识到这种破坏，并且知道他人也知道这种破坏。他人对这种破坏表现出厌恶。移情帮助此人读出了他人的厌恶。这可以使他预测到，他人将会如何对其作出反应。③ 这种预测会使他考虑，是否继续这种有违常规的行动。通过这种预见和计划，人们可能做出某种有利于合作的选择。

当某人预见到他人的目标，以及他人对于自己行动的反应时，他可能采取某些有利于团体的行动。羞耻和敬重是一个团体的主要社会控制手段；它们都具有一种生物学基础。神经传导机制出现于人类进化的过程中，它需要适应社会等级系统。敬重使它提升；羞耻使它下降。一个人在合作性活动中的参与情况，他对社会利益的贡献等，取决于他在多大程度上满足了他人的期待，或者在多大程度上服从他们的规则。

这些规则可能表现出公平性或平等享有等。④ 这些规则可能也会决定，人们应该何时，以及如何表现他们的情感。它们可能会构成一些道德规范。道德涉及到遵守或者破坏一个团体或社会所设定的规则或准则。各种政治人物会使用公开的褒奖或羞辱去迫使人们遵守这些

---

① Olwen Bedford、Kwang-kuo Huang, 129.
② Alan Gibbard 139.
③ Daniel Fessler，见其 "Cooperation and the Model of Mind" 一节.
④ James Q. Wilson, 69.

规则。这些褒奖或羞辱的手段可能被固定在法律里,表现在政府的指令中。一个团体同样可以体验到羞耻;这种感受通常被称作是"羞辱"(humiliation)。它可以成为某些政治运动的强有力的工具。例如,许多历史学家都提到,第一次世界大战后的凡尔赛会议曾经将许多限制加之于德国,其目的就是要羞辱德国人。这种羞辱引出了各种政治反弹。同样地,某些自杀袭击者也让我们看到,由外国占领而造成的羞辱可以产生出怎样的后果。

信任

根据进化论思想,人们追求一贯性(consistency),因为它与服从团体的规则紧密相关,而这种服从反过来又会强化合作精神。合作精神可以帮助个人和团体在进化的过程中获得生存和繁衍。人们之所以追求可预测性(predictability)乃是因为,它可以减轻压力——对于肾上腺水平的测量可以部分地证明这一点。当人们感到自己可以控制局面时,这种感受可以为他带来健康和快乐。信任和一贯性并肩行进。由于自然选择同时发生在个体和团体的层次上,所以羞耻/敬重与信任的关系也是如此。

根据现代西方关于"信任"的定义,信任是"一种心理状态,它对于他人的意图或行为具有一种积极的期待,并且因此倾向于接受某种风险(vulnerability)。"① 在此,所谓的风险在于,被信任方可能试图从信任者处得到自私的好处,同时又不做出任何回报。因为某些原因,信任者可能忽视或轻视自己的风险,所谓信任就出现在这样的情况下。例如,他可能相信他人的人格;或者,他们之间可能有着长时间的友好关系。这种人格的影响力可能因为不断增加的透明性,以及共同分有的信息等得到加强。这种加强显然有利于被信任者。

---

① Deepak Malhotra, "Trust and Reciprocity Decision: The Differing Perspectives of Trustor and Trusted Parties," Organizational Behavior and Human Decision Process, 94 (2004), 61 – 73.

安延明的新著《诚的观念及其在中国哲学史上的形成过程》① 有助于我们理解信任观念在中国的根源。他认为，哲学术语"诚"的先行词（precursor）之一是"信"。它指谓言语和行动中的一种属性；它的存在可以激发出人们的信任。"诚"的另一个先行词是"实"，它指谓"实在"或"真实"。这些早期的观念以后融会成"诚"的两个核心意义。第一个意义想要处理的问题是，"一个人如何才能得到他人的信任"？答案是，他的各种言谈之间、他的言谈和行动之间必须具有一致性或对应性（correspondence）。第二个意义涉及某人或某物的本质属性。当用之于人时，它指的是使某人成其为某人，而不是他人的那种属性。

在儒学经典中，"诚"经常指谓由长期的自我修养所造成的人格特性：既具有自发的言行一致性，同时又保持自己的内在标准或道德感。这里不可能存在什么"自我欺骗"（self-deception）。人们必须保持"慎独"。在此，认知的部分包括，人们对于言语和行动的对应性的认识，对于应该用于指导其行动的根本道德感的认识。这一点可以使一个人成其为真诚的人、真实的人。哲学术语"诚"首先出现于《孟子》。它被用于描述一种"悦亲"的欲望。这里既包含情感的因素，也包含对于"善"的认知性理解。②

由此，安延明得出结论，"一致性"在诚这一术语的早期使用中具有关键的地位。这也是一种基本的中国价值观念。今天，"诚"和"信"构成了一个词组，指谓一种"可信任性"（trustworthiness）。这是一种行为特征，其他的人可以据此判断，某人是否值得信任。同时，"诚"和"实"构成了另一个词组，指谓一种人格属性。在今天的社会中，我们应该努力恢复和强调诚的上述双重意义。③

信任是一种植根于个人关系之中的社会价值。无论在一个小团体

---

① 安延明，The Idea of Cheng（Sincerity/reality）：Its Formation in the History of Chinese Philosophy，（New York：Global Scholarly Publications，2005）.

② 《大学》，6.1；《孟子》，4A.12.

③ 三段文字直接论及译者本人的著作，故翻译时酌情作了些小文字调整。——译者

还是在一个国家中，它对于领导者与被领导者之间的非强制性的稳定关系都是至关重要的。它的出现同时意味着一个或多个人期待他人做出相应的利益回报（对信任的回报）。这牵涉到公平的互惠性，当然各种由文化所决定的规则可以告诉人们，什么是公平的或互惠的。[①]这些利益互惠并不必然地要求数量的平等。真正的风险在于，被信任的一方有机会利用信任者，从而谋取私利。事实上，这里的双方兴趣不同：信任者更加关心风险，而被信任者则更加关心自己可以在多大程度上获利。[②] 马尔洪塔的有关研究发现，在某些情况下，由于事关被信任者的名誉，或者双方的关系类型等，信任者的威慑和惩罚能力实际上已经使被信任者根本没有欲望去贪图便宜。例如，由于一种长期的友好关系，人们可能已经不去计算信任关系中的风险和获利情况。

如同羞耻和敬重一样，信任也会促进合作行为。它可以使我们预测他人将会如何行为。我们可以通过移情，通过观察各种有关他人的可信任性的信号等做到这一点。所谓的信号包括从问候的形式，到有关履行诺言的举动等一系列表现。彼此的信息共享等在此也大有助益。

独立性

我承认羞耻、敬重和信任可以促使人们遵守规则，从事合作，从而可以满足大家彼此的欲望。但这并不意味着，我因此而忽略了选择的自主性。在我看来，它们可以和平共处。一些道德直觉，例如同情和利他主义，公平性和互惠性等，可以推进合作精神。事实上，我们自己就是平等和公平性等价值的源泉，当然我们的文化也对此做出了贡献。同时，另外一些直觉可以引出独立选择的意愿。控制这些选择的能力强化了选择好的结果的能力，同时也为各种创造性的反应打开了大门。

① Deepak Malhotra, 3.
② 同上，26.

89

在预测工作中，一个团体的成员会彼此交流他们关于未来结果的意见。团体本身也会因此受益。由于众多个体在团体中的彼此竞争，这类预测可以是多种多样的。在自然科学中，此类例证可谓汗牛充栋。科学总是一项社会事业，意见的多样性使人们有可能发现新的观念。这一点在今天更加明显。一篇学术论文经常会有五个，甚至二十个作者。他们每一个人可能都为发现的过程独立做出了贡献，都显示出他们的独立判断。人们可能就这些判断彼此辩难，并且在最后的观点中，在并非人人满意的公开产品中达成一致。最后，同行评议又将一种社会过程带进这个混合着个人独立性与团体压力的复合产品之中。

六、前瞻与自由选择的政治学

近些年来，一些学者一直在否定所谓人性的存在。他们的理由之一是，坚持社会行为和情感的普遍形式也即意味着接受决定论，即否定个人选择，否定我们可以控制自己的所作所为。这种看法忽略了一个事实，即行为是基因和环境（包括文化）的联合产物，并且因此千差万别。同时，自然使我们倾向于以某种方式行事，使我们乐于从事某事等，并不意味着我们不能做出别的选择。如同某些人所说，[①]我可以忽略我的性欲望，少生孩子，甚至做一个出家人。对人性观点的拒绝可能是出于一种担心，即鼓吹这种观点人可能会声称，凡是"自然的"就一定是善的和正确的，他们并且可能利用这种理由去合理化某些公认的恶行。当时，从自然到善或恶的推论是错误的。新进化论科学中的大多数人相信，进化的产物在道德上无所谓好或坏。如同品克所说，许多值得赞扬的行动都是非自然的，例如忠实于自己的

90

---

① 例如，见 Richard Dawkins, The Selfish Gene（New York：Russell Sage Foundation, 1999），60.

妻子或丈夫，或者相信所有的孩子都具有平等的价值等。① 它们经常需要道德选择，需要将有关人性的事实和价值标准结合一道。② 有关人性的事实就是各种本能，它们发展为五种道德直觉，并且因此造成了快乐或痛苦。价值标准必须考虑到这些事实。在此，"应该"的确包含着"可能"。

那些担心生物学可能导致决定论的人们应该记住，选择是我们的大脑自然会做的事情。学习是另外一种内在本能，部分地出自于大脑的结构。选择经常追随学习：我们可以因为自己学到的东西而改变信念，并且做出新的选择。有些时候，环境中的某些事件可以打开和关闭基因，从而影响我们的发展。如同麦特·瑞德雷所说，"各种试验肯定了这一系统的复杂性、可塑性和循环型。同时，它们也表明，环境只是通过开放和关闭那些可以保证可塑性和学习性的基因，而影响着发展"。③

政治与自由选择

人们可能因为政治、权力和金钱的原因而宣称，没有什么持久存在的人性。此时，自由选择成了一个政治课题。因为这些人想要做的是，证明社会工程学的合理性，控制人们的选择，从而实现其政治目的。这同时也意味着，忽视个人对其选择的控制，忽视那些与伦理选择相关、并且植根于本能的基本道德直觉或基本欲望。

行为主义者斯金纳（B. F. Skinner）曾经鼓吹社会工程学。在他以前列宁也声称，可以训练和塑造人性。从而造就出"新人"，并且使其成为共产主义体系的一个部分。显然，列宁、毛泽东和其他类似的现代领袖们可以因此而扮演导师的角色；他们的似乎想要改变人们的头脑。④ 在近几十年里，美国的一些人类学家们也追随列宁的思

① Steven Pinker, 159－170.

② 同上，164.

③ Matt Ridley, Nature via Nurture: Gene, Experience and What makes Us Human (London: Fourth Estate, 2003), 130.

④ Munro, The Concept of Man in Early China (Ann Arbor: University of Michigan Press, 1977), 第三、七章.

91

实际可行的伦理准则及其进化论基础

路，坚持认为，人类本性的首要决定者不是生物学内容，而是文化。

与某些社会工程师的信念相反，自由选择确实存在。它当然有其限度，但是社会工程师们所能掌控的部分并不能涵盖一切力图抵制这种掌控的本能和欲望。哈里·哈罗（Harry Harlow）1958 年的著名实验证明，斯金纳式的短期奖励（transitory rewards）并不能取代母亲—婴儿纽带。① 在斯金纳行为主义心理学的影响衰落史上，这是一个分水岭。一些生物特性和行为倾向一方面使社会工程师们难以成功，另一方面将自由选择置于一定的背景之下。毫无疑义，我的决定会受到自然或社会环境的影响，但无论如何，只有当一种选择不是被迫的，而是出于我的决定，它才是自由的。许多科学家都认为，自由选择有其自然界限。但这经常被说成是一种"种族主义"观点，似乎承认这种界限也即是接受种族和阶级的不平等这一社会现状，似乎这种承认是在阻挠人们改变此现状。进化生理学或社会生物学的批评者们似乎不打算为个人的可能选择的清单设置任何界限。②

基本欲望和双领域标准

人类具有某些与社会行为形式相关的生物学性质，或者说，他们具有某些受到基因影响的倾向。但是，其他一些影响可以调整或拒斥某些由上述倾向而来的选择。在此，道德承诺可以发挥作用，可以激发出人们的行动。我在一种道德体系基础上所做出的选择可以是自由的。例如，我们具有贪婪、擅权和害人的内在倾向，但同时也具有与此相反的倾向。如同前文所述，这些积极的倾向之一就是，预见我们与他人行动的后果，以及我们的控制这些后果的愿望。另一个是朝向他人的移情作用。这些倾向与合作精神相一致，与负面倾向截然对立。我们天生可以接受合作的行动；同情和信任的情感引导我们去寻找合作者。我们天生的语言能力帮助我们彼此享用那些有助于团体健康的信息。所以，人类的天性既包含着以本能为基础的、可以促进合

① Matt Ridley, 190－191.

② Ullica Segerstrale, Defenders of the Truth: The Battle for Science in the Sociobiology Debate and Beyond（Oxford: Oxford University Press, 2000）, 391－399.

作精神的道德直觉，也包含着贪婪和进攻性的阴暗成分。

大脑皮层质可以通过对于未来结果的前瞻，并且根据双领域的标准等，抑制某些行为。这些标准的内容就是趋乐避苦，而对于该内容的测度指标就在于是否满足五种基本欲望，即身体的健康与舒适、关爱（包括渴望被关爱）和同情、（与信任和互惠性相关的）公平性、（表现为渴求敬佩，逃避羞耻的）敬重以及前瞻（和对于我们的选择的控制）。在家庭或社区的范围内，大脑的这个部分可以帮助我们做出选择，——如何使用钱财和情感，以维护家庭和社区的健康。在更大的公共领域中，同样的大脑部分可以帮助我们预见到，法律以及他人对于我们的选择将会如何反应。这也包括对于可能受到的惩罚的预见。某些时候，与惩罚相关的条款就存在于法律之中。它们可以威慑各种有害于社会的行为，而且它们越是明确，就越是效果显著。从积极的意义上看，法律可以保护公众，使他们获得快乐，避免痛苦。

那些使我们可以从事善行的主要因素部分地属于自然，部分地属于人工（环境、经历、文化）。就自然方面而言，我们具有移情和前瞻的能力。由此可知，里左拉提等1991年的镜式神经元发现是多么重要。但是，人工部分同样不可缺少：通过它们我们可以积累、分享和传播各种知识。我们首先借助自然能力去预测他人的行为，去模仿他人，去与他人交流。进而，我们借助各种文化形式去集中和传达我们学到的内容。我们就是以这样的方式借助他人，包括老年人的智慧，去认识不同选择的结果，以及选择中的创造性究竟何在。文化可以通过技术的交换而造成人们的彼此改变。例如，中国人就是从蒙古人那里得知了马鞍和马镫，并且因此改变了自己的战争和生活方式等。

结 论

大多数基本欲望都是彼此相关的；它们中间的几个可以连接为一

个集束。这些欲望的核心通常是以全人类的共有属性为基础的平等价值。这包括他们对于健康的生存状态，即快乐的增长和痛苦的消失的共同追求。平等与公平性的联系在于，所有的人都应该享有清洁的空气和水，以及充分的健康保障。同时，平等与互惠性的联系在于，公平性的部分意义就是平等地分享一切。公平性的实现离不开人们的合作；这种合作的目的在于，创造必要的条件，从而使大家可以共同享有清洁的空气和水，以及充分的健康保障。最后，无论在公共领域，还是在私人领域，价值平等都联系着信任。信任只能与公平性结伴出现。信任是公共和私人领域中的非强迫性关系的核心因素。

另一个集束包括前瞻、信任和自主性。对于某些政策的后果、某些人的选择的后果的前瞻可以促进人们的合作。前瞻离不开信任。就中国学术而言，这牵涉到语言和行为的一贯性/一致性或可预测性（当然，战争中的欺诈术属于例外）。同时，我们应该珍视个体的自主性，因为它可以使人们通过预测自己和他人的行动结果，相应地控制自己的选择。这个集束可以使人们预见到地球变暖对于子孙后代的影响，并且由此支持国际和国内的那些力图减少这种影响的政策。

最后，家庭、社区以及更大的团体中的敬重或尊重是一种动力源。它和它的对立物"羞耻"都属天生的社会性情感。它们的集合乃是一种强有力的工具，——它可以帮助所有的人和所有的家庭实现另外一些基本欲望。

回归未来：技术伦理，汉斯·尤纳斯和理学

修海乐①（著）/马建强② 朱勤（译）

一、引言③

让我们暂且搁置当今应用伦理学的具体细节以及日常面对的诸多难题，先来关注一些基本的哲学问题。本文主张两个基本命题：

（1）技术的发展需要从一个新的角度审视伦理学（包括应用伦理学、专业伦理学和职业伦理学）；

（2）注重实践的理学有助于澄清当代应用伦理学的问题，特别是在全球化技术背景下更是如此。④

第一个命题将主要通过汉斯·尤纳斯的著作加以揭示，第二个命题将通过理学在自我和社会意义上对纯粹的实践的反思加以揭示。

这种看似矛盾的研究路径或许代表了一种靠不住的综合，无论是东方的还是西方的哲学家们都一时难以接受。然而在当今这个全球化时代，毫无关联的系统之间的碰撞已经不足为奇，甚至引发新的研究路径。这种研究路径的有效性得到进一步证实，还由于尤纳斯为将来确立一种新的伦理学的紧迫性进行了独到的分析，而对此知晓者并不多。认为理学能够为我们应对挑战提供基础，是一种新观点，它基于

① 修海乐，男，纽约科技大学教授，主要研究方向为技术伦理、工程教育。
② 马建强（1979－），男，山西太原人，中北大学教师，研究方向为技术哲学。
③ 朱勤（1983－），男，江苏兴化人，大连理工大学哲学系在读博士生，研究方向为技术哲学。
④ 相对于理学和中国哲学的丰富知识宝库而言，我作为"旅游者"提出的问题只是从欧洲哲学角度出发的。这里采撷到的知识成果肯定不具代表性，更难以企及得到本土学者那样充分的收获。但它们在这种基本的研讨中提供了思想营养。

一种可能的非同寻常的思考。

本文的第一部分简要勾勒出尤纳斯在察觉西方文明危机之后所持的立场。它聚焦于一个导致危机复杂化的关键范畴，并且需要一种西方哲学无法提供的解决途径。第一部分包括对在未来构建新技术伦理的过程中自然和传统重要性的简要讨论，它构成了在理学本体论伦理学背景上讨论尤纳斯的平台。

第二部分揭示理学在宇宙本体论层次上对自我和社会责任的阐述。值得注意的是，理学并不是文学的、学术的儒家教义的一部分，它同样吸收中国文化、道家和佛教的思想要素。尽管本文所引例句主要集中于朱熹的立场，但力求展开对理学的对应于西方形而上学的普遍意义的探讨。

第三部分包括就当今技术影响下的伦理学的根基问题，对有关欧洲和中国各自世界观的评论开展的讨论。

按照汉斯·尤纳斯的思想特征，本文的思路同编年史相反，认为理学至少有助于理解20世纪末所出现的伦理难题。当今的伦理难题为经典文本的解析提供了启示，反过来，经典文本又能为当今难题提供全新的思考方向，这是一种阐释学思路，尤纳斯正是由于实践这种思路而著称。需要说明的是，本文在这方面的论述得益于海德格尔对道家观点的理解和引用，尽管海德格尔主义者并不认可。然而本文与他的理论构架和方法不无关系。位于这些思考的核心，在此却没有涉及的是哲学生物学，它内在于尤纳斯的思想，传统儒学和理学对此也有论述。

二、汉斯·尤纳斯的本体论伦理学

无疑，在20世纪的西方世界，思想界的数次转向引发了新的哲学研究模式。在五十年前哲学似乎已经放弃了许多传统的研究主题，将其抛给了新近建立的社会科学或者方法论明确的自然科学。按照这种观点，哲学只是作为学术上的元学科而得以存在。即使这样它也被分成了两个互不相容的阵营：英美的分析性哲学阵营和欧洲大陆的现象学哲学阵营。在西方的这一狭隘的定义之外，作为当代话语的哲学已被认为不复存在。哲学家指那些用分析的或现象学的方法论去研究专门问题的教授们。当然这种局面也是对19世纪和20世纪早期哲学研究方向的一种修正。然而很多人此前就伤心地认为哲学作为科学之尊的显赫地位已经永远成为历史。

汉斯·尤纳斯是20世纪的哲学家，更多地接受了胡塞尔的现象学传统，但是他反对简单的学术界定。他的作品在很多方面浓缩了那个世纪的精神。他思考的核心问题来自那个时代所特有的史无前例的政治和思想危机带来的混乱。他的哲学在冲突中产生并对它们做出回应，然而其回应常常跟不上节拍。作为解释学和高层次批评理论最有创造性的贡献者之一，他固执己见拒绝接受该学科的一些新教义。尤纳斯常为不合现代学术口味的视角寻求哲学上的合法性。

人们通常认为汉斯·尤纳斯的工作包含两个宽泛且似乎毫无关系的领域，即研究古代诺斯替宗教和当代正统的伦理学。这种研究兴趣的结合在当代西方哲学家来说非同寻常，却概括了早期东方和西方的哲学精神。尤纳斯研究的一个特点是其对常识的持续认可；正因为如此，他对当今哲学的趋向——无论是英美的分析传统还是他自己的历史——现象学传统，都表现得不耐烦。在某种程度上讲，正是这种不耐烦将他引向与理学传统的对话。

尤纳斯借助通过现代科学发现改进了的工具揭示了传统的哲学主题。他认为哲学研究有两个截然不同的方面，一方面是非思辨的哲学研究，在这个理解的层次上人们会像接受科学一样接纳它；另一方面则是思辨的哲学研究，它并不强求科学家的赞同。

从这个意义上讲他自己的研究途径是思辨的。他说自己的哲学思辨有厚实根基，而且能和严格的科学融洽共存。非思辨的哲学和科学共同为他更为思辨的研究提供基础。在某种意义上说，尤纳斯的区分与康德对于理论（纯粹）理性和实践理性的区分是一样的。按照尤

97

纳斯的观点，思辨哲学明确表达了一种合理告知的信仰的实际内容。尤纳斯发展自己的思辨的时候显然提出了一些神学问题，其中大部分（除了犹太教的启示内容），对该教主要教义来说是开创性的。因此尤纳斯在论证犹太神学与他的有科学根据的基于哲学的和本体论的责任伦理学相一致的同时，也为前者做出了贡献。尤纳斯从来不称自己是神学家，事实上曾明确拒绝这一称谓；但显然，没有神学介入他的伦理设计是不完备的。他哲学中这种准宗教之维，包括犹太教的某些具体教义（但不包括"一神论"）使其和理学话语并驾齐驱。

然而，尤纳斯的独特之处显然不同于理学。事实上尤纳斯所采用的途径的局限就在于他坚持这种区别。而且，尽管尤纳斯没有声明也未认可这一点，但这很可能是西方伦理学贫乏的基本原因之一。康德对纯粹理性（理论理性）和实践理性的区别，在理学的纯粹实践的传统中被强烈否定。

在这种讨论中，尤纳斯的责任伦理学的根基实际上在西方是被称为神学的东西，而在理学的语境中却是合法的哲学理论。在尤纳斯看来，呼唤人类责任感的蛮力的生存需求不可能存在于自然中，必须从外部目的中寻找。而且，尤纳斯认为这一原则表达了"牵挂"（care）（海德格尔所说的 sorge），在现实情景中并不显见。若转向理学的自然观，就能消除这个充满问题的二元论。

尤纳斯的哲学深受其在欧洲生活期间所经历的世界性历史事件的影响。19 世纪和 20 世纪的存在主义、各种五花八门的生命哲学，更不必说神学理论，在他的作品中都有踪迹可寻。伴随启蒙计划而来的犹太问题深刻地影响了 20 世纪西方的理性危机、科学危机以及哲学危机。尤纳斯认为犹太人不应该放弃对神的信仰而转向科学和哲学，以此来回应大屠杀，而且正是欧洲人在意识形态的外衣下奉送的科学和哲学，首先导致了这种危机的发生。[①]

① 尤纳斯提出的绝大多数命题和讨论见他编辑的汇编文集《哲学文集：从古代教义到技术时代的人》，Englewood Cliffs, N. J: Prentice – Hall, 1974。

跨文化哲学语境下复兴计划的特殊遗产就是对普救论的固守。从特殊语境下产生的哲学问题，或许在伦理的、道德的、政治的以及社会的哲学话语中最为明显，像康德这样的思想家的主要任务就是展示人们如何超越具有善意且扎根于文化传统的道德情感和个人倾向走向基于理性判断的、绝对的伦理律令。是否有一种基于理性公理的通用伦理语言，能够对不同文化传统中五花八门的道德规定进行裁定，依然是一个尚未解决的问题。近年来中国国内对于儒家所倡导的孝道进行的讨论使得这一问题突显。谁也无法对这一重要伦理原则简单提炼出一个康德主义的版本来。① 但是这并不意味着给孝道这样的原则提供基础的根本洞察力在儒学渊源之外就失去了意义。

当尤纳斯在思想上不愿意放弃犹太教的时候，同样的问题出现了。犹太教和儒学以及理学思想一样，都有自己独具特色的伦理。可以肯定地说，犹太教伦理的某些原则从启蒙的意义上讲也具有普遍性；然而另一方面，犹太哲学的大部分内容关注某一具体群体的行为和福祉，这种律令便不具普遍性。尤纳斯对犹太教的认可，不仅在私人的或者个人的意义上，为人们把其他传统（如理学传统）中的智慧融入普遍伦理的话语，提供了方法论的路标。②

促动尤纳斯实践哲学的问题在于："我们现在转向何方？"他从他的有过失的老师海德格尔的世界观里觉察到了虚无主义，而且令人不舒服的是，他还继续活着，这从伦理学的深层来看简直是不能接受的。尤纳斯的路径同时重视科学和宗教，哲学和犹太教。他寻求两者的结合不是放弃自己思想或精神遗产和传统的绝望之举，而是出于切身经历得来的勇气。在努力阐释启蒙哲学和犹太价值观的过程中，尤纳斯也许犯了这样一个错误：他固守科学哲学和宗教的区分，认为两者都具有合理性。他的区分不同于中世纪和启蒙时代对信念和理性以

---

① 见黄勇：《笔谈：作为道德根基和腐败来源的孝道》，载于《道：比较哲学杂志》，Vol. Vii, No. 1, March, 2008, 1 - 3。
② 这并不是说理学和犹太教具有同样的命题、感知和方法。这可能是一个有意思的问题。见加利：《开辟道路：儒学和犹太教的对话》，New York：Roman&Littlefield, 2006。

回归未来：技术伦理，汉斯·尤纳斯和理学

99

及哲学和宗教的区分。他寻求一种不需要宗教但给宗教留一块地盘的科学。然而，正如他自己所说，这种关系是在科学与宗教之间相互解释的结果。然而问题在于这种关系不只是阐释性的，而且是相互渗透、相互依赖的。

通过在科学和人类文化、伦理甚至神学之间建立一种解读关系，尤纳斯秉承斯宾诺莎的精神冒犯了自阐释学研究启蒙以来确立的标准。这个过程从西方形而上学角度看是不合理的，却预示了更加实用的理学学派的研究方法。正因为如此，尤纳斯的研究脱离西方形而上学而延伸到理学的实践性，不仅合理而且具有潜在的修正意义。

传统、技术和责任：这三个词就足以概括汉斯·尤纳斯的执著关注。同样地，尽管对技术的理解有些重要差异，但是它们也是理学世界观中的重要范畴。

尤纳斯通过深入剖析古代信条和当代人们对它们的体验，来研究西方哲学传统。他曾经勾勒出古代诺斯替教模式与当今存在主义的共鸣，也曾指出在古代映照下当今文明所面临的诸多困境。人们一定会问：用什么样的阐释原则才能从古代教义中再次读出有利于理解我们自身和周围境况的东西？这不仅仅是对传统的膜拜。下面要提到，对汉斯·尤纳斯而言，人类境况并非本质主义形而上学的一种表现，尽管他没有完全解构人性这一概念。尤纳斯的阐释学具有哲学人类学的根基，这一点在对基督教新约采取从其老师 R. 布特曼那里学来的去神话方法之后，首次得到其认可。尤纳斯的思想发端于哲学人类学，主要是为了确定人类经历中的诸多普遍价值。他最初的身份是研究诺斯替教义的学者，作为后尼采价值论者，追求超越评价的价值。然而，尤纳斯认为当代存在主义和现象学的方法并不能胜任这一工作，它们之所以昙花一现就是因为本身的人类中心论，以及对笛卡儿二元论的人为依赖。

技术一词不仅仅是在日常意义上使用的，不仅指机械的效率，而且指人类经验中的大部分创造性行为和思想特征。当尤纳斯探究这些词汇含义以揭示价值深层意蕴的时候，他从人类科学、哲学人类学转向有机论或者哲学生物学（生命哲学）的研究。在他的哲学生物学中主题依然是人性，然而不是出于自成一体的考虑，而是从生命作为令人惊叹的事实这一视角出发的。尤纳斯在其作品中，无论是关注古典信条，还是关注当今实验室、医院，以至管理人类选择和行为的其他任何现代场所，在有机论范畴下对生命现象的研究都进行得最彻底。①

纵观人类经验的全部领域，尤纳斯发现确定责任是最基本的哲学任务。仅仅靠思索权利和义务不足以明确人类的境况，因为境况是生命本身的表征，而权利和义务只能在人类的种种制度中存在并发挥作用。文明社会和计算机芯片一样只是人类技术的产物，因此不能界定我们社会政治行为的领域，因为其本身就是在该场域中构建的。文明社会以及像法律这样的相关制度确实呼唤责任。但是我们对这种呼唤的反应程度不能用对先前社会政治模式的盲目忠诚程度来衡量。只有用阐释学方法去审视我们的社会、政治以及道德传统，同时将技术视为构建生活丰富性中的传统理解的手段，我们才能定义责任的命令。

与此同时，尤纳斯也意识到技术在人类意识构建方面的强大力量。技术塑造生命世界及其制度，因此允许我们以我们的工具和产品为中介，来间接估量我们的后代衡量他们的价值时用的基准和尺度。在针对媒体对人类生活诸方面影响进行的前瞻性批评中，尤纳斯注意到伯里克利所谓的不朽声望对于我们已经不再可能了。这一切引起的行为意义和随之而来的责任的变化告诉我们，我们存在的历史特征在多大程度上是由技术构建的。

但是正是这种转变排斥了尤纳斯注定要使我们迷惑的阐释学循环。责任就是命令，这一点已经足够了，但是我们永远不明白具体责任是什么，因为我们无法预见技术行为的种种后果。正如生物进化不可能削弱康德的自由假说的基础一样，未来的状况不会因过去进化的证据而变得清晰。事实依旧是："人类永远是其已有产品的生产者、

---

① 汉斯·尤纳斯：《生命现象：面向哲学生物学》，(Essays. 1 st ed). ed. New York：Harper &Row，1966。

其可能行为的实施者，而且在多数情况下是未来能够实施的行为的准备者。"①

然而，无论我们对自己的行为了解到什么程度，这种了解只能告诉我们已经完成的阶段的瑕疵。这是尤纳斯的困惑所在。道德必须进入其以前从未涉足的生产领域，但是我们反思关于自身的传统观念的道德缺乏路标。很有可能尤纳斯决意跨越旁人不愿超出的界限，因为这样做需要无法证明的思辨，换言之，只有生活本身而不是伦理学能提供线索或警示标志。从这一观点里，我们能够发现关于他的推理和理学学说的某些方面具有共性的蛛丝马迹。

因此尤纳斯的方法能在生命现象中找到古典信条和当代技术的交汇点，这也将有利于我们界定责任的命令。

尤纳斯在对生命现象进行科学反思的基础上，分析了人类经验的历史性，又将技术伦理学与改造后的责任意识结合在一起，这样就有理由认为人类的事业能在其世界观中找到一个救赎性的路标。但是由于他的思考局限于西方形而上学式的二元论，这种希望可能要破灭。

下面本文将简单阐述和评论尤纳斯的本体论伦理学。由于他的任何单一作品都不能阐述其观点的全部，任何阐述只能是努力去构建一个展示其思想内在统一性的持续论证。尤纳斯兴趣的广泛性似乎有些靠不住。实际上，读其作品可能会觉得其主题并不连贯，多年来的研究主题从最初的古代宗教转向对生物学的反思，后又转向医学伦理学，最后落脚点则是和技术时代相适应的一般伦理学。但是细读下来就会发现，从最初的古代宗教研究一直到最后对技术和道德的思考，主题和方法论的整体性贯穿始终。若能将他的作品作为统一的话语来理解，就能清晰地感受到他的雄辩力量。

这种论证的结构很容易总结。尤纳斯提出的是一种本体论伦理学。它从哲学生物学那里得到了支持，后者认为物质能够自组织而且

① 汉斯·尤纳斯：《责任的动因：技术时代的伦理研究》，Chicago：University of Chicago Press，1984，9。

其本身即是生命的原因。这种看法在很多关键方面都和古代占统治地位的观点相似，只是古代的这种观点在 17 世纪被崛起的新科学击败。新科学认为物质本身没有活力，只是通过机械过程才运动起来。

尤纳斯认为当代技术是一巨大挑战，伦理学的理论遗产对这种局面显得无能为力。伦理学的软弱一方面是由于任何形式的神谕伦理学都失去了似真性，另一方面是由于现代二元论的形而上学后果。我们需要但传统很少给予支持的是一种基于人性的伦理学。在对休谟所谓"是"和"应该"的区分提出质疑的同时，尤纳斯寻求恢复本体论伦理学的可能性。为此，尤纳斯聚焦于"生命"这一范畴。通过他的分析，表明现代科学及其伴随的形而上学二元论已经把生命推向与其正常状态截然相反的状态。这和古代的普遍看法正好相反，当时认为一切事物都具有生命，生命的缺失会导致理论难题。对于尤纳斯来说，生命哲学对于伦理学发展是非常必要的。

生命哲学包括哲学生物学和心智哲学——二元论不能简单抛弃。尽管科学实证有利于物质本原而不是意识，唯物主义者的假说仍不能公平对待归在心智名下的诸般经验。因此理解生命现象的哲学就一定是认可心智作为内在实体的哲学生物学。

这种哲学生物学让人类完全回归自然，同时保留其特性。认为思维是物质的内在特性，就是在假定物质具有自组织的本性。这种呼唤心智的二元论对尤纳斯而言成了生命的目的论（teleology），其基础是对内在终极原因的认可，否则就会被排除在我们通过现代科学对自然的理解之外。

尤纳斯试图恢复在某些方面与古代教义类似的世界观。他对多种古代宗教的深刻理解，特别是在"诺斯替"标志下的群体活动的理解，使得他能够从这些地方找出和当代学术氛围呼应的神学理论。运用自己"去神话"方法论，他努力展示古代智慧和现代科学种种发现如何共存。

当然许多宗教思辨定会被科学排除，但是存在一系列神学的或形而上学的思辨是科学不能证实也无法证伪的。正是在这一点上尤纳斯

103

提出重建合理的自然神学具有可能性。尽管尤纳斯不认为自己的本体论伦理学依赖神学（这一点颇有争议），但是当宗教的敏感性能提供有关人类境况的清楚理解时，他常常引用一些宗教观点。

论述的第一阶段：传统和现代

这种今天得到公认的论述从似乎无关紧要的古代宗教研究开始。尤纳斯在其开创性的诺斯替教义分析①得到认可之后很久，才对自己工作的意义作了评论。在尤纳斯的本体论伦理学体系中，人们会发现他早期研究的三方面贡献。首先，他完全沉浸于古代哲学和早期宗教教义，这使他能够摆脱许多当代理论话语，提出对现代性的批评；其次，他辨认出所有思想体系中存在的反复出现的思维模式；第三，得益于现象学的训练，他能够克服德国历史主义标准，清楚地认识到各种哲学问题的长期性以及思维和存在的历史性。

正是得到广泛认同的第三点，引导尤纳斯发展了自己独特的方法论。尤纳斯在诺斯替教的研究中设计的这种方法，最初是 R. 布特曼严格地用于研究《新约》的，目的在于觉察互相争论的神学理论之间共有的传道的深层真理。尤纳斯在其著作中逐渐发展这种方法，试图用它在当代重新确立灵魂问题、非主观性的情感思虑以及（更重要的）生命目的论的合法地位。

这种方法确实具有普遍性。正如它能够跨越古代诺斯替教文本和现代存在主义之间的时间阻隔，它也能够消除东西方的空间差异。

论述的第二阶段——理论的实际应用、有机主义哲学、技术问题

在这个阶段，尤纳斯研究了人类的境况。在挑战存在主义和人类中心论的同时，他为伦理学找到了有科学依据的本体论根基。尤纳斯曾对培根在《新工具》中提出的挑战不信服，事实上还强烈怀疑过（如果不是为之焦虑的话）。但是他后来重新发现了科学在未来的社会功用。作为一个知识渊博的 20 世纪思想家，尤纳斯的成就值得称

---

① 汉斯·尤纳斯：《诺斯替主义与古代晚期精神》，哥廷根：Vandenhoeck&Ruprecht，1934。

道。他试图从自然科学自身话语的内部着手，挑战 17 世纪科学兴起以来人们珍视的某些教条。尤纳斯大胆指出认为生命现象和自然准则不相容的自然科学本身就是不完善的。尤纳斯又指出神学和后牛顿物理学之间的断裂或多或少是一个错误。他将统一各种自然科学的工作留给别人，自己提出为生命的重要性提供佐证的生物学理论。对于伦理学而言，这意味着价值的根本源泉存在于作为自然本身目的之一的自然秩序之中。

M. 海德格尔为尤纳斯对技术进行批评提供了铺垫。技术令尤纳斯哀叹的地方是，在现代科学形式中，它将人类行为能力拓展到我们自己无法掌控的地步。他并不是说我们不具备在某些条件下拒绝使用技术的能力，而是说技术武装后的人类行为所产生的诸多后果将延续到无法预见的未来。这样的后果可能使未来的生物体仅仅作为实现技术目的（也许是不经意的）的手段而存在。一旦生物体赖以立足的自由被剥夺，那么其存在也就无可挽回地终结了。

在此提出的技术的危机，并不意味着主张抛弃技术（海德格尔的一些批评观点持这样的主张），虽然现代技术所具有的某些内在特征显现了一些人类需要抵制的倾向。

论述的第三个阶段——责任命令

到这个阶段尤纳斯将"责任"作为其伦理学标志词汇的原因就十分清楚了。带着一种喜忧参半的心境，尤纳斯勾勒出了基于本体论的社会和政治伦理学，以应对当今现代性的舞台上上演的政治的和科学主导的技术剧目。在第二阶段中尤纳斯试图阐述一种立场，这种立场的可接受性在于它没有包含思辨层次，也因此能够为严格的科学世界观所认同。然而正是在此处，尤纳斯所谓完全处于理性形而上学的范围之内的说法面临最严重的挑战。

尤纳斯认为责任居于伦理学的首位，而且在他的理论构建中也许还是一个全新的范畴。按照他的论述，没有任何传统的伦理学能够认可现代技术的巨大力量使得人类做出一些不可挽救的行为的可能性。尤纳斯说现代技术已经改变了人类行为的本质。

第二和第三阶段所阐明的尤纳斯的论述，为后面进行他的思想和理学思想的比较研究提供了基础。他的思想具有自己的特色，有人会认为特别来自欧洲人对于技术和生命科学的观念。然而，由于对主流思想提出挑战，他为自己用非西方的思维反思这些因素做了准备。其中关键的一点是，他的认为技术改变了人类的本性这一立场和海德格尔一脉相承，也和理学思想中对技术的批判性观点产生共鸣。

尤纳斯将伦理学的根基奠定在生命现象和传统认定的社会善恶观上，使其和理学的途径明显相似。

同时他认为传统对于理解人类本性的基本历史性是至关重要的，他在一个特殊的宗教传统背景中阐述了这一观点，但其观点并不局限于这一传统。事实上，认为传统的责任和义务继续发挥决定性的影响的观点，和儒家智慧明显相似。

我们在尤纳斯这里发现了一个生物学、人类行为（制造和行动，即技术）以及被接受的传统的集合体。对于这个集合体中责任的基础，无论其是个人的还是集体的，都做了重新思考。这种重新思考按照西方哲学的标准还颇有争议，但是在今天所谓的理学那里是被积极倡导的。

三、纯粹实践

现在，本文将哲学上两个长期的主题——自我（self）和实践性（practicality），放在一般的理学语境下，特别是朱熹对经典文本的注解中进行反思。只有将自我与实用性联系起来讨论时，它在理学的政治思想（伦理思想）和形而上学（宇宙论）中的重要性和判断的颖悟才会非常明显。理学的自我概念为理解儒家思想在整体上提供了一把钥匙，它对责任观念而言也非常重要。但是对"自我"的想象需要悬置西方形而上学和实用主义的遗产。如果能够坚持这种悬置，才有可能理解理学思想的框架，而不用曲解在我们面前敞开的西方范畴。为了唤起与尤纳斯相似的一种策略，受欧洲世界观影响的我们必须进行一种现象学还原，并且暂时悬置西方对世界的技术性刻画。

儒家传统一般说来是将公共福利理解为从家庭到国家依次排列的各社会阶层的福利，它要求个人要服从于国家。必须由政治体制来保护，甚至为政治统治提供基本辩护的不可侵犯的人权，在儒家思想中并没有基础。理学的"自我"通过"修身"这一范式，在强调个人道德责任的重要性的同时否定个体道德行为人的自主意识。

对家庭制度和政府制度的传统性尊重，对制定的礼节和孝道的忠诚，以及共同福利先于个人欲望的普遍认同，正是儒家为我们指明的通往幸福、有序生活并最大限度地避免冲突和过分欲望的光明之路。这些是世俗问题的实际解答。在儒家看来，这种实践性需要舍弃自我求得大众福利。在此基础上，儒家哲学可以概括为一套指示。它关注实践生活，并且最低限度地释放个人利益和欲望。用西方的术语来说，儒家哲学看上去不太能够容纳发育完备的自我观念。

但是在宋朝，儒家思想家们提出了一套相对于正统儒家学说的新论点。他们的学说反映了中国思想中的"内省（inward turn）"。在各种外来挑战的影响下，包括从女真族侵略者对北方平原的占领到佛教在中国影响的日益壮大，内省提出了有关"理（principle）"的问题。它寻找一种独立于实践成败的内在意义，去支持儒家道德学说。在追求"理"的过程中，"自我"被赋予了新的地位。自我既不是个人主义也不是个体主义，它根植于理和实践性之中。

人们会说在西方意义上，理和实践性既不是认识论术语也不是本体论术语。但是从尤纳斯的观点看来，它们也许会是生命的特征。

朱熹是宋代研究理和实践性的思想家中的关键人物。他被认为是中国历史上一位伟大的集大成者，他巩固和发展了同朝前辈，特别是周敦颐和程颐的观点。他不仅研究儒家思想，而且熟悉佛教观点和道家观点，并曾受二者的影响。他的著作包含于其对于经典文本的注释、通信、纪念文字和语录。因此，他的观点总是回应式的，并且以对话交流的形式表现出来。这里引证的朱熹思想的文献都是如此。

如果是这样的话，那么有关自我的思考就必须远离西方本质主义、主观主义和辩证法的人为限制，将自我本身理解为一种实践性的"自我"。这种自我来源于思想和行为的相互贯通（知行合一）。在我们尝试去理解朱熹观点中的宇宙论成分之前，必须首先思考实践性本身。

"实践性"在理学传统中的表达是不明确的（有多个相关术语，但大多数情况用"习"来指代），也是大多数争辩的焦点。正如成中英所说：

"当与道德、社会关系和政治活动相联系时，儒家哲学是实践性的。但是当它与经济和技术相联系时，它又不是实践性的。如果我们将前者的实践性称之为道德实践性，将后者的实践性称之为功利实践性，我们可以说儒家哲学大体上是一种有关道德实践性的哲学，而不是有关功利实践性的哲学。"①

这种区分虽然很精确，但仅仅是部分指出了在理解理学实践性中的问题。理学的道德实践性的特点是其后果论的缺失。与行为功利主义不同的是，理学的道德理论对行为的反思并不以行为有效地带来利益后果为依据。为了更清晰地看到这一点，并且将理学的道德理论与后果论观点进行对比，理学的道德实践性在这里可被称作"纯粹实践"。

约翰·杜威曾于1919年至1921年间，在中国做了几场极富影响力的巡回报告。围绕实践性在儒家和理学中的地位的争论，大部分都产生于对杜威报告的回应。据说当时在17世纪思想家颜元的著作中发现，实用主义已经被确立为一种中国哲学了。在1921年，梁启超在讨论《颜李学派与现代教育思想的潮流》中说：

"自从杜威在中国的巡回讲座之后，实用主义在教育界已经成为了一种时髦的学问。这……［是］一种受欢迎的现象。三百年前，

---

① 成中英：《儒家和理学哲学的新维度》，Albany：1991，p.424。

在我们国家，有一位颜习斋先生，他有一位弟子叫李恕谷。他们建立了一个学派，这个学派常常称之为颜李学派。他们的观点类似于杜威及其同事的观点。并且在某些方面，他们的观点比杜威及其同事的观点更为敏锐。"①

　　然而杜维明清楚地表明，当颜元的思想在其背景——朱熹的理学中进行评论时，颜元的思想对实用主义或功利主义观点的支持微乎其微。尽管约翰·杜威对中国文化特别推崇，并且他声称其哲学在中国思想中能够找到与之类似的前人思想，但是通过对文本的仔细阅读就会发现这种观点并不成立。相反，所能够发现的是一种完全不同的实践性。这种实践性在某些方面，更类似于存在主义观念，而不是皮尔士或杜威的实用主义理论。与存在主义的类似当然有着明显的局限性，这来源于理学中内部体验与具体行为之间的相互关系。在某种意义上，理学将知（consciousness）理解为行，更类似于海德格尔或萨特，而不是杜威。

　　知和行近乎等价，这在理学中是纯粹实践性的基础。当自我作为自然和心灵的连接物时，这种实践性就产生了，并且它受理的支配。

　　孔子曰：

　　"性相近也，习相远也。"（论语第十七，第2章）

　　"唯上知与下愚不移。"（论语第十七，第3章）

　　理学家们根据孟子的"四端说（Four Beginnings）"和性善论，对这些语录进行解释。只有通过实践才能获得美德，但是这种观念的含义并非指实践诸种美德。实践涉及这里所说的纯粹实践性。通过这种过程，理表现在心灵之中，并且相对于心灵呈现。为了对此进行澄清，必须对理学家们所使用的气、理、性和心等术语加以阐释。

　　万事万物必需的能量也许是对气的最好的描述。它是动态的、不断变化的，在阴阳两极之间振荡。在阴或精神这一极，气是平和的、

　　① 梁启超：《颜李学派与现代教育思想的潮流》，见杜维明编《理学的发展》，Wm. Theodore De Bary（New York，1975）p. 513。

隐蔽的、内敛的。在这种情况下，气是最易于容纳他物的。在气的另一极端——阳或者物质一极，情况就恰恰相反了。气的形式是积极的、明显的和扩张的。因为它精雅不足而过分粗犷，从而其自然容纳能力被大大减弱了。气本身并不能产生物体或者事物，但它是所有体验的本体基础。

性，或者说天性（nature），其实是理。它被称作天性而不叫做"理"，是因为"理"指世间万事万物共有的东西，而天性自身就是理。在理是所有实体的绝对现实存在（ens realisimus）的意义上，天性等同于理。了解了天性最高而且最完备的描述，也就是了解了性。性在书写特点上由两部分构成：生，意味着产出；心，意味着心灵。这种组合准确地表达了性的完整意义。

如果将天性理解为理产生了心灵，那么揭示理的心灵活动大概就是自我发现。由于揭露了关于心的理，道德目的（也称之为道或天命）相对于自我就很明显了。这就是了解理的道德意义，它是纯粹实践性的基础。

理学在涉及体与用时，阐述了这一观念。

"大本者，天命之性，天下之理皆由此出，道之体也。达道者，循性之谓，天下古今之所由，道之用也"。（朱熹：中庸章句，第1章注）

"处绝对寂静之境界即体；一受外力，马上渗透万物称为用"。（易经"附注"，第1部分，第10章）

"思维的体是本性，指安静的状态；思维的用是感情，指活动的状态"。（孟子，7A：1）

"当感情未发、头脑思维的时候，体之整体就象镜子般空空如也，象秤一样平衡，一直保持平静"。（朱熹：大学惑问，P26b，第7章注）

心灵的体是理；心灵的用是自我的道德目的。当气由阴构成时，心灵的宁静获得了理的有效形式。气的游离不受控制，因此并不存在道德的技艺或者功利的伦理。心灵的宁静也可称作情感的和谐。情感的和谐是一种在气的内部，精神和物质两极之间的调节。这种和谐和调节是一种体验的实现。

"心关乎阴阳，居于气中"。（朱子语类，第5章，55节）

从实践体验的视角来看，理学思想中的自我是理。当从实践的视角来看待理时，有关道德目的的问题是主要的。在自我这一范畴下，才有道德目的的问题。当事实经验中实现情感与自然的和谐时，作为和流动的气发生互动的理，自我达到了其道德目的。

从这种观点来看，理学的自我可以被称作纯粹实践性的主体。它的道德目标存在于自我重述的严格计划之中。它既是一种由气中之理显现后产生的既定事物，同时也是一种意识到自己秩序的安排原则。修身（self－cultivation）恰好存在于这种严格重述之中，其途径是礼（ritual）。在其中，存在一种相对于被动接受的个体的积极实践。

也许有关这种观点最简单的解释，可以基于朱熹确信礼仪实践可以深化理解的看法。对于他，甚至对于与佛教形成对照的所有儒家学者，这些实践并不是能够引发启蒙状态改变的仪式。例如他热衷的静坐实践，其本身是一种美德，但它既不是美德的标准，也不是为自我获取利益的工具性活动。这与其关于修身的思想是一致的。修身并不是一种治疗，不能发展也不可矫正。由于理和气之间自发的互动，因此对于朱熹而言，修身在此意义上是非工具性的。

朱熹有关静坐的论述有助于阐明修身、自我发现和自我实现（自我在纯粹实践性中的投射）是如何自发的、非强迫性的和非工具性的。李塨说道，静坐使得人们在产生愉悦、愤怒、悲哀和喜悦等情感之前，能够意识到自己的性情。换句话说，静坐是表现气的精神性这一极（阴）的一种安宁模式。同样地，它是自我的自然条件。在其中，通过自省能够明显感悟到"四端"。朱熹基本上同意这样的评价，尽管他认为即使这样也可能导致错误的工具论。他说：

"静坐理会道理，自不妨。只是讨要静坐，则不可。理会得道理明透，自然是静。今人都是讨静坐以省事，则不可。……盖心下热闹，如何看得道理出！须是静，方看得出。所谓静坐，只是打迭得心

下无事，则道理始出；道理既出，则心下愈明静矣。"（同上，第 103章，11 节）

在这个意义上，对理的追求恰恰是纯粹实践性的意义。

《论语》的第一句话中体现了纯粹实践性相对于人类道德目的的中心地位。其中提到：

"子曰：'学而时习之不亦乐乎?'"（论语第一，第 1 章）

这句话值得注意的地方在于，它道出了学习这种实践活动的意义。习字意味着既要学又要习（从词源学上解释，该字描绘了一只鸟学习飞行的过程）。在《论语》中，它指学习的内化过程。它在《论语》中的意义是，内部生命和外部实践是一种互补关系。在理学思想中，这种互补关系成为一种近似的统一体。正是在这个意义上，纯粹实践性是知和行的统一体，它是关于理学中自我这个概念的基础。

另一方面，人们也许会将儒家的自我思想看成与"无为"或者佛教的"空（vacuity）"是一致的。事实上，尽管朱熹曾经偶尔对佛家学说有激烈批评，但是他仍然受了后者的形而上学教义的影响。儒家的"自我"最好应表现为一种行为或代理者的理，而不是无为或接收者的理。自我修身作为君子层次的一条道德戒律，位于儒家教义的核心位置。作为一位实践思想家，朱熹在当时的政治思想领域提出了许多具体的主张。从他对大量文本的阅读中，我们可以深刻地理解这些主张。他阅读的大量文本包括有关孔孟的大量著作、道家和佛教的著作、理学的一些前辈的著作（如周敦颐、程氏兄弟等），最重要的是《易经》、《中庸》和《大学》。由于在自我中心灵与本性的相互作用，朱熹将后两本书放在一起进行研究。在《礼记》中它们各自构成一章，朱熹将它们挑选出来，进行编辑和注解，并作为《四书》中的两本，从而成为儒家学说的规范性基础。《大学》主要关注政治问题和社会问题，而《中庸》主要处理心理学和形而上学方面的问题。正如陈荣捷指出："《大学》讨论了心，但不涉及性；而

《中庸》恰恰相反"。① 这两本篇幅不长的书以互补的方式，体现了社会政治史和形而上学的相互渗透。如果存在这种相互渗透的话，那么朱熹对此做出了拓展。

儒家政治、道德和教育等方面的思想可以概括为"明德"、"亲民"和"止于至善"。著名的"八目"对此做了阐释，"八目"开始于"格物"。尽管《大学》并没有明确地探讨过形而上学问题，但它将本体论研究的一种模式——"格物"，作为道德生活和政治生活中的起点。然而这种主张并不是从"是"得出"应当"。尽管以这种方式思考是困难的，"是"与"应当"在一种非机械论意义上好像互为原因。尤纳斯采用了类似的做法，在其哲学生物学中被称之为西方的自然主义式谬误。

"性"渗透着实践思考，但是"道"仍然在心中作为一种理而存在。这种进路完全与大部分儒家思想强调"习"相一致，它为朱熹的形而上学思辨提供了必要的基础。

在很大程度上，朱熹的形而上学是对"八目"的一种详细阐释。朱熹非常自信地认为他的形而上学理解是正确的，以至于做出惊人之举，重新安排了古代典籍的顺序，将"格物"这部分内容放在了"诚意"之前。在朱熹看来，格物意味着对事物进行研究，既包括归纳，也包括演绎推理。其前提是，"理"作为存在的原因，内在于万物之中。

（需要注意的是，朱熹"格物"的程序在实质上与尤纳斯的解释学研究非常相似。这里进行术语研究的目的是为了在文化迥异，但哲学上类似的两种研究之间架起桥梁。）

《中庸》具体的主题是（1）人性（2）天道。从文本上来看，由"天"赋予的人性，通过平静而和谐的状态体现出来。这种平静而和谐的状态本身是"世间的状况"以及"道"。道超越时间、空间、物质和运动，并且也是不断的、永恒的与显见的。

———————

① 陈荣捷：《中国哲学典籍》，Princeton：1963，p. 95。

113

这种不断的、永恒的普遍的"道"指的是在经验中有关变化的不变性和客观性的事实。朱熹的观点大部分来源于《易经》。依据他的观点，"变"发生在遵循一定顺序的循环过程中。通过了所有的步骤，就达到了"成"。但实际上，由于气是不断膨胀和收缩的，作为一个整体的变化过程因而也是连续不断的。个体生命的终结并不意味着气的膨胀和收缩的终止。因为气在家庭或部落的生活中不断延续，因此自我得以保存。植物生长的隐喻贯穿着农业生产的一代又一代。通过这样的隐喻，人类的"气"在自然界中的延续就比较清楚了。自我以这种形象被再次播种，四季更替，产生同样的果实。

但是自然永不终止的过程并不总是显而易见的。自然界的真理存在于它从隐蔽状态到显露状态的转变之中。隐蔽状态或"阴"变得明朗起来。正如《中庸》里阐释的那样：

"莫见乎隐，莫显乎微。"（中庸第一，第3章）

在朱熹看来，隐蔽和显露是自然表现自身的模式。他主张，"道"将体和用、隐蔽和显露联系起来。① 隐蔽和显露是理的特点。

《大学》力举儒家的这一著名理念，它对于理解下述两层观点具有核心作用：（1）形而上学和社会政治问题相互贯通；（2）个体的修身与美好社会的获得不仅相互联系，而且前者是后者的必要条件。这个著名论点在《大学》的第五章中有明确的表达，它是朱熹大部分思想的起点。其内容如下：

1. 物格而后致知，
2. 致知而后意诚，
3. 意诚而后心正
4. 心正而后身修
5. 身修而后家齐
6. 家齐而后国治，

---

① 朱熹频繁地讨论"体"和"用"但没有给出非常精确的定义。见 I. Michael：朱熹的体用：背景与解释（2005，儒学研究网站）。

7. 国治而后

8. 天下平。

这段文字中的关键点是：（1）整个过程起始于格物；（2）存在的内在状态"确立"了政治环境；（3）修身是一种政治行为；（4）普遍的和谐是不可避免的结果。对这四点按顺序做一思考。

1. 格物：在讨论认识主体与认识对象之间关系时，朱熹使用了三种表达。它们是：（1）体悟；（2）诸物；（3）格物。"体悟"指的是通过人的身体对事物有所了解；"诸物"是与事物直接接触；"格物"通过研究的方式熟悉事物。尽管在这三个层次上，知识来源于体验，但它也是一种理性的表达。朱熹明确地表述为"知识来源于思考"。

2. 存在的内在状态确立了政治背景：该陈述不是一种关于身心和内外的二元论。依据朱熹的观点，甚至更笼统地，在儒家世界观中，整体是在宇宙论意义上理解的：（1）在"心"成为"性"的微观具体描述时，"心"和"性"是一体的。这好比打扫自家庭院有利于美化其周围整个景色。自家的庭院是整个景色中圈出来的优先部分，其个性（individuality）随时改变。

3. 修身是一种政治行为：通过完成格物过程，由于思想调整了作为其延伸的环境，因而思想已经是一种行为了。思维和行为没有差别，除非它们在隐和显的状态，这一浅易观点是朱熹理论的根基。实际上，就是这一点使得一些人认为中国的思想有些不科学，甚至接近虚假。朱熹认为这种统一在体验中方能感悟。正是在这里"纯粹实践"出现了。"纯粹实践"是连接内部生命和外部生命的意识通道，这正是作为实践的思维。这是君子所达到的境界，也是理想治国才能的必要条件。在这个意义上联系"静坐"，那么这种统一的体现就是礼仪。这里的礼仪不单是空洞的礼仪本身，而是诚意的真实表现，此诚意即纯粹实践之诚意。

4. 整个链条的结果就是普遍的和谐："世间万物"对整个过程做出应对，并成为整个过程的一部分。一个稳定的政治环境不仅仅是这些观点的唯一目标。朱熹对《大学》的以下这部分内容的评论对之做了清晰的说明：

"所谓致知在格物者，言欲致吾之知，在即物而穷其理也。盖人心之灵莫不有知，而天下之物莫不有理，惟于理有未穷，故其知有不尽也。莫不因其已知之理而益穷之，……至于用力之久，而一旦豁然贯通焉，则众物之表里精粗无不到，而吾心之全体大用无不明矣。此谓物格，此谓知之至也。"①

朱熹所谓"知之至"指理已明了、天道运作时心的状态。"知之至"也可以说是"情感的和谐"，只有这样个人才能达到"豁然贯通"的境界。

在转向《中庸》之前，简要谈一下它的标题。在《论语》中，《中庸》常常翻译为"the mean"，表示一种适度。但是在这里"中"指中心之事物，"庸"指普遍和谐之事物。〔因此，杜维明将"中庸"释为"中心（centrality）和普通（commonality）"〕，前者指人类本性，后者指其和宇宙的关系。标题说明人类本性中存在和谐，这种和谐是我们道德存在的基础而且充满整个宇宙。简言之，即天人合一。这种观念贯穿中国传统哲学整个体系。

《中庸》里说道：

"天命之谓性，率性之谓道，修道之谓教。道也者，不可须臾离也，可离非道也。是故君子戒慎乎其所不睹，恐惧乎其所不闻。莫见乎隐，莫显乎微，故君子慎其独也。喜怒哀乐之未发，谓之中，发而皆中节，谓之和（庸）。中也者天下之大本也；和也者，天下之达道也。致中和，天地位也，万物育也。"

朱熹又指出：

"首明道之本原出于天而不可易，其实体备于己而不可离，次言存养省察之要，终言圣神功化之极。"②

① 朱熹：大学章句第五章，引自陈荣捷，Op Cit，p.89。
② 朱熹：中庸章句第一章，同上，p.98。

心的生活、政治和性的作用，三者的有机统一又一次得到体现。从中国哲学的观点来看，它们确实相互关联和贯通，这一点并不奇怪。正如上文所述，这种既定的统一看上去好像符合体验。令人惊奇的并不是它们联系在一起，而是这种研究如何开始于"手头之事"——日常生活的现象，即社会政治事务。

朱熹对《礼记》中两小章的卓越的注释，对儒家学说的孟子传统的关注，以及他运用《易经》去阐明体验的超验性，这些联系在一起体现了他关于心的哲学或"形而上学"。这种形而上学不可被视为关于"第一原则"的科学，而是在一种在体验中表现的，有关心和性的纯粹体验的现象学描述。它完全在体验的范围之内，并且假定没有深层根基。

尽管这种研究具有偶然性，需要一定的视角，朱熹发现政治行为和社会义务的基础是内省。对于朱熹而言，科学并不是复制自然界，心也不是实在之镜。形而上学命题并不是来自既定真理的，逻辑上确定的提炼，而是来源于体验的理解，因为心与性相互贯通。

这种心的形而上学并非伦理学的初级阶段，而是来源于伦理学。伦理学来源于纯粹实践。它是有关道德目的的体验。通过对"理"的理解，道德目的在自我中实现。有关自我的纯粹实践意味着，它是自我的道德代理者，同时也使自我处于所有本性的和谐之中。体验的实现其自身也是道德行为，因为获得了与自然秩序之间的和谐。

小结：

朱熹的"形而上学"将社会伦理学与本体论的宇宙论联系在一起。理、心和性（有时为"天"）共同存在，是一个相互贯通的动态统一体。在这样的情况下，有关事物的形式并不能进行一种严格的"物质——非物质"划分，不能用那样的"二分法"来反思实在。我们从这样一种语境下对"自我"进行描述。自我这一概念体现了理学在追问道德目的问题中的价值。"自我"是一个个体的、历史偶然性的概念。它源于纯粹实践的视角，并且处于对"心——性"之理体验的范围之内。这样的自我实际上指在对天道的接受和强调的基础上重新描述自我这一出人意料的方案，同时它在作为自己存在的气中不断变化。

最重要的一点是，也是宋朝理学家没有思考过的一点，是现代的科学技术对自然的这种连续的过程产生了潜在的干预。《道德经》认为，只有当不使用手中的技术时，最好且最和谐的生活才会产生。但是这种选择，在一个小的、完全独立的群体之外几乎不太可能。出了这个区域技术常常在发挥影响，尽管某些群体对此十分厌恶。然而，理学实践通过将自然的物质性、历史性和精神性等维度主动地统一在一起，确实对抑制技术权力有所贡献。在此基础上，理学对于今天的意义就显而易见了。

四、结语

在全球化的、后现代的、技术化背景下的西方伦理学，能够从理学思想中学到什么呢？理学学说能否为海德格尔——尤纳斯关于技术的追问提供一些回应呢？最后，这些反思适合于当代应用伦理学问题和职业伦理学问题么？职业伦理学和应用伦理学趋向于规则功利主义，而理学的纯粹实践思想回避所有的后果论进路。它们存在共同基础么？

当代西方伦理学或者缺乏坚实的认识论基础，或者面对寻求这样的基础引起的困难，只是在元伦理学层面上澄清了伦理问题，但并未提出解决的办法。西方大部分当代伦理学只是局限于指出一种结构化价值系统的需要。这样的价值系统要求具有普遍的接受性，并为行为提供指引。当它到了技术伦理学那里，又出现了附加的问题。技术会导致一些模棱两可的局面，在那里从伦理学的角度出发看不清楚事物的面目。在这样的背景下，确定的认识论要求是不太可能达到的。亚里士多德主义的美德伦理学进路并不曾面临这样的困难，但是这种目的论形而上学在一般意义上，并不为科学基础所接受。通过对比，理学思想提供了一种非还原论途径。这种途径并不是以亚里士多德主义的目的论为依据的，它与西方范式相反，是一种基于行为的本体论。

技术问题谈论得最多，显然是因为技术拥有将人和自然分开的力量。在这一点上，海德格尔——尤纳斯和理学（以及道家传统）都表示赞同。技术，至少是海德格尔和尤纳斯传统中的技术，不同于个体有目的的制作行为，即排斥存在的选择，依据挑战自然和有机过程的机械原则而起作用。科学与技术的联姻赋予了技术与日俱增的力量，并在一定程度上脱离人类目的的约束。

人类目的既提供了伦理学的基础，也为伦理学提供了需要。人类目的也许并不能很好地被理解，人们也许能够会同意亚里士多德所认为的，人类目的是向善的。如果我们对于人类目的的理解不够彻底是因为短视的欲望，或者是因为我们无法控制的力量阻挡了我们的视线的话，那么我们所选择的伦理学将严重偏离方向。

汉斯·尤纳斯哲学和理学的思想都来源于一种危机意识。它们都为经典文本和传统文本提供了解释和修正，以克服导致危机的这种短视。在这两种哲学中，还存在一种外在的努力。这种努力将生命视为心灵体验中的一种表现。正如孟旦（Donald Munro）在其钱穆讲座中所称的那样，理学的观点表达了一种哲学生物学。这种哲学生物学与大部分现代的研究是一致的。① 尤纳斯提出的科学视角的局限，正在当代生物学中被逐渐消除。这表达了一种类似于朱熹和尤纳斯都提倡的研究路线。正如刘孝感所言：

"在朱熹看来，道德真理的自我表现能够服从于各种外部权力……针对这些弱点……孟旦坚持，亲情（family love）与博爱（universal love）之间的冲突确实存在，但是它们在人类天性中都是存在的。最近几年，孟旦一次又一次地提到了演化生物学，并提出在人类物种的遗传因子中，不仅存在自私基因，而且存在超越家庭的利他主义基因。自私基因优先考虑自己的繁殖，优先考虑和自己有共同基因

① 孟旦：《面向新世纪的中国伦理》，香港，2005。

的家庭成员。他用实验科学的发现，来支持传统儒家观点，从而提出一个新的理论：在儒家思想中解决一种内部矛盾。"

因此，通过演化生物学的证据，可以认为传统儒家伦理学或者理学伦理学具有一种普遍的而不是排外的历史文化根基。

理学的伦理学尽管没有亚里士多德的那种目的论根基，但它与美德伦理学仍然非常相似。理学认为，责任来源于动态的生活秩序以及社会福利和秩序。当"理"在进行调整时，就获得了和谐。通过"习"和"心"的社会性提高，和谐以这种方式适应于美德伦理。这种学习不同于知识抽象，但是它是一种实践性训练。而且，理学的这种纯粹实践性是意向（intention）的一种功能（用）；只有是完全知晓的和充分理解的意识才体现了负责任的行为。

当代对商业伦理学的讨论常常致力于一种利益相关者的多元主义共同体。在这种语境下，自然地衍生出互惠互利以及相互竞争的利益关系。人类，包括公司的权利和义务，必须适应于这些利益关系。这些利益是根据特定冲突成员的成本和收益来衡量的。在这样的冲突中，自然环境并不是一个成员，尽管它确实存在成本和收益。环境因素可能会在长期，对当下并不具备发言权的后人带来后果。

商业伦理学不能与责任问题相割离。责任不能在脱离职业或商业的语境下进行考虑。如果职业伦理学和商业伦理学不只是一种有关行为的封闭守则的话，它们必须反思文化和作为生命源泉的自然。商业是人类互动和交流的普遍形式。任何一个没有深入理解人类境况的应用伦理学体系，都是人为的，且最终是无价值的。理学中的有关纯粹实践性的学说，在意向性意识的层面认同人类的互动和交流，其本身表现了生命的状态，并和自然秩序呼应。

面对技术驱动下的工业对政治文化和经济文化、自然环境、个体福利和集体福利，甚至对战争与和平都产生的巨大影响，难道企业的道德责任还没必要建立在对整个世界的深刻和全面理解之上？如果技术不仅改变了我们所安居的人造生活空间，而且还改变了人类本性和生命本质的话，难道不应该小心限制我们对技术的使用么？如果西方的二元论哲学已经导致科学和传统，甚至科学和有机生命的割裂的话，我们难道不应该寻求一种不会出现这种割裂的非二元论策略么？

简言之，如果汉斯·尤纳斯已经察觉到，西方哲学伦理学的不足在于它只是适应于由技术驱动的全球自由市场主导的世界的话，那么重视生命的理学的纯粹实践性将通过别具一格的文化路径为我们的讨论提供有益的补充。然而，这并不是说理学学说及其对自然的理解可以不加修饰。毫无疑问，现代科学已经提高了我们所栖居的这个世界的理解。但是西方现代性所代表的这种进路并不能确保"整个世界的和平"，因此理学的生命观就值得我们考虑了。

我国现代科技伦理的历史回顾和展望

王　前，田鹏颖①

我国现代科技伦理的发展始于 1978 年改革开放之后。由计划经济到市场经济的巨大转变，使得科技伦理建设面临从未有过的新局面。由于经济转型期伦理道德制约机制的不完备以至部分"失灵"，很多违背伦理道德要求的现象涌现出来了。如何及时消除这些现象的社会影响，成为我国现代科技伦理发展的核心问题。下面就几个主要方面分别加以论述。

一、我国现代科技界的学术伦理

改革开放后，科技伦理研究逐渐活跃，各种具体的道德规范开始制定，而学术不端行为以至作伪现象也开始滋生，成为学术伦理研究的焦点。

1981 年底，邹承鲁等 4 名中国科学院学部委员在《科学报》上开展了科研道德讨论。1982 年 4 月，根据茅以升的建议，《北京科技报》邀请有关科技工作者座谈科技道德问题，会后刊登了《首都科技工作者科学道德规范》倡议书。② 不久，《上海市科技工作者道德规范》也问世。③ 1991 年，邹承鲁等 14 名中国科学院院士联名在

①　田鹏颖（1963 -），男，辽宁沈阳人，沈阳师范大学教授，主要研究方向为马克思哲学、社会技术哲学。
②　光明日报，1982，5，9.
③　光明日报，1982，7，16.

《中国科学报》上发表"再论科学道德问题"。1993年罗国杰主编的《中国伦理学百科全书》对科技伦理诸多相关概念进行了阐释。这样一些活动使科技伦理研究逐渐引起学术界以至全社会的关注。

从20世纪80年代开始，一些有关科技伦理的学术专著逐渐问世。这些专著结合科技史和现代科技新成就，分析科技伦理学的研究对象、任务和方法，提出了科技伦理道德的一些基本原则和主要规范。20世纪末，两部很有特色的科技伦理著作出版。一部是张华夏所著《现代科学与伦理世界——道德哲学的探索与反思》，书中提出了系统主义的规范伦理；另一部是刘大椿、林坚等人的《在真与善之间——科技时代的伦理问题与道德抉择》，书中对科技伦理中的突出问题，如剽窃行为、伪科学、网络伦理、生命伦理、生态伦理等问题进行了深入剖析。

这一时期科技界学术伦理关注的现实问题，是揭露和抨击学术作伪现象。

1992年，淮北煤矿师范学院教师李富斌剽窃事件被揭露出来。1997年华东理工大学教师胡黎明的博士学位论文抄袭事件轰动一时。学术造假事件也出现在人文社会科学领域。20世纪90年代，李其荣所著《移民与近代美国》被发现剽窃国内17位学者的成果，李斯的《垮掉的一代》几乎原文抄袭美国学者专著，申小龙在其专著中抢先发表别人的未刊论文据为己有。类似的事件还有某些工具书作者、编者抄袭剽窃、粗制滥造等现象。① 进入20世纪，出现了一些学术腐败方面的新案例，如合肥工业大学杨敬安抄袭案、北京大学王铭铭剽窃案，以及近年来更为突出的上海交通大学陈进等人"汉芯"造假案，等等。

一些新的学术腐败现象被揭露，一方面反映出这方面问题的严重性，另一方面也反映出科技界遏制学术腐败力度的增强。学术腐败现象的大量滋生，与社会生活中的新变化有密切联系。市场经济的发

---

① 刘明：《学术评价制度批判》，长江文艺出版社2006年版，第20页。

展，使得学术成果的多少与科技工作者个人利益直接相关。学术评价机制的不完善，使得一些人可能投机取巧而不受惩罚。科技伦理教育的滞后，使得一些人在科技活动中缺乏明晰的道德标准。有些学校和科研单位对科技人员提出过高的成果指标，或者把过多的教学任务、指导研究生的任务、行政任务、评审鉴定任务、社会活动等加到一些学术骨干身上，远远超出其正常承受能力，这些不合理的安排都有可能刺激学术腐败的发生。近年来一些科研单位和高等学校开始注意学术评价的科学性问题，由注重数量指标转变为强调质量和原创性，这对于遏制学术腐败是一个重要的制度化保证。

改革开放以来，关于伪科学现象的揭露和批判，与科技伦理也有密切关系。从20世纪80年代开始，社会上先后出现了不少伪科学现象，如"特异功能"、"意念致动"、"气功大师表演"、"神医出山"等等。很多科学家出于社会责任感，坚持科学精神和科学态度，对伪科学现象进行揭露批判，为广大科技工作者树立了道德楷模。普通民众非常看重专家的表态。一些科学家如果没有自知之明，过于自负，在他们并不在行的问题上随意表态，就可能助长伪科学的泛滥，增加其社会危害。加强科技工作者的科技伦理道德修养，对保证科技事业健康发展具有十分重要的意义。

二、我国现代的工程技术伦理

改革开放后的工程技术伦理研究，借鉴和吸收了国外关于科学技术与社会（STS）研究的思想观念，从"二重性"视角对工程技术活动的社会后果进行伦理评价。1987年，黄麟雏等提出建立与科学伦理学相对应的技术伦理学。1991年高亮华发表了《技术的伦理与政治意含》一文。这是两篇较早讨论工程技术伦理的文献。进入新世纪之后，工程技术伦理研究更注重责任伦理研究。李文潮指出，现代技术所具有的单一性、创新性、功能潜在性与发展的不确定性等特点，决定了传统的伦理准则无法解决道德多元现象带来的基本伦理原则之间的冲突与对抗，技术进步与社会进步之间的矛盾等现象。① 王国豫认为，传统的、建立在个体伦理学基础上的规范伦理学，并不能涵盖和应对现代科学与技术活动中出现的伦理问题。② 在技术人员的伦理责任方面，许多学者对汉斯·尤纳斯的责任伦理给予高度评价和补充说明。

我国现代的工程技术伦理研究主要集中在以下三个方面：

其一是高技术引发的伦理问题。随着计算机应用逐渐普及，电脑黑客、网瘾、网恋等与伦理相关的社会问题从 20 世纪 90 年代开始引起人们关注。严耕、陆俊、冯鹏志等发表一系列文章，探讨信息高速公路的双重作用和影响，研究网络道德建设问题。2000 年清华大学哲学系等单位举办了以"网络时代的社会科学问题"为主题的全国性学术讨论会。2003 年 1 月由香港浸会大学应用伦理学研究中心主办的"应用伦理学研讨会"上，对虚拟实在引发的伦理问题进行了专门讨论。有些学者探讨纳米技术可能带来的伦理道德问题以及对纳米材料进行安全性评价的必要性。③ 陆甫祥院士 2000 年发表"空间数据共享及其面临的伦理挑战"，在总结空间技术以及关于空间数据政策的主要国际活动现状基础上，从伦理视角分析了现有数据政策的特点和空间数据共享问题。④

其二是技术产品质量引发的伦理问题。由于我国历史上缺乏技术活动与发达市场经济相结合的传统，这方面的伦理道德规范存在空白。因此，在大规模引进西方先进技术，发展市场经济的时候，出现

---

① 李文潮：《技术伦理面临的困境》，《自然辩证法研究》2005 年第 11 期，第 43 – 48 页。

② 王国豫：《德国技术哲学的伦理转向》，《哲学研究》2005 年第 5 期，第 94 – 100 页。

③ 费多益：《灰色忧伤——纳米技术的社会风险》，《哲学动态》2004 年第 1 期，第 23 – 26 页，第 36 页。

④ 陆甫祥：《空间数据共享及其面临的伦理挑战（英文）》，《遥感学报》2000 年第 4 期，第 245 – 250 页。

了某些技术活动脱离伦理制约的现象，突出表现为比较严重的假冒伪劣产品泛滥现象。轰动全国的 1985 年福建晋江假药案、1988 年山西朔州假酒案、1998 年九江大堤"豆腐渣"工程、1999 年重庆綦江虹桥垮塌案，就是这方面的典型事件。对于这一类事件，有关专家学者从不同角度进行了分析。中国科协副主席张玉台将其归结为科学精神的缺乏。① 孙小礼 1996 年发表"质量问题与科学技术"一文，剖析产品质量问题的严重性。② 杜苏、陈劲分析了企业伦理与产品质量的关系，认为良好的企业伦理是解决质量问题的关键。③ 近年来中央电视台的每周"质量报告"栏目在揭露和清理假冒伪劣产品方面发挥了明显作用。在运用工程技术伦理遏制假冒伪劣产品方面，工程技术人员应如何发挥作用，对打假者如何从制度上加以保护，企业管理者如何提高自身道德修养，这些问题都需要深入加以研究。

其三是工程技术人员伦理责任的研究。这种伦理责任不仅涉及技术岗位上的职业责任，也涉及技术活动的社会责任。不仅涉及个人的伦理责任，也涉及群体的伦理责任。曹南燕指出，大科学时代科学家和工程师的伦理责任要远远超过做好本职工作，他们更需要思考、预测、评估他们所生产的科学知识的可能的社会后果。④ 段伟文、徐少锦、王蒲生等学者讨论了技术决策和技术监督中的道德问题。治理假冒伪劣产品的泛滥，需要严格的监管措施，而造假者会搞出各种花样逃脱监管，甚至借助官方渠道和新闻媒体公开兜售假冒伪劣产品。有些监管部门的人员缺乏职业伦理意识，很可能缺乏警觉甚至包庇纵容，此时工程技术人员的社会伦理责任就显得尤其重要。如果他们不站出来揭发事实真相，公众往往蒙在鼓里，对可能发生的危害毫无防

---

① 王大珩，于光远主编：《论科学精神》，中央编译出版社 2001 年版，第 6 页。

② 孙小礼：《质量问题与科学技术》，《自然辩证法研究》1996 年第 6 期，第 44 – 50 页。

③ 杜苏，陈劲：《企业伦理与产品质量》，《浙江大学学报》（社会科学版）1997 年第 3 期，第 65 – 69 页。

④ 曹南燕：《科学家和工程师的伦理责任》，《哲学研究》2000 年第 1 期，第 45 – 51 页。

备。20世纪80年代"邱氏鼠药"判决案、1993年有关"矿泉壶"的判决案和后来的"三株口服液诉讼案",都是这方面的典型案例。在2004年9月上海世界工程师大会上,提出了工程师的良心问题。工程建设的现实呼唤着工程道德底线——"工程良心",这一提法引起广泛社会关注。

三、我国现代的生命伦理和医学伦理

改革开放后的生命伦理和医学伦理面临许多前所未有的新情况。生命伦理面临的挑战是现代生物技术带来的。而医学伦理面临的挑战则是市场经济体制影响医疗事业后出现的问题。

我国生命伦理研究始于20世纪80年代。由于现代生物医学力量日益增大,被滥用的可能也就增大,从而引起人们的不安,人们要求使这种技术的使用合乎道德,而不被滥用。[①] 我国生命伦理学专家对性别选择、人工授精、代理生殖、重组DNA、基因工程、器官移植、安乐死等问题作了深入研究,提出了不少有价值的思想观念。1988年7月,全国首次安乐死社会、伦理、法律问题学术讨论会在上海举行。与此同时,器官移植的伦理问题也引起了人们的重视,多数公众对器官移植和捐献器官持开明的态度。人工受精问题在我国的贞操观、血缘观影响下对家庭关系的影响比较突出。围绕母婴保健法的争论,反映了科学、伦理和政策的交叉。[②]

与此相关的是基因诊断治疗的伦理问题、遗传基因资源利用的公平合理问题、克隆技术带来的伦理问题,等等。大多数学者对克隆人技术表示了极大担心,认为"克隆人"是不可逾越的道德禁区,克隆人的出现会改变人类的基本性伦理关系,改变人们的亲系关系,是

[①] 翟晓梅,邱仁宗:《生命伦理学导论》,清华大学出版社2005年版,第3页。

[②] 王延光:《中国当代遗传伦理研究》,北京理工大学出版社2003年版,第167页,第181页。

对人的尊严的否定。也有学者持不同意见，认为在面对克隆技术时，应拓展伦理学的概念，发挥伦理学对科学异化的反作用。① 柳江华、卢风指出，基因设计可以合成各类自然界不存在的转基因动物和转基因植物，由此带来了诸多伦理问题。② 毛新志指出，转基因作物给人们带来巨大利益，但也有许多风险和负面影响。许多国家专利法和相关法律中都有"伦理道德条款"，就是要防止某些可能危及人类伦理道德和尊严以及对生态环境带来严重危害的生命物质或方法被赋予专利，从而筑起一道伦理道德的保护屏障。③

改革开放以来的医学道德规范构建，既考虑到继承我国传统的医学伦理思想成果，又注意吸收国外医学道德规范的精华。第一届全国医德学术讨论会 1981 年 6 月在上海举行，主要讨论了医学伦理学研究的意义、对象、医生道德规范、医德评价、医德传统的继承等问题。上海、天津、北京等地有些医院成立了由伦理学者、法律工作者、心理学者、医院领导、病人代表等组成的医学伦理委员会，结合医疗实践研究与处理各种医德问题。1988 年于西安发表的《中华医学会医学伦理学分会宣言》、1991 年国家教育委员会高教司刊发的中国《医学生誓言》、1996 年 28 位医学界两院院士发出的"关于制订《临床医师公约》的倡议"，成为这一时期医学伦理的重要文献。

随着市场经济条件下医疗体制改革逐步展开，医患关系开始出现新问题。如果医生缺乏医学职业伦理制约，单纯追求经济利益，就可能导致对患者的侵犯以致伤害。违背医学伦理的现象表现为医生乱收费、"收红包"、开高价药、吃药品"回扣"，以及诊疗粗心大意、误诊误治等等。造成这种情况的原因比较复杂。我国古代医学伦理很少考虑商品经济因素，新中国成立后医务人员职业伦理教育也很少考虑

---

① 《中国哲学年鉴（1999）》，哲学研究杂志社 1999 年版，第 118 页。

② 柳江华，卢风：《基因时代的伦理思考》，《科学技术与辩证法》2004 年第 6 期，第 22－24 页。

③ 毛新志：《转基因食品的伦理问题研究综述》，《哲学动态》2004 年第 8 期，第 24－25 页。

市场经济的影响，而改革开放后的医德教育又存在某种简单化、形式化倾向，在时效性上下功夫不够。要发挥生命伦理和医学伦理的现实作用，关键在于弘扬正气，树立道德楷模的高尚形象，发挥医学工作者道德良知在重大医学事件中的独特作用。2003 年"非典"时期的医学伦理作用，就是这方面的一个典型案例。在"非典"肆虐的时候，在治疗第一线的医务工作者都要冒着生命危险，但却无怨无悔，显示出当代中国医学界在伦理道德方面的高尚境界。

要发挥生命伦理和医学伦理的现实作用，关键是建立必要的伦理评估机制，使得具备高尚医德和高度社会责任感的科学家和医务工作者不仅得到社会的保护、激励和赞颂，而且有发挥作用的实际途径，能够有效遏制医学界违背伦理道德现象的蔓延。

四、我国现代的环境伦理和生态伦理

改革开放后我国的环境伦理和生态伦理研究获得长足发展，逐渐和世界接轨。然而，在现实生活中，环境保护的任务还相当艰巨。

余谋昌早在 1980 年就翻译出版了 W. T. 布拉克斯顿的《生态学与伦理学》，之后不少西方生态伦理和环境伦理著作相继出版。他还开展了中国传统生态伦理思想研究，认为对传统生态伦理思想的发掘和分析批判有助于走向生态伦理学。① 还有些学者认为天人合一思想为现代生态伦理学提供了一种哲学构架，是从现代工业文明过渡到后现代文明的哲学桥梁；道家生态伦理对于现代社会保护环境，走可持续发展之路具有重要借鉴意义。也有学者提出质疑，认为中国传统文化与现代生态伦理思维并不是一种完全契合的关系。这一时期还介绍了汤因比、罗尔斯顿等西方思想家对中国传统环境伦理思想的评

① 余谋昌：《东方传统思想中有关生态伦理的论述》，《哲学动态》1994 年第 2 期，第 37 - 40 页。

价。

在生态伦理学研究中，存在两种对立倾向，一种是主张以人为道德主体来考虑生态环境问题，另一种主张将道德主体延伸到整个生物界。这两种倾向的思想矛盾，在 90 年代发展为人类中心主义与非人类中心主义之争，讨论持续了多年，许多学者从不同角度提出了自己的见解。

尽管生态伦理和环境伦理研究取得丰硕成果，但在现实生活中，经济发展的环境伦理制约仍然相当艰难。相当多的人在参与制造环境污染时缺乏伦理意义上的愧疚或"负罪感"。无论是普通居民乱丢杂物垃圾，还是企业经营者偷排污水，都很少见到环境伦理角度的自觉反省。一些单位和地区为了局部利益，往往搞一些经济效益明显同时环境污染也相当严重的项目，而制约这些项目却经常受到地方保护主义的干扰。有些地区对环境污染的单位简单采取罚款或征收排污费的手段，也使得制造环境污染的单位或个人得以寻求一种心理上的平衡，似乎只要交足了罚款或排污费，就可以不再承担环境伦理上的责任，可以心安理得继续制造污染。2005 年 11 月中国石油吉林石化公司爆炸事故造成松花江水体污染，暴露出与技术伦理和环境伦理都密切相关的严重问题。从技术角度看，操作工人疏忽大意，操作失误，但企业防范环境污染意外事故的能力很成问题。对于一个大型石化企业来说，任何技术事故都有可能造成重大环境污染，企业经营管理者的环境伦理责任感至关重要。

经济发展中的环境伦理还涉及一些更深层次的理论问题，如环境治理中的公平和公正问题、环境伦理教育的实效性问题，等等。一些学者提到，当前尤其应该十分重视道德教育理论与实践的研究，为不同层次与类型的教育提供环境道德内容和有效的方法设计。只有在理论与实践紧密结合中，环境伦理学的研究才会富有生气，发挥其在现代文明发展中的灵魂作用。① 环境道德建设应注重引导企业生产方式

① 许广明：《中国环境伦理学研究概述》，《哲学动态》1994 年第 2 期，第 7–10 页。

和人们生活方式的转变，高度重视利益机制的调节作用。①

　　进入新世纪后，一个值得关注的动向是公众开始参与对重大环境问题的决策讨论，决策程序的民主化使得生态伦理有可能直接影响环境保护工作，这是一个可喜的进步。2005年4月国家环保总局就圆明园防渗工程举行公众听证会。2003年9月，云南大学教授何大明在环保总局的一次座谈会上提出怒江大坝应该暂缓建设，以进行更充分的论证。2005年中央提出加快建设资源节约型、环境友好型社会，环境伦理和生态伦理研究显现出更重要的社会价值。

五、历史反思和展望

　　对我国现代科技伦理演变的历史回顾，目的在于总结经验教训，更好地解决现实问题，促进我国科技伦理体系建设和科技伦理教育的开展。目前的主要问题是如何使伦理道德规范真正发挥制约科学技术活动的作用，这需要从以下几个方面入手：

　　其一，加强针对我国现实问题的理论研究。近些年来，在引进西方先进科学技术的过程中，一些学者曾注意引进和阐发西方科技伦理道德，在这方面做了许多工作，但在运用西方科技伦理原则和规范解决我国现实问题时效果往往并不理想。一方面，学者们在科技伦理方面的理论研究成果丰硕，有些达到了相当高的水平；另一方面，现实生活中违背科技伦理原则的现象又相当严重，成为社会生活中的顽症。这是一个值得深思的现象。

　　出现这种情况，表明这里可能有一些更深层次的理论问题还没有充分揭示出来。为了使科技伦理在现实生活中充分发挥作用，必须深化已有的理论研究，创造性地解决具有中国文化背景和时代特征的现

　　① 　王露璐：《环境道德建设的实施途径探析》，《道德与文明》2005年第2期，第59－62页。

实问题。

其二，完善与科技发展相关的伦理道德教育。在现代社会生活中，各种要素的变革速度是不一样的，技术的变化最快，生产和经济其次，而像科技伦理道德这样的上层建筑要素的变化，显然要有一定的滞后期，科技伦理道德教育自然会更靠后一些。但这个差距不能太大，否则就会牵制科学技术的发展。科技伦理教育应该尽快进入学校的课程体系，特别是理工科大学的课程体系，使得未来的科技工作者尽早接受系统的科技伦理教育。

其三，注意吸收传统道德教育中的合理思想成分。开展市场经济条件下的科技伦理道德教育，并不意味着与传统的道德教育完全断裂。传统道德教育的一些内容和方法经过适当改造，可以溶入现代的科技伦理道德教育体系中去，被赋予新的内涵。儒家伦理在现代科学技术活动中如何进一步发挥作用，是一个有待深入研究的课题。毕竟儒家伦理注重的是人际关系，而不是人与物的关系。要把隐含在现代科学技术活动中的人际关系揭示出来，建立相应的道德规范，并将其扩展到人与物的关系中去，需要进行很多创造性的研究工作。

其四，适当强化舆论监督和道德教化的氛围。舆论监督和依法制裁应该常抓不懈，在方式上要能够深入人心。我国自古以来有"文以载道"的传统。戏曲、小说、传奇故事等都有较明显的道德教化作用。近些年来，电视文化又成为影响大众的最有效传媒手段。然而，现在的文艺作品，特别是电视剧、电影中，反映环境污染、医患关系、假冒伪劣产品泛滥、学术腐败等社会问题及如何治理的主题很少见，反映高科技发展带来的伦理道德问题的主题也很少见，歌颂在经济和科学技术活动中加强道德"自律"的主题更少见。实际上，我国的经济和科学技术发展的现实迫切需要这类作品，它们会比及时报道和标语口号更强烈、更持久地打动千百万观众的心灵，起到内心反省的作用。

建立道德监督机制的另一个重要方面，是逐步形成和完善科学技术活动的个人信誉制度。应该借助于信息管理技术记载科研人员是否有过造假行为，技术产品的生产者、销售者和管理者是否有过制造假冒伪劣产品的行为，是否有良好的产品质量信誉和职业道德，是否真正体现了科学技术与良知的结合，以便于人们及时查询了解相关的信息，形成更有效的网络监督机制。要在全社会形成对假冒伪劣产品的抵制和清理态势，这不仅需要民众普遍具有较高的社会公德意识，也需要政府有关部门采取彻底整治假冒伪劣现象的得力措施。

其五，建立相应的社会保障系统。现代科学技术活动专业性很强。非专业的普通群众的舆论监督，难以抓着问题的要害。尤其是对涉及高科技含量较多的新技术所产生的消极后果，普通群众难以做出准确判断。现代科技教育的专业化趋势也在不断加深，这使得一些工程技术人员眼界狭隘，对所研究的新技术的社会影响和后果缺乏应有的责任意识。新技术成果在研究初期往往被控制在少数专家手中，在直接的利益驱动下运作，很难有人对其专门伦理意义进行考察和评估。为了解决这方面问题，德国采取了行之有效的技术伦理评估机制。德国的重大技术决策都有伦理学家参与，伦理学家的意见在评估重大技术项目上有相当大的作用。德国工程师协会的重要职能之一，是从伦理和法律角度对技术项目进行评估和检查。① 这一做法值得借鉴。此外，要从根本上解决技术组织中个人由于坚持伦理要求而遭到打击报复的问题，还需要建立相应的社会法律保障系统，使坚持正义的科学技术工作者在个人安全、生活和工作上得到保护。企业应该加强对员工的技术伦理道德的教育，以维护企业自身在社会上的形象和信誉。要促进科学技术与良知的结合，首先应该强调的是关键岗位科研人员、企业经营者和管理者的道德修养，是对他们的一般人看不见摸不着的行为的道德评估和制约。经济和科学技术活动中的道德教育要着重社会实效，要看是否真正避免了学术不端行为、假冒伪劣产品、由于渎职造成的环境污染或医疗事故的出现，是否真正经得起历

---

① 德国工程师协会：《工程伦理的基本原则》，见刘则渊、王续琨主编：《2003 年中国工程技术哲学研究年鉴》，大连理工大学出版社 2004 年版，第 226 页。

史的考验。科学技术与良知的结合很难定量分析，但却可以明显体验到其真实程度。科学技术与良知的结合要发自内心，这样才能保持其纯洁的本色，真正具有抵御"污染"的能力。

两种系统思想，两种管理理念

——兼评斯达西的复杂应答过程理论

张华夏①

系统科学和它的哲学概括，即系统思想（system thinking）在 20 世纪和 21 世纪之交有重大的进展，主要是在自组织系统的形成机制和运行机制的计算机模拟方面和在复杂系统的研究方面取得重大突破。这些理论不但在哲学上而且在管理学上都有重大的意义。近几年来，英国系统科学家和管理学家拉尔夫·D. 斯达西（R. D. Stacey）在英国赫福塞尔大学组织了一个复杂性与管理研究中心，提出了有关人类思想和交谈的第一个复杂性理论：复杂应答过程（Complex Responsive Process）理论②。本文的论述在某些方面依据这个理论，又在某些方面批评了这个理论。

一、控制论系统思想及其管理理念

系统思想是基于科学研究的分析还原方法不能有效地解决复杂性问题而发展起来的整体论思想。在 20 世纪，它的发展经历了四次浪潮③。第一次浪潮起源于 20 世纪初的活力论和机械论的争论，到了

---

① 张华夏（1933 - ），男，广东东莞人，中山大学、华南师范大学教授，主要研究方向为科学哲学。

② Suchman, A. L., An Introduction to Complex Responsive Process (Hertfordshire: University of Hertfordshire press, 2002), 1.

③ Zexian, Yan, "A New Approach to Studying Complex Systems". Systems Reseach and Behavioral Science Syst. Res. 24 (2007), 408 - 409.

20年代由一批英国科学家和哲学家亚历山大、摩根、布劳德等人提出突现进化论而达到高潮。第二次浪潮是以一般系统论、控制论、信息论为理论基础，在第二次世界大战前后发展起来的跨学科研究浪潮。第三次浪潮是20世纪七八十年代系统自组织理论的建立和发展，包括普利高津等人的耗散结构理论和哈肯的协同学以及艾根的"超循环理论"。第四次浪潮是复杂性科学的兴起，包括混沌理论和美国圣菲（Santa Fe）研究所所倡导的复杂适应系统理论。但是，前两次浪潮所发展起来的系统思想和后两次浪潮所发展起来的系统思想在哲学范式上特别是对于管理学的意义上有重大的区别，以至于我们可以说有两种系统思想：控制论的系统思想和自组织的系统思想，它们代表了系统思想的两个大的阶段，并发展了两种不同的管理理念。

第一阶段的系统思想的核心和最有成就的内容是控制论，它说明：系统能通过信息的负反馈，一种环形因果关系，进行调节与控制，使其达到预期的目的或目标。这是动物世界与当代机器世界共同的规律。典型的案例就是维纳的自动跟踪目标的火炮和自动调节室温的中央空调。在这里，敌机就是要击中的目标，手段就是（例如）红外线跟踪。通过将炮弹的目标状态与它的现实状态的差距的信息反馈回到炮弹的调节器，校准方向，以最快速度击中敌机。对于中央空调来说，设定一个室温目标（例如：21℃），寻找达到目标的手段（制冷机的开动或关闭），收集室温现实状态的信息，当温度高于目标值时自动开动制冷机，低于目标值于并闭制冷机，使室温自动调节到一个恒温状态，如同具有恒温动物的机理一样。

控制论是一种跨学科科学研究成果，又是当代一种伟大的技术成就，所以它们出现很快就被运用到心理学、社会学、组织行为学和管理学中，这就形成了一种控制论系统思想。按照这种思想方法，什么是组织和组织管理呢？（1）组织是我们设计的。分析组织的目标和达到目标的手段，分析组织中的劳动分工，分析各种不同"职能"的区别与联系以及它所构成的整体，便可以设计一个组织，如，一个企业，一个学校，一个医院等等。（2）认识权威的作用，经分权的步骤，按等级链，统一指挥它，便可以控制它，使它达到预期的目的。斯达西说，按照这种系统思想，"控制就是管理的本质"①。（3）当然，组织会遇到许多风险，这是组织的不确定的方面，但这些风险也是可以被控制的。组织与组织之间当然还要进行激烈的竞争，但提高效率在竞争中可以取得胜利。总之，组织就是一个有预见、有设计、有蓝图、有统一指挥的控制系统。斯达西这样概括控制论系统思想的管理理念："系统运动，尤其是控制论形式的系统运动，构成了当代主流管理思想的基础，因此在理解人类行为中引入工程师的控制概念"②。这种观念认为"什么东西使组织成其为它之所是？那就是他们已经设计了的某类控制系统以及他们已经选择了它们的某种行动方式。"③ 现在看来，虽然泰勒的科学理性管理是在控制论产生之前出现的，但它却与控制论管理理念符合得很好。泰勒主张，企业设计组织时要确立一个以提高功利与效率为中心的目标，所谓理性，指的就是这种工具理性。为了达到这个目标，正像美国汽车大王亨利·福特所说的"我们需要的不是工人，而是工人的手。"④ 给我规定它的操作规程，并运用奖惩制度保证工人遵守规程，就可以最少的工时达到最大的效率。于是，工人便异化为机器的一个齿轮了。但随着工人的生活水平和文化素质的提高，便出现了"工业人道主义"运动，即实行所谓人性化的管理理念，将丢失了的自我找回来，在组织中尽可能满足人们的安全、情感、归属、自尊和自我实现的需要。但是从控制论的目标来看，这种管理伦理化是很有限度的。因为这里之所以要提倡人的尊严和自我实现，对于组织来说首先是作为一种手段，以达到控制他们，使他们做出更大的贡献从而有利于股东所要达到的目的。在控制论系统思想的框架

---

① Stacey R. D., Griffin D, Shaw P., Complexity and Management: Fad or Radical Challenge to Systems Thinking? (London: Routledge, 2000), 5.

② 同上，64.

③ 同上，7.

④ Stacey R. D., The impossibility of managing knowledge. (London.: RSA paper 2002), 11.

137

里，康德的原则始终没有得到承诺，康德说"你始终都要把人看成目的，而不要把他作为一种工具或手段。"①

二、自组织系统思想及管理理念和职业道德

　　20世纪80年代以后，在系统科学的跨学科研究中形成了许多自组织理论，包括前面说到的普利高津和哈肯的理论。这些理论发现自然界、社会生活和人类思维中大多数系统是通过自组织而形成的。这里所谓自组织，就是通过低层次客体的局域的相互作用而形成高层次的结构、功能有序模式的过程，这个过程是不经由外部特定干预也不经由控制者的指令的作用而自发进行的。到了20世纪90年代，系统科学家运用计算机模拟的方法对复杂系统或复杂适应系统进行研究，发现遵循极为简单的局域相互作用规则的一串数码符号，经反复迭代运算能自发地形成许多极为复杂的有序稳定模式。例如在计算机的虚拟鸟群、虚拟鱼群和虚拟兽群的模拟实验中，给它们规定一些极简单的相互作用的规则（如：聚中、防撞、速度模拟等），电脑就能演示出这些动物的适应性生存的各种复杂群体行为。这些行为是无预期、无计划和无控制地形成的，但却惊人地合理，仿佛只有经周密设计、周密控制和统一指挥才能做到的那样。斯达西说："自组织最本质的问题是：没有任何行动者主体，无论是个体还是小群组（group）能够不限于通过自己的局域相互作用来设计、定型和促进系统的演化"②，于是在自组织概念和适应性进化概念的基础上形成了系统思想的新范式。我们称它为自组织系统思想。

　　将这种自组织系统思想运用于社会生活领域，在管理的理念上就

---

① Kant I., Fundamental Principle of the Metaphysics of Morals. in The great books of the western world, Volume 42. （Chicago：William Benton publisher. 1785），272.

② Stacey R. D., Strategic Management and Organizational Dynamics：The Challenge of Complexity（third ed.）.（Harlow：Prentice Hall. 2000），303.

会发生一种重大的变革：从外部控制性的管理思维方式转向内部参与性的管理思维方式。它的要点是：（1）什么是组织？组织之所以成其为组织，不是由于某些行动者对总体模式的简单选择的结果，而是行动者（组织成员）彼此发生局域性的（Locally）相互作用和相互交往，导致一种协调一致模式的突现生成。这些模式本身就是组织。（2）这些突现的协调一致的模式是事先不可预测的，所以组织的出现根本不需要也不可能有全局性的蓝图、计划与纲领，也不需要和不可能有集中的控制。（3）这种相互作用形成的组织并不将自己的现有形式的生存看作是它的第一需要，而是将自己看作是一种创新突现的表达，而这是在组织中所含有的多样性程度、同一与差异、竞争与合作之间保持特定张力达到临界点时的表现。

最近，斯达西依据自组织/突现思想，提出了有关社会组织的复杂性理论：复杂应答过程理论。这个理论指出，组织中个人之间的相互作用是迭代循环的。它通过某人发出一定的姿态（gestures），另一个人或一些人对这种姿态做出回应（responses），回应又作为一种姿态，引起别人的回应，在这个应答过程中，人们通过符号、符号组成的话题以及话题的转换进行社会交谈和社会交往，运用这些符号、话语、话题将人们共处、共事的经验组织起来，形成各种相对稳定的社会模式（即落入一定的"吸引子"），这就是社会组织、社会政策和一定的政治、经济、文化的发展模式。管理人员正是在与其他人员之间的应答过程中促成管理模式的形成，这是自组织管理理念对管理人员的第二个，而且是更重要的一个要求。以我国改革开放所形成的社会主义市场经济模式为例。1978 年底召开的十一届三中全会是改革开放的开端。改革开放是一个自组织突现生成的过程，它预先在领导人的头脑中并没有任何现成的模式。十一届三中全会公报上只说了"对经济管理体制和经营管理方法着手认真的改革"，那时并没有所有制和分配制度改革的概念与话题；至于开放，那时只提到"在自力更生基础上积极发展同世纪各国平等互利的经济合作"，也无大量引进外资的话题。这等于在改革开放上领导者做出了一个"姿态"。

但农民的回应却十分积极，在安徽和内蒙率先实行"家庭承包责任制"、"包产到户"和"大包干"。这个回应本身又作为一种"姿态"引起了各方不同的反应，排除遇到的阻碍，在中央支持下在全国得到推广，已经到了 1984 年了。中国农村改革给城市工业企业的改革以极大的推动，这又是一个不断的应答过程。在不断的应答过程和"灵活变通"中落入几个"吸引子"。这就是乡镇企业的"苏南模式"和以私营为主的"温州模式"，以及大量引进外资的特区经济。这不但是改革开放话题的吸引子，而且是一个行动的吸引子。"东南西北中，发财到广东"，"民工潮"涌上广东就是这种吸引子的一种表现。但是对这个吸引子还有各种不同的回应。1991 年邓小平南巡就是一种回应，也是一种重要的"姿态"。南巡讲话后，全国热烈回应，思想得到进一步的解放，中国改革开放又上了一个新的台阶。这是一个通过复杂应答过程"摸着石头过河"形成适合中国特点的经济体制模式的历程，是自组织管理理念的一个典范，领导人正是通过局域的相互作用影响全局性模式的突现生成的。在其他领域也是一样，不可能在应答过程之初就预定一个蓝图，如"莱茵模式"、"北欧模式"、"北美模式"之类，而能获得成功的。整个近现代中国的历史都不是这样走过来的。

很显然，这种管理理念对管理人员的第一个要求就是要求他们不是以外部观察者，全局模式的选择和控制者的姿态出现，而是以组织的内部参与者的姿态出现，并创造条件让所有参与者发挥积极性和创造性，在相互作用中共同创造那不可准确预知的未来。系统科学告诉我们，处于"混沌边缘"上的自组织，常常是最有创造性的，但其总体结局也是最不可预测和不可控制的。试想，春秋战国 400 年，整个社会处于大混乱中，但又不是混乱到无政府状态，但正是在这个时候中国出现"百家争鸣"，中国全部文化传统都来源于此，儒、墨、法、道、黄帝内经、孙子兵法……应有尽有。此后几千年的学术成就都不如那 400 年大。那些企图以控制者的身份来对待"百家争鸣"，无论是秦始皇的"焚书坑儒"还是汉武帝的"罢黜百家，独尊儒术"，在历史上都没有什么好结果。吸取这个教训，我们倡导"百家争鸣，百花齐放"，效果显著。所以管理人员以自己的参与者与促进者的作用介入自组织系统的管理，并不一定比以控制者的身份介入更无所作为。

自组织管理理念还有一个要求，就是为了发挥自组织主体的自觉的主动的作用。要保证各种信息渠道的透明和畅通，当今是信息时代，一切自主的行动者都需要有足够的信息，而且人民还有对各种信息的知情权。那些封锁新闻、黑箱作业、愚民政策的管理只能助长腐败而不利于发挥自主主体在建设共同事业的积极性与创造性。关于这个问题，我国前几年的 SARS 风暴就是一个很好的教训和经验。我曾说过："SARS 防治提出了政治哲学问题。例如政治家的政治伦理问题：对疫情进行隐瞒实情、弄虚作假，或者压制新闻自由，只许新闻做他们的喉舌，不许有独立的耳、目和声音，立刻就会导致疫情扩散，危害人民的生命与健康。也许 SARS 防治同时也是政治腐败的防治，成为政治改革的先导。这个事件的政治哲学涵义是不容忽视的。而在政治决策的价值原则上，我们是将人民群众的生命安全、身体健康和权利保障放在第一位呢？还是将其他利益放在第一位呢？这是一个正义论问题"。①

在自组织复杂社会系统中特别值得注意的是政治家的职业伦理问题（Professional Ethics for Politicians）。根据有关各国政治家的职业道德的情况的调查研究，伦理学家们也大致研究出下列几条政治家的职业道德原则：奉行一视同仁地为全体国民的利益服务，做人民公朴，反对以权谋私，或为某一利益集团和党派私利所左右；坚持保护公民的民主自由权利，反对压制民主自由与侵犯人权；提倡广开言路，信息透明，反对隐瞒真相，封锁新闻；奉行廉洁奉公，反对贪污腐败等等。例如日本的《国家公务员伦理法》就规定得十分具体，不允许

---

① 张华夏：《哲学社会科学视野中的 SARS》，《自然辩证法研究》2003 年第 8 期，第 74 页。

从利害当事人手中接受礼品。如接受打高尔夫球的招待和作有酬的演讲，违者要受处分。并且对于个人私生活还作出一些规范，无非是反对特殊化和婚外情之类，连克林顿的性伦理问题也被伦理学家们广为讨论，并且争论激烈。为什么对政治家的职业道德要有特别的要求？因为政治家负有特殊使命，政治家的善是最大的善而政治家的恶是最大的恶，所以特别引起人们注意。最近加拿大蒙特利尔大学 Daniel Weinstock 博士受加拿大人文与社会科学联合会的委托撰写了《政治家的职业伦理》一文，批评政治哲学家"花了太多的时间用于研究政治系统必须遵循的抽象规范与价值。而没有研究实现这些目标的政治家的职业伦理"①。我个人认为这种研究对于自组织的社会系统尤为重要。

三、复杂系统运行机制和两种系统思想的结合

我们认为，斯达西将组织管理的思想方式划分为外部控制性的思维方式（controlling thinking）和内部参与性的思维方式（involved thinking），并认为后者是对前者的范式变革，这个观点基本上是正确的，反映了系统思想的发展趋势。但是他因此将两种思维方式截然对立起来，甚至将控制论系统思想与系统思想本身混为一谈，提出"向系统思想提出根本性的挑战"②，这就未免有片面性了。

首先，一个复杂系统和复杂组织，它除了自组织机制之外，一般还可能同时有可控制性机制，至少对于某些变量来说是如此。就以市场经济组织为例，通过劳动分工和经营者之间的交换，这当然是一种劳动者按局域性的简单规则相互作用，于是形成了一个复杂的市场经

---

① Daniel Weinstock, A. Professional Ethics for Politicians? (Canadian Federation for Hamanitios and Social Science Press. 2002), 2.

② Stacey R. D., Griffin D, Shaw P., Complexity and Management: Fad or Radical Challenge to Systems Thinking? (London: Routledge. 2000), 1.

济组织，就像亚当·斯密所说的："人人想方设法使自己的资源生产最高的价值，……他只关心自己的安康和福利。这样就有一只看不见的手引领着，……个人对社会公共利益的贡献往往要比他自觉追求社会利益时更有效"。① 这是自组织，我们不需要一具全局蓝图去设计统筹生产与交换，但是对于市场经济组织的某些参量，在某个范围里仍然是可以控制的和有必要控制的，例如生产总量、就业人数、减少失业、规范市场这些都是可以控制的。这个问题涉及复杂系统，包括混沌系统、自组织系统以及复杂适应系统的运行机制问题。一般说来，多层级控制机制，自组织机制与适应性进化与选择机制是复杂系统运作的三大机制，自组织失灵要靠控制与选择来进行调节；反之控制过程失灵要靠自组织与选择来进行调节。斯达西只突出一个机制，丢失了其余两个机制，对于理解复杂性来说是不全面的。

其次，控制论的管理思想即工程控制论思想与自组织复杂性思想，是在同一个科学领域中发展起来的，没有理由说前者就是系统思想，后者就是对系统思想的挑战，我们应该而且能够说系统科学和系统思想中发生了某种范式的革命，复杂应答过程的理论是一种新的系统理论，因为系统概念本身从来没有将自己看作是一个"事物"而不是一个过程，是一个实体而不是一种关系。全部系统思想都是建立在关系比实体更重要，过程比事物更重要的基础上。复杂应答过程理论更好地体现了这种思想，所以我们说它是系统思想的一种发展和应用，我们没有理由将它与系统思想对立起来。它们一些重要的概念，如姿态与应答的循环迭代，就包含了反馈的概念，应答过程要求必要的多样性原则（即斯达西所说的"差异性产生新颖性"），这些概念与原则是由控制论首先提出的。甚至自组织概念本身，也是由控制论学家们首先进行研究的。自然科学与社会科学的发展有它的连续性，物理学并不会因为出现了相对论和量子力学，后者就不叫做物理学，

① Smith, Adam, The Wealth of Nations. in The great books of the western world, Volume 39. (Chicago：William Benton publisher. 1776)，194.

两种系统思想，两种管理理念——兼评斯达西的复杂应答过程理论

而只是称它为现代物理学以与经典物理学区分开来。系统科学因为出现了混沌理论、自组织理论和复杂适应系统理论，就不能说在此之前的理论是系统科学，而复杂系统理论就不属于系统科学而属于另外一类新科学。对于它在管理学中的应用，情况也是如此。我们认为，斯达西将控制论系统思想与一般系统思想混为一谈是有它的根源的。在英国，将系统思想引进到管理学中来的始作俑者切克兰德将基本系统思想概括为两对范畴：突现与层级，通讯与控制①。这样的系统思想的核心内容就等同于控制论系统思想了。但根据系统思想在 20 世纪 80 年代以后的发展，我们给它补充了第三对范畴：自组织与广义进化，正是要扩展系统思想的内涵。有关复杂系统的"三机制"和"三对范畴"的见解，我们已写成论文，在英国杂志上发表了。② 总而言之，复杂应答过程并不构成对系统思想的挑战，它只构成对控制论管理思想的挑战。存在着两种系统思想和两种管理理念以及三种系统运行机制，以这种提法来回应斯达西对系统思想的批评。

① Checkland, P., "Systems Thinking, Systems Practice" (New York John: Wiley & Sons. 1981), 75.

② Zexian, Yan, "A New Approach to Studying Complex Systems". Systems Reseach and Behavioral Science Syst. Res. 24 (2007), 2 – 8.

关于技术伦理学的几个问题

朱葆伟①

一、技术哲学和技术伦理学是我们时代问题的聚焦处

20 世纪，技术与社会、技术与人的关系发生了根本的变化，技术产物一步步地取代原有的自然而形成"把人类完全包围起来的环境"②。由技术活动及其产物和塑造和重构了社会秩序和人类活动的模式，"个人习惯、理解、自我概念、时空概念、社会关系、道德和政治界面都被强有力地重构"③。伽达默尔提出"20 世纪是第一个以技术起决定作用的方式重新确定的时代"④。埃吕尔把我们今天所处的环境称为"技术社会"，按照埃吕尔，技术社会的一个基本特征是，它遇到的根本问题是由技术引起的。

由此，技术问题也成为时代问题的聚焦处。我们同意"技术社会"或"技术时代"的说法，只是想补充说，这是一个技术和资本共同起作用的时代（或社会）。在当今时代，蓬勃发展的高技术已经和资本一起，成为塑造我们时代的面貌、决定人类祸福的最重要因

① 朱葆伟（1949 -），男，天津人，中国社会科学院研究员，博士生导师，主要研究方向为马克思主义哲学、科学技术哲学。

② Landon Winner, The Whale and the Reactor: A Search for Limits in an Age of High Technology, (Chicago: University of Chicago Press, 1986), 6 - 9.

③ Jacques Ellul, The Technological System. (New York, Continuum, 1980), 38 - 39.

④ 伽达默尔：《科学时代的理性》，国际文化出版公司 1988 年版，第 63 页。

素。科学和技术使人类具有了前所未有的力量，它们在为人类带来巨大福祉的同时，也使我们遇到了众多的风险和挑战。理解和掌握这种前所未有的巨大力量，反思我们以往对进步、人性、好的社会的理解，合理地、负责任地导引科学技术的发展，已成为我们时代的课题。科学和技术活动的伦理问题实际上已成为我们时代的诸多的问题之一。

二、为什么需要一门技术伦理学？

我们可以从两个方面来讨论。

1. 首先，技术活动直接与伦理相关，或者说，伦理诉求是技术活动的一个内在规定。技术是人类的设计和创造，是人的意向的物化。这种创造必须运用自然科学知识——或符合自然规律——才能成功。然而这只是事情的一个方面。设计和创造都是人的有目的的活动，它们总是为了满足一定的需要，实现某种期望或理想。"实现"过程又包含着工具、方法、路径等等的选择，由科学理论到技术规则的形成并非是一个逻辑的必然推理过程，达于目的的手段也并非确定和唯一。这些目的、期望、手段等等都可以被评价为好或坏、正当或不正当。正像 A·阿西莫夫在《设计导论》中指出的，技术设计的原则是由两种类型的命题组成，一类是有事实内容的命题，另一类是有价值内容的，它反映了当代文明的价值和道德风貌。

第二，技术是"做"，是实践，是"物质改造"活动，它把事物从一种状态变换为另一种状态，创造出地球上从未出现过的物品或过程，乃至今天的人类生活于其中的世界。它们直接决定着人们的生存状况，长远地影响着自然环境，这是技术活动的意义所在，也是它必须受到伦理评价和导引的根据。而且，这种造物活动是社会的［例如美国工业工程师学会（AIIE）就把工业工程定义为"在本质上是社会科技的"］，它是一个汇聚了科学、技术和经济、政治、法律、文化、环境等要素的系统，伦理在其中起了重要的调节作用。特别是参与技术建构的实际上有不同的利益集团，诸如项目的投资者、组织者、设计者、制造者，产品的使用者等等。公正合理地分配技术活动带来的利益、风险和代价，是今天伦理学乃至政治学所要解决的重要问题之一。

因而，正像德国哲学家汉斯·伦克（H. Lenk）和萨克塞（H. Sachsre）等人指出的，对技术发展的人道的和理性的评价问题，它的目的、意义、道德责任以及与新的社会总的状况相符合的价值观等"已成为日益紧迫的和开放性的问题"而进入有责任感和善于反思的设计人员的视野。①

2. 伦理问题成为技术哲学的研究重点，这首先是因为，科学和技术赋予人类以前所未有的巨大力量，它们的发展又是如此之快，以至我们甚至来不及理解和反思它们。我们的道德实践和制度安排也还不能适应这一发展。

但是技术伦理学问题只能是在技术发展的一定阶段才会被提出，其提出的方式或与那一时期技术与社会的关系的具体情况密切相关。

早在 1932 年，尤因（Sir Alfred Ewing）在英国促进科学协会年会的主席致辞中就指出："工程师的丰硕成果遍及全世界，把过去从未有过的，也不敢想象的人才和力量赐给世界各地"，它们使生活中更加充满物质所能促进的一切幸福。

"但是我们深深地明白，工程师的才能已被滥用而且以后还可能被滥用。……人类在道德上，对这样巨大的恩赐是没有准备的。在道德缓慢演进的过程中，人类还不能适应这种恩赐所带来的巨大责任。在人类还不知道怎样来支配自己的时候，他们已经被授予支配大自然的力量。"②

这些话表明科学家和工程师已经开始了对科学技术、对自身活动

---

① 参见王国豫：《德国技术哲学的伦理转向》，《哲学研究》2005 年，第 94 – 100 页。

② 引自贝尔纳：《科学的社会功能》，商务印书馆 1982 年版，第 43 页。

的反思，把合理地运用科学技术成果以造福人类看作是自己应尽的义务。

工程技术活动的伦理问题成为社会普遍关注的问题和学术研究的对象，则是20世纪60年代中期以后的事——主要是核威胁以及日趋严重的环境污染和资源危机使人们认识到，科学和技术的研究过程及成果应用具有当下的和长久的环境的、社会的和人类的后果，它们常常超出了我们的直接目的，有些还给人类生存带来了根本性的威胁。这就尖锐地提出了"是否我们能够做的，就是我们应该做的?"的问题。此外，一些重大的工程事故，例如斑马车油箱事件和DC—10飞机坠毁事件等，也引起了人们的严重关切。但是如果仅仅把它简单地看作是对工程和技术发展的"负作用"的回应，乃至只是要对科学家和工程师进行道德约束，还是肤浅的。

一般认为，美籍德裔学者汉斯·尤那斯（Hans Jonas）于1979年出版的《责任原理——工业技术文明之伦理的一种尝试》标志着技术伦理这门学科的诞生。

在《责任之原理——技术时代伦理学的探索》中，尤那斯认为，知识曾被看作是达到幸福的手段，但在我们这个文明中，它随着人类的滥用已经逐渐变成了灾祸与不幸。科学技术的创新能力与摧毁性潜能发展之快已远远超过伦理的进步，从而产生出许多目前无法解决的问题，如生态环境的恶化，土地与食品的毒化等。可是，以往的伦理学涉及的只是人与人之间的直接（或者说，"近距离"）关系，它们从未曾考虑过"人类生存的全球性条件及长远的未来，更不用说物种的生存了"。因而，今天的科学技术带来的危机以及人类活动类型和方面的变化"需要一种相应的预见和责任的伦理学"，它要求人类"对自己进行自愿的责任限制"，这种审慎和谦虚不是如以前那样，由于我们的力量弱小，"而是由于我们的能力过分强大，这种强大表示我们的活动能力超越了我们的预见能力以及我们的评价和判断能力"。必须阻止这种变得如此巨大的力量最终摧毁我们自己。尤那斯把责任的范围扩大到对全体人类特别是我们的子孙后代，以及包括物种在内的整个自然界。这是一种新的义务种类，它不是作为个体而是作为我们社会政治整体的责任。①

尤那斯提出了许多重要的原则，尤其是他的"责任原理"。但是尤那斯的伦理学是建立在"恐惧和审慎"（所谓"恐惧启迪法"）的基础上的。与之相近的是国内的一种很流行的观点。这种观点认为，科学技术的"负作用"是要求有一门科学技术伦理学的原因。

这些都是需要进一步讨论的。强调"恐惧"或"负作用"，这恐怕有当时社会思潮的影响——众所周知，20世纪60—70年代，正是西方工业社会中"反技术主义"兴盛的时期。而在那以后，情况发生了很大变化。信息技术和生物工程的兴起以及科学向"后学院科学"的转变推动了新一轮产业发展，全球化和知识经济的出现也使得科学技术成为经济发展和提高竞争力的主要工具。各个国家纷纷改变科技政策，把发展科学技术看作是国家的最高利益所在，并努力促进科学和工程界与公众之间的相互理解和沟通。例如，1994年，美国当时的总统克林顿与副总统戈尔发表了《科学与国家利益》，书中认为："科学——既是无尽的前沿也是无尽的资源——是国家利益中的一种关键性投资"。随后，美国政府《技术与国家利益》（1996）的报告中提出：技术上的领先地位对于美国的国家利益，比历史上任何时期都显得更为至关重要。

与此同时，技术哲学的研究出现了"经验转向"，即超越以往单纯的技术批判而力图理解技术本身。工程伦理学的研究也从过去只是注重灾难性的案例的研究转变为同时也研究一些"样板"的案例。总之，在今天，人们对科学技术伦理的吁求早已超越了对科学技术负面作用的纠缠，他们更多地关注的是人类的集体责任，是以一种更为积极、主动和前瞻性的态度，去解决当前人类面临的诸多重大问题，包括努力促进科学和工程界与公众之间的相互理解和沟通；更要求通

① Jonas, Hans, The Imperative of Responsibility: in Seach of an Ethics for the Technological Age. (Chicago, 1984).

过政府、企业、公众与科学家、工程师携手合作，共同引导科学技术和经济社会的发展。

因而，在我看来，问题的提出首先缘于科学和技术在今天已经成为一种无比巨大的力量，以及它们影响的广阔和深远。科学技术又是以空前的速度和规模在发展，以至我们对它们引发的各方面的变化还缺乏深刻的理解和把握；但是科学和技术并不就是自然而然地造福人类的，我们的制度、法律、道德实践等等都还不能够跟上这种发展，尚不足以合理地运用和导引这种巨大的力量。科学和技术的发展又内在地具有不确定性并使我们处于风险之中。力量的强大、发展之迅猛、不确定性和风险，这些比起"负作用"来更能说明问题的根源。

这里稍微具体地谈谈风险。德国社会学家贝克等人提出了"风险社会"的概念。实际上，科学技术活动本身就是推动我们的社会进入"风险社会"的一个重要力量。因为，科学技术活动的本质特征是创造或创新，而创新本身就是一项冒险的事业——它不断打破现有的稳定和平衡，把我们带到新奇的世界；科学技术的发展和应用又具有长期的、不确定的和不可预见的后果，从而使我们置于巨大的风险之中。

尤其是，今天我们已日益生活在一个人工的世界中，人工安排以及人类活动影响下的自然已取代原有的自然构成了我们生存的基本环境。这样的环境是一个复杂的系统，它自身具有耦合、放大等种种效应；并且还有脆弱性和和易受攻击性。这些因素和其他一些因素，例如人类对自然的干预和开发已臻于某种极限，多数人都在使用技术而很少理解它，等等，与经济的、政治的因素一起，共同把我们的社会推入一个"风险社会"。格鲁恩瓦尔德认为全部技术伦理学问题都源自风险①。美国国家工程院院长沃尔夫（W. A. Wuif）也指出，当代工程实践正在发生深刻变化，带来了过去未曾考虑的针对工程共同

150

---

① 格鲁恩瓦尔德：《现代技术伦理学的理论可能性与实践意义》，《国外社会科学》1997 年第 6 期。

体而言的宏观伦理问题，这些问题导源于人类越来越难以预见自己构建的系统的所有行为，包括灾难性的后果。由此，工程将成为一个需要更加密切地与社会互动的过程。[①]

风险不等同于危险，它同时包含着机遇。吉登斯就指出它也是"经济活力和多数创新，包括科学或技术类创新的源泉"[②]。这就要求我们更多地发挥创造性。显然，这是一种更为积极、主动和前瞻性的态度，它超越了技术批判主义，也超越了技术与人文的对立。

对风险的认知及其可接受性的判定必须，也只能依赖于科学。但是这种认知或判定又不是仅只依赖于科学。对风险的评估和对社会可接受风险的确定，都依赖于我们的价值观念和社会期望，也依赖于我们的实践智慧。特别地，我们在这里处理的是各种可能性。要对可能的风险负起责任，就不仅要有对后果的清醒认识，对手段的恰当选择，还需要对目的和意义本身进行思考。这种思考中渗透了对好的技术、好的社会的理解。它也提出了是否需要建设一门风险的伦理学的问题。

三、关注"技术本身"和技术过程

技术伦理的研究应当深入到"技术本身"和具体的技术过程，研究技术发展的新特征，提出的新问题。

1. 科学技术伦理学的研究应当深入到科学技术活动"本身"。例如，以前人们在讨论技术是否"价值中立"时，往往由于抽象地看待技术而陷于无谓的争论。事实上，技术是分层次的，例如，我们可以把技术划分为四个层次：专有技术、共性技术、基础技术和技术科学（理论），不同的层次与伦理和价值的关联不尽相同。而就具体

---

① Wulf, W. A., Engineering ethics andsociaty. Technology in Sociaty, 2004, 26: 385 -390.

② 吉登斯：《失控的世界》，江西人民出版社 2001 年版，第 20 页。

的技术门类来说，每一种技术都可能有它的特殊目的的并带来特殊的问题，同时也会形成一种总体性的关系或影响。

重要的是，技术的后果常常要超出原初的目的。技术的发展是"路径依赖"的：新的技术总是在原有的基础上产生；原有的手段往往被用作其他目的；以及为已有的技术寻找新的用途。因而，技术的目标不是自由意志的独立结果，相反它总是要为"可行性"（包括经济的、政治的等等可行性）所吸引——后者就像一个"吸引子"——技术的发展也不完全是在社会的自觉控制之下。这些特点影响着科学技术伦理学思考的方向和方式。

2. 需要研究科学技术发展出现的新特征，提出的新问题。今天，信息技术、生物技术、纳米技术、认知科学等等的发展使我们对自然的干预深入到了它的基础层次（核技术、基因技术都可以看作是打破物质和物种的"始基"然后进行重组或再造的技术），科学在理论上的进展也显示出似乎是无限的可能性，从自然的万事万物到人的认知、情感和行为，几乎没有什么不可以被纳入到技术的控制之下，尽管其中很多在目前只是局部的、不完全的或理论上的。

重要的是，技术的对象也由改造自然转向生命乃至人自身。在以往的以机器为代表的技术中，我们的身体是出发点或"操纵的基点"（如我们常说的"器官的延伸"），而在今天的高技术中，身体成为了技术塑造的对象和材料。我们不仅在改造生物体的结构和功能，而且已经在重新设计生物和我们自己的身体，甚至重塑人的本性和制造新人。今天的医疗技术已经由"减轻痛苦"发展到可以进行"增强（enhancement）"或"提高"的替换。随着辅助生殖和基因研究的进展，设计、制造婴儿也成为可能。于是，就提出这样的问题：人能够像其他客体一样被设计、制造吗？这个问题也涉及对人的价值和尊严持什么观点的根本问题：能够像对物一样来对待人吗？

计算机和网络技术则在改变人们的生活方式、交往方式、行为方式，以及形成、获取和运用知识的方式，也对人的"心－身"关系、"身份的建构"等等提出新的问题。计算机和生物技术的结合，还可以出现像哈拉维等人所说的"Cyborg"、"Bioberg"这样的混合体。我们已看到这样的说法：信息社会中，"我们的大脑由于受先天容量的限制，将难以符合越来越庞杂的信息而对其作出有效的处理分析，因而，用人工方式改造生命有其必然性。"显然，这里包含着一些重要的哲学问题和伦理学问题。例如，人类是否需要和应当为追随或适应技术进步而重新设计自身？"突破身体的局限"一直是技术发展的目标，它也是技术进步的标志，这在今天还是无可置疑的吗？

人类是否真的拥有了随自己的意愿组合、设计生命体和控制自身进化的能力？我们是否能够完全像对待外部自然那样操纵和改变自己的身体？或者说，这种操纵、改变（或"改善"）、设计有没有一个限度？比如我们可以给自己安上人工器官，在大脑中植入芯片……如此发展下去，到什么程度，生命就不再成其为生命，人不复成其为人？

关于这些问题的争论往往要涉及到人及其身体的本体论或道德地位问题。人及其身体具有某种道德地位，这一点不应该受到怀疑（姑且不论这种道德地位和支撑它的理由是什么）。但是这一地位并不表示它是不可以触动的，而是表现为要求我们在进行任何一种干预时，都必须以充分的理由论证自己是正当的。这事实上也是一种责任。道德实践是理性的活动，要求有正当的理由的支撑。从传统的伦理学出发的辩护，例如拜尔茨所说的"个体本身的正当权益"——即"能够尽可能自由地选择自己的生活理想和生活道路的权力"，拜尔茨称之为"唯一正确的理由①——似已不够充分，需要发展出一些新的原则。

3. 此外，高技术及其产业化的发展和"后学院科学"的出现，使得财富和权利的生产（产生）方式都发生了变化。它可能导致新的不平等形式。如何在全球市场经济和充满着利益竞争的条件下恰当地处理知识的公共性和商品化之间的关系，公正地分配科学技术的发

① 参见拜尔茨：《基因伦理学》，华夏出版社 2000 年版。

展和应用所带来的好处、风险和代价，也是科学技术伦理学乃至我们时代所面对的一个重要问题。①

四、技术伦理学是一种实践的伦理学

技术伦理的发展至少有三个方面：一是要开拓新领域，研究新问题，上述关于风险的伦理学，关于高技术的发展与社会公正问题，技术的根本性转变带来的问题，等等，都是目前有待开发的领域。其中的一些研究要同形而上学结合起来。二是形式和方法上的，例如人们所说的组织伦理、制度伦理、对话伦理。三是所涉及的一些伦理学的基础性问题，例如上述拜尔茨的论证。我们所要做的不只是在传统的规范和技术的新发展之间寻求平衡。今天，关于技术的很多重大争论的焦点都在伦理问题。我们面对的是新的挑战，技术要创新，伦理学同样需要创新，包括探索如何能够让伦理学在技术实践中实际地起作用的途径。

技术实践中的伦理难题不是简单地搬用原则就可以解决的。我们宁愿把技术伦理学称为一门"实践伦理学"（practical ethics，国外也有这种提法，例如牛津大学哲学系就设有"实践伦理学研究中心"）。我们倒不是一定要取代流行的"应用伦理学"，只是说，"应用"是一个容易引起误解的说法。近代以来流行的理论与实践关系的二元论以及重理论、轻实践的观念往往把应用理解为首先获得一种纯理论的知识，或者从这种知识中制定出一个普遍有效的行为原则，然后把它现成地搬用到一个特殊的情境中去。这种看法没有正确把握理论和实践的关系，更没有把握实践的特征和丰富内涵。

实践是"做事"，是行动。实践推理（或实践的伦理）不仅是导

154

① 朱葆伟：《高技术发展与社会公正》，《天津社会科学》2007年第1期，第35－39页。

向行动的，而且是"行动中的"。在道德实践中，关于可以接受什么的判断不是"自上而下"地来自原理。实践伦理开始于问题，即那些生活、实践中提出的而以往的伦理原则不能直接回答的问题，或原则之间的冲突与对抗，其目的也首先是要解决问题。实践的判断和推理也不同于理论的，它不是简单的逻辑演绎，而是包含着类推、选择、权衡、妥协、经验的运用等等的复杂过程；其结果也不是抽象的普遍性，而是丰富的具体，是针对问题情境的"这一个"。因而，实践的推理是综合的、创造性的，它把普遍的原则与当下的特殊情境、事实与价值、目的与手段等等结合起来，在诸多可能性中作出抉择，在冲突和对抗中作出明智的权衡、妥协与协调。对理论或原则的"应用"的理解也不同于以往：由于我们面对的是新的现象，在实践推理中，我们并不只是简单地把有待决定的事件纳入一般的规则，而是往来于对情境的理解和对原则的理解之间，根据当下的情境来理解原则，又依据原则来解释和处理这些情境。这里需要的是一种实践中产生的生活智慧而不只是逻辑的运用。

不同的社会角色、各种价值和利益集团的代表（包括广大公众）的参与、对话并力求达到共识，是解决技术伦理问题的最重要的环节。

第二编
当代科技背景下的伦理学

案例分析与工程伦理：
当代国际化职业实践的传统资源

菲利普·赫梅林斯基[①]（著）／朱　勤（译）

　　本文介绍了建立和阐释案例工作的一些特征，案例研究对那些想要理解其职业活动中的伦理运用的工程师们是相当有益的。对某些专业团体成员们的训练可以使他们通过缜密的行动方式，代表人们去处理各种特殊的问题。决疑法是一种案例研究，其目的首先在于，使上述成员们获得一种伦理敏锐性。[②] 通过决疑法和对案例的系统考察，人们可以着眼于具体的实例，从而将一般伦理规范运用于某种境况或者探寻这中间的规律性原则。[③] 利用对具体案例和序列呈现案例的考察，职业工程师们可以尝试理解伦理问题，评价行动的可行性和可能性，决定应当做什么并从事这一工作。

　　中国古代经典将决疑法视为一种伦理分析的工具。古代经典对知识的敬重刺激了对古典案例的关注。有关过去的古代经典教化意味着，过去的案例可以影响当下的决策。古代经典确信道德知识能够改善人。这表明了一种与案例分析效用有关的"行为乐观主义（performative optimism）"。中国主要的传统要求政府和社会的公正。在现代社会中，这样一种观念要求职业工程师们在实践中公正，在服务中公

---

　　① 菲利普·赫梅林斯基，男，美国洛约拉·马里芒特大学西佛科学与工程学院托马斯·莫尔讲席教授，主要研究方向为工程伦理和工程伦理教育。

　　② John Forrester, "If p, then what? Thinking in Cases," History of the Human Sciences 9：1（1996）：16. This position presented by Kenneth Andrews reflects from the Harvard University experience in the law, medicine, and business schools.

　　③ Maximilian Forschner, "Kasuistik" Lenkon der Ethik, hrsg. Von O. Hoeffe（Muenchen：Beck）, 1977.

平。古代经典坚持维护礼仪，尊重现有法律，以及主张与组织机构合作。今天，这一切要求职业工程师们不仅要忠诚于行为守则和公众立法，而且还要从事有规律的、辛勤的、敏锐的和协作的案例分析实践。①

当代西方决疑法来源于中世纪和文艺复兴时期的先贤们。关于决疑法的现代努力与此前的决疑法共有一些关键性特征：对假设性范例（presumptively paradigmatic cases）的关注，处理发生应用矛盾（application conflict）的案例的能力，在理解不同意见上的进步，以及确立截然不同的案例。② 决疑法通过对案例的考察而不断发展。面对变化着的社会环境和技术环境，决疑法也使对案例的评价方式有所发展。对行动者行为和境况的细节的观察，导致了方法上的改变。这里，决疑法将自身表现为一种适合于工程的手段。它并不类似与工程的系统性向度和计算性向度，而是类似与工程对精密性的培养和对细节的专注。此外，正如乔森（Jonsen）和图尔敏（Toulmin）所声称的，"道德知识本质上是具体的"，因此工程实践的精确性和勤勉性形象可以对敏锐的伦理分析有所贡献。③

中国文化也在政治、宗教、医学和法律等领域内发展了一种反思的、系统的和公共的案例，表现传统和分析传统。在此，专家们也考察了具体实例和更广大范围的形式之间的协调；他们努力把握实践中的规范和实际判断之间的张力。④ 例如，即使在佛教实践的晦涩、非常特殊化且抽象化的世界里，案例的表现也是"一

---

① For the characteristics of Chinese classicism, see Michael Nylan, The Five "Confucian" Classics (New Haven: Yale University Press, 2001), 15.

② Albert R. Jonsen and Stephen Toulmin, The Abuse of Casuistry: A History of Moral Reasoning (Berkeley: University of California Press, 1988), 306 – 307. "This presents the most radical problem in ethical reasoning: the case is literally unprecedented and so defies resolution in terms of existing categories and generalizations." 318.

③ Jonsen and Toulmin, Abuse of Casuistry, 330.

④ Charlotte Furth, "Introduction: Thinking with Cases" in Charlotte Furth et al., editors, Thinking with Cases: Specialist Knowledge in Chinese Cultural History (Honolulu: University of Hawai' i Press, 2007), 2.

种处理有关棒喝（immediate import）的存在主义问题的辩证技术"。①同样地，工程实践通过风险分析和创造具有广泛公共影响的人工物，塑造出现在和将来的社会福利。在全球性环境下，决疑法帮助工程师们获得并维护着普遍的善。

本文介绍国际化的工程环境如何需要传统决疑法的发展。然而决疑法的传统领域依赖于一种环境，在这种环境下，讨论者们共有一种有关思想和实践的普遍的社会、神学或哲学基础；这种基础与他们的背景相一致。当工程师们面对现代问题，他们必须强调那些来自不同传统的价值和原则，——（这些传统）提供了风格各异的价值、固定的程序和忠诚的态度。产品、过程和职业人员相互影响。许多传统的和新奇的文化全都发出自己的声音，全都希望获得听众。案例，例如那些与环境问题或知识产权相关的案例，提供了现成的例子。

如今，这种境况的一些后果要求我们，谨慎使用决疑法。当观点和意见的混乱导致不利于案例分析和讨论时，参与者们很容易求助于法律标准去解决手边的问题。因此，工程案例的讨论者们必须小心地注意法律条文和伦理标准之间的差异。此外，在某些程度和范围内我们经常需要细致地阐述案例，工程师们必须知道，诉诸法律或职业规范条文可能仅仅在某些时候有效。决疑法可以帮助工作中的职业人员检查法律或行为规范的充足性。事实上，社会经常求助于伦理标准以形成法律条文。正如费侠莉（Charlotte Furth）所说，职业人员并不需要面对伦理与法律的分裂，相反他们必须"理解道德应该如何被用来解释的法律问题"。②

特别是，工程师作为职业人员，在服务公众的时候，其行为必须超出法律的狭隘范围；他们必须敏锐地分析法律之上和法律之下的各种事件。也即是说，他们必须考察案例，以便了解可能在何处需要革新法律，在何处需要形成道德心。在中国，案例分析的传统依赖于三

---

① Robert Sharf, "How to Think with Chan Gong' an" in Furth et al. Thinking with Cases, 230.

② Furth, "Introduction," 9.

方面的反思：法、理和情。① 依据这种传统，人们必须关注人类反应和相互作用的情感方面，人类经验的这些方面既区别于法律，又参与了法律的塑造。这种传统指出，那些以其专业服务社会的人，必须关注由"情"所代表的那些方面，以便解释案例，评估人类行动。因此，毫无疑义，当代的工程师们必须使用法律规章、技术的和伦理的职业规范以及理性实践的标准原则。但是，恰当的案例分析，要求工程师们既要综合地考虑到公众的利益，也要关心个人的情感。我们所关心的不仅仅是遵纪守法，避免行为不端，而且是关怀个人、造成社会凝聚力这样两个职业行为的要素。它们都来自于案例基础上的学习过程。在讨论案例时，工程师们看到了负有实际责任的经理们如何选择和决策。这可以促进他们在自己将来的职业生涯中，更加恰当地关怀他人，更加恰当地关心社会。

工程实践国际化的另一后果，是倾向于运用"成本——收益分析"去解决由案例表现出来的问题。在这里我们强烈建议需要谨慎。职业人员一定会抵制"由伦理算法之梦带来的迷惑"。② 由于通常的营销行为和合同惯例，工程师们也许会表现出商业模式评价的倾向。工程师们可能倾向于将净利润（at the bottom of the page）数字（有一位小数点）透明化。然而，案例仍是未被解决的难题。成本——收益分析也许是广为人知，但有其自己的界限，即它一定会在不可比较或不可测量物面前止步，可以指出它实际上是一个"最小公分母"（least - common - denominator）程序。其优势在于"共同性"，不足在于"最少"，即它远远不是一种广泛包容的手段。

再者，成本——收益分析已经出现于 20 世纪北大西洋地区价值和实践的特殊结合之中。来自世界其他地区的职业人员可能会觉得它很有说服力，然而又迥然不同于他们自身的地方标准和文化模式，结

① Furth, "Introduction," 12.
② "我们要避免被伦理算法之梦——对我们所有的道德问题提供一种普遍的不可更改的程序规则所迷惑，这是很显然的，那些看来最好的原则或规则本身不可能满足我们的期待。" Jonsen and Toulmin, The Abuse of Casuistry, 7.

果是他们几乎难以表达他们的选择和决定。事实上，另外一些人不仅觉得让人无话可说的，而且是可疑的，甚至是不公正的。

由于工程实践的国际化面临着各种背景和观点，因而它还具有另外一种后果。如果当今的工程职业人员想在复杂的高技术环境下，建立一个有关伦理判断的与时俱进的传统，一个关键的手段将会是决疑法。然而，决疑法依赖于对话（discourse）。在有关工程案例的职业讨论中，经常会出现各种令人困扰的新奇观点和价值问题。这一切可能威胁对话的顺利进行。我们可以为这种分析建立某些对话规则和标准模式；这些工作是必需的但也是远远不够的。观点和想象力的生机（freshness）常常丢失在规则和程序的外壳之中。从而，对话仍旧是一个空壳。案例分析成了一场游戏。特别是在具有国际化系统、行动者和后果的世界中，对话所需要的是一组用于分析交流的习惯（habits）。在话语规则的框架内，参与讨论的人们必须适应于这些习惯。在谈到作为案例类比的中国传记范本时，费侠莉主张，"正确的行为的规范或规则是隐性的，它们不能被归纳为一种守则，但是它们体现在有道德的人身上。"①

这里我想勾画出决疑法对话中所必需的三种习惯。有一种美德涉及到一种有益于公共事业的个人行为模式；这就是愿意接受早期近代决疑论者所谓的"或然确定性（probable certitude）"。或然确定性是一种观点，一种对于某一命题的赞同态度，它伴随着这样一种认同，即它的对立方可能是真实的。② 乔森和图尔敏强调的第二种习惯是："……使我们的道德洞察力开始工作，以便培养一种敏锐的... 思考眼光；这种眼光可能在道德上是至关重要的……随着我们道德经验领域的扩展，我们应该学习去寻找某些新奇的因素和环境，并且对其做出反应。"③ 案例分析中的这种"警觉性"与工程职业人员的"有准备的态度"相一致。事实上，这些职业工作者们有能力认识到一个

① Furth, "Introduction," 18.
② Jonsen and Toulmin, Abuse of Casuistry, 165.
③ Jonsen and Toulmin, Abuse of Casuistry, 331.

案例分析与工程伦理：当代国际化职业实践的传统资源

项目的突出的、关键的以及令人惊奇的特征。

在一个表现出多种文化价值的框架中，第三种关键美德指的是一种意愿，甚至是一种渴望；它想要通过关注其他传统的观点，而搞清与我们自己的观点相关的内容。这种美德要求一种超越实际的扩展。它要超越人们自己的标准价值和标准观点。这三种美德是个人和团体的行为模式，它们超越了一切分析的规则，它们对于有关案例的国际对话是必需的。

人们必须在现代舞台上实践这些美德，而现代舞台远不同于决疑法产生时的社会背景。日益复杂的过程和飞速变化的技术，形成了工程的现代境况。一则案例的传统讨论关注特殊的环境：谁施动，行动是什么，谁受到了行动的影响，这项行动的环境是什么，什么被用以执行这项行动，行动的目的是什么，行动的方式是什么。① 当代技术改变了对环境的决疑论分析。特别是，当前的决疑法处在一个复杂的、变化的技术人工物和系统的世界里，所以必须衡量远远不同于过去的环境的四个方面：a）时间的变换，b）位置境况，② c）责任主体的变更，和 d）对个人表现和社会表现的关注。

当代技术的成就改变了时间的步伐。这种改变既影响了案例分析的方法，也影响了对工程成就的实际评价。技术改变时间步伐具有很长的历史。在 10 世纪，中国印刷术的发明使人们有可能保留公共记录。③ 因此，政府或社会的记述能力能够超越以往口头的、代代相传的记忆渠道和记忆界限。今天，互联网可以迅速创造大容量信息，并且将它们迅速分发到世界各地。

对于决疑法，信息编辑和分发方面的技术进步可以脱离道德讨论

① Jonsen and Toulmin, Abuse of Casuistry, 71. Here they make use of Nicomachean Ethics III. I, 16 ff. 1111a.

② See how Billy Koen emphasizes the changed impact of engineering today, especially in terms of localization of time and the limitation of space. Billy Koen, Discussion of the Method: Conducting the Engineer´s Approach to Problem Solving (New York: Oxford University Press), 244.

③ Furth, "Introduction," 6.

中的权威，可以脱离通常控制着道德讨论的权威，例如脱离团体中执行官的权力。提出赞同或反对的观点也不再花费太多的时间。

更为深刻的，当前的技术甚至改变了评价的范畴。毫无疑义，技术发展需要法律范畴的变革。另外，人们必须在决疑分析过程中，重新构造伦理评价中的规则和范畴，特别是那些用于专业评价的规则和范畴。[①] 主体、责任、隐私、风险、职位仅仅是众多吸引人的观念中的一部分；在分析的过程中，它们是必要的，但同时也部分地依赖于社会——历史的和技术的变化。

对于工程成就，职业评价必须考察技术如何改变时间（这里的技术指的不仅仅是信息技术，而且包括一切技术；汽车、生物和核工程项目提供了另外一些现成的例子）。运动的加快带来了时间的缩短。因而，在评价案例的过程中，人们会自然地倾向于关注当下的或直接的结果。但是，这种评测的风格可能将行动者从真实的、历史的存在改变为瞬间的决策者和消费者。

案例展现的通常标准是提供一种描述。案例的情节按时间排列：首先，故事开始；中间，稍后的发展；最后，此后的一切。故事结束了，记叙也结束了。然而，当代技术常常表现出长时间的持续性，常常无法预料后果：对用户的影响，对环境的影响以及对社会结构的影响。这些结果必须在一个更大的时间框架内加以考察。如今，我们必须在一个包括了人的一生甚至几代人的、非常广阔的时间尺度上评价案例。当然，人们从事案例分析的目的，在于采取相应的行动；但是，人们在从事案例分析时，职业人员在关注当下的或短期的结果时，常常会表现出一种或许是由相关的标准、故事类型等诱导而出的"急功近利性（haste toward closure）"。这种做法常常会揠苗助长。现代工程设备和系统要求我们改变案例评价的时间观点。技术改变了时间；叙述顺序必须与工程成就的长期影响相适应：这里所说的不是一个短篇小说的观点，而是一种长篇史诗的观点。

165

---

① Jonsen and Toulmin, Abuse of Casuistry, 316.

当代技术改变了施行决策和行为的地点。当地点变得无关紧要之时，行动者意识不到它。然而，当与其他地域相邻的边界变得不确定或有争议时，地点是重要的。当地点变成一种超越理性决策的场所，以及变成一种非理性或反理性的被动性场所时，地点是非常重要的。恐怖主义袭击或飓风肆虐使某一地点成为软弱无助的场所。案例展现出将各种主要角色行动网罗其中的环境。现今世界的案例，特别是当其涉及到现代工程成就的结果时，必须因为边界问题而接受检查；在这些边界区域各种力量的争执所造成的张力常常会扭曲人们的判断。如今的案例，必须因为新的相互交往方式，例如电子交往方式而接受检查。——事实上，这些交往正在消解旧有的安全性，并且创造出新的脆弱性。

当代技术改变了行动者的本性。在一个案例中，某一单独的知识渊博的工程师可以表现为标准的负责任的行动者；即便是这样的行动者，今天也必须在他的分析中包括一种更加广泛的风险分析。同样，在一般的工程工作的组织结构中，案例分析必须考察诸多行动者各自的责任。注意：责任的广泛分布并不意味着任何行动者都不必为后果负责。进而，如今的技术系统常常生产出机器这样一种"虚幻行动者（agent - simulacra）"。那些要求行动者并为他们写下行动规则的人，应该为行动者所造成的感觉、评价、决定和冲动（准行为）而负责。现代世界的案例分析不能将负有责任的决策人放在黑箱之中。最后，关注案例中行动者角色变化的分析，必须检查技术是如何自动地、不可见地通过提取信息而控制行动机构的。同样，因为一些现代技术在那些受其影响的行动者浑然不知的背景下运作，它们限制了决策，并因此限制了由此而来的行动。案例分析必须检查和评价，这些工程系统是如何改变公众的行动机构的。

如今的案例分析，也必须检查那些由新近发展的人工物以及相关的系统而来的利弊。自我、统一体和交往是社会表现的三个向度。当然，某些新的工程化的系统可以使特殊的个体受损或受益。进而，特殊的个人是在与社会机体的具体互动中获得他们自身。在今天的世界上，工程化的产品和过程也限制或推动了特殊个体与社会机体（家庭、公众社会和公共决策领域）之间的互动关系。技术人工物可以因此推动或阻碍个体本身的发展。

人们是在社会互动关系中看到他本身以及他所属的行动机构；案例分析必须特别注意这种社会互动的技术塑造。同样的，当代技术成就可以阻碍或支持那些使个人和他们的团体走向统一的活动。例如，在进行决疑论的评价时，职业人员也许会问：这项设备如何促进人们的彼此信任？其他的系统如何促进公众对话？

最后，关于社会环境的技术变革，敏锐的、批判的检查意味着，工程师们必须检查技术使社会机体在态势上和观点上对个体的不同影响。人工物如何使个人的内部动力关系更加明显地暴露在社会机体面前？相应地，案例分析必须检查个体如何采取一种与社会环境相关的态度，并且向一个社会团体陈述自己的观点？电子技术的进步，是如何使特殊个体有可能在一个更大的社会机体中表达他们的愿望？

现代决疑法处于一个高速变化的国际化和技术驱动的世界中，所以它必须沿着以上勾勒出的途径向前发展。在这些发展中，工程学作为一门学科，能够对决疑论发展做出显著贡献。这不是一种来自于异类物的干预。在谈到中国传统案例中的实践干预和案例研究者生活所需要的实际干预时，费侠莉强调，"实施判断这一行动超出了单纯的技术层面；它是一种有关洞见、有关个体性特征的遗留物。它意味着对于有效性的测试首先取决于经验，取决于结果；这种结果无论如何敏锐的预测都不能带有完全的确定性。"① 在论及有关中国传统的案例中，费侠莉强调了实践的（专业的而非技术的）判断、对经验和结果的关注，以及对风险的把握等工作的各种技艺性特征。这些特征，依赖于严格的训练过程，它们也刻画出了工程师的特征。案例分析和工程师之间的一致性促进了工程对于当代决疑法的贡献。

工程自身作为一项反思性实践，给决疑法的伦理传统带来某些现

---

① Furth, "Introduction," 20.

案例分析与工程伦理：当代国际化职业实践的传统资源

167

成的、现实的好处。工程师们能完成某些工作。工程师们利用案例，以便于更清楚地看到哪些本来可以做或者哪些将来应该做——也许是明天或者几代人之后的将来。核工程师和工程方法论学者比利·科恩（Billy Koen），在讨论工程过程的特殊性时，指出了下述五个特征。他认为，它们可以刻画出工程方法的特征：

- 利用反馈循环
- 从微小的持续的变化起步
- 瞄准系统发展的薄弱环节
- 以艺术的状态为基础
- 接受撤退的机会①

这些特点同样可以用于案例分析。

案例评论家可以追问，反馈循环是否都建立在接受检查的具体系统之中，案例中负责任的行动者是否运用了反馈循环。此外，在评价的过程中，参与案例评论的人们可以追问他们的讨论如何进行。反馈结果可以提供给每个人以及团队的领导。同样地，参与案例分析的工程师应当检查实际情况。实际情况并不仅仅是一个完整的故事，而且是一系列也许已经被改变的步骤：与一幅画比起来，案例更像一出戏剧。于是讨论者可以追问，一种文化能否适应于可能的变化，以及这种文化如何适应可能的变化。同样地，他们可以训练自身去预料分析过程中的细小变化：谁发表了意见，多长时间，谁在这个小组中起领导作用等等。他们不仅追求其自身所追求的变化，而且更多的是为了达到案例讨论的目的。

此外，超越微小变化过程造成的变动，工程师们不仅在优势和劣势方面检查案例，而且应将案例看作一个具有多种输入和输出的系统。他们会追问，在系统运作以后，人们是否关注其发展，以及如何关注其发展，特别是通过对系统薄弱环节的关注改进系统。同样地，随着案例的演进，讨论中的参与者们应当评价他们自己的分析系统，

168

---

① Billy Koen, Discussion of the Method, 234.

应该知道如何能够在其自身的行动中发展分析系统。例如，如果讨论模式在伤害客户或消费者方面反复检查其不足之处，工程师们就可以发展分析系统，从而可以考虑次级承包商、雇员和职员的成本。

另外一点，当工程师们在探讨批判性案例时，他们可能会检查负责任的参与者是否已经运用了在各个领域与其技术发展水平相适应的技术、组织和习惯性自我反思。过程或产品的环境应当依赖于既定领域中可靠功能和服务的普遍水平。人们并不需要重复发明车轮、轮轴、车盘和润滑剂指示表。讨论技术发展水平，表明了在某领域发展中的一种警觉，这也是取消某些标准实践，以寻求更合适、更可靠的发展的一种谨慎行为。同样地，在决疑法基础上表现出的（自我）教育，应当利用决疑法中与研究、分析技术或地域渊源无关的领域的发展。通过公共卫生案例的类比研究或形成于文献研究中的批判技术，以及通过出现在北大西洋国家之外世界的紧迫性问题，人们可以阐明有关工程案例。

依据比利·科恩所说的工程实践特点的最后一点，研究案例并尝试促进其自身认识实践的工程实践者们，应该仔细尝试确定在哪些地方，被检查的系统应该允许回避通常的程序。工程案例的分析也可以看到负责任的经理应该如何受训，并且因此能够做出撤退的选择。如果经理们将撤退等同于失败，并且因此在反常情况下不愿意使用某种脱离方案，那么无论这一方案设计多么精巧，也是无用的。

同样地，案例讨论的参与者们必须在组织分析的过程中设定回避机制。参与者应当知道，例如在面对情绪冲突或冗余的、意识形态式的论断时，应该如何回应。这些可能发生的事情反映了人们的责任承担或道德承担。即便不是在现在的时间或地点，即便是以另外的方式，案例分析仍旧必须进行下去。只有建立回避机制，案例分析才能继续进行下去。否则，对话习惯将会被弱化。这种情形对于工程实践而言是一种不好的模式。

比尔·科恩是作为一个工程师而发表意见的。他没有指出工程实践的另外一些对伦理学领域和决疑法实践相当重要的、社会性的特征。工程师是以团队的形式承担项目的。在这种实际的、行动的框架内，人们的同事会仔细思考某人对于一项特殊论证的评价。因此每个工程师的基于对分析、计算、设计和测试的评价，必须面对他同事的进一步的评估。一个人不应当仅仅表明一种立场，他必须阐明这种立场的理由（动机）。进而言之，一个工程师必须对他的同事解释这些原因何以导致了他现在的评论。

类似地，某个研究案例的工程师团体必须倾听人们如何确定某种特殊立场，而不是关于事件中各要素的个人态度。正如一个工程项目必须有一个现成的、可预见的后果一样，一个案例的评价也应如此：在同样的情况下，如此行为应该是善的。在任何未来的合同中，我们都应当避免其他的思路。职业伦理学表明，工程实践的目标不是个人偏好，而是公众意见。职业化地运用决疑法是带来公众之善的手段。

决疑法立足于众所周知的工程师的技艺。它需要工程师们将他们对规章的理解和他们对普遍原则的掌握，与对产生于地方性、复杂的社会文化环境下的各种观点的关注结合起来。① 因为工程师们在如何获得决疑法评估方面可以教会他人很多东西，所以他们必须学习更为广博的技艺，必须接受职业习惯的新领域。案例研究能够锻炼工程师在他们职业行动的基础上，去关注相关的伦理知识。工程师们团结在他们的专业学会里，可以利用决疑法形成普遍而丰富的工程文化。这种努力的结果是，作为职业人员的工程师和作为一种职业的工程可以代表处处易受攻击的人类，并且为了一个团结正义的社会而携手并肩、富有勇气地从事判断和行动。

① Concerning the variety of parameters for knowledge as found among professional technologists, see Diana E. Forsythe, Studying Those Who Study Us: An Anthropologist in the World of Artificial Intelligence (Stanford, California: Stanford University Press, 2001), 52 – 53.

永生不死：是否可能当求？

韩东屏①

人能永生不死吗？人应该追求永生不死吗？这是本文将要讨论的两个问题。

一、肉体的永生不死是否可能？

永生不死是人类自古以来就不能释怀的梦想。在东方，几千年前中国的《诗经》就有这样的企盼："如月之恒，如日之升，如南山之寿"，"君曰卜尔，万寿无疆。"② 在西方，古希腊的大哲学家亚里士多德告诉人们："我们应该尽力使我们自己不朽"。③

人类不仅早就有永生不死的梦想，而且很早就开始了对永生不死的不懈探索。在古代中国，神农氏时就有遍踏青山绿水以寻天然长生不老之药的活动，而被不少帝王热衷的试图通过服仙丹来达到长生目的的炼丹术据说起始于黄老，秦始皇派人驾船入海找神仙讨不死之药的事更是人所尽知，后来又出现了道家的养生成仙术和民间的种种长生术。在国外，炼丹术同样源远流长，早在古印度和古希腊时期的典籍就有记载，西方的不少国王，也一心希望通过炼丹术使自己长寿永生。此外，古埃及人认为每月催吐和经常出汗能延长生命，古罗马人

---

① 韩东屏（1955－），男，辽宁省大连市人，华中科技大学哲学系教授，主要研究方向为马克思主义哲学和价值哲学。

② 《诗经·小雅·天保》

③ 转引自冯沪祥：《中西生死哲学》，北京大学出版社 2002 年版，第 2 页。

相信与少女和儿童密切交谊会有助于老人保持青春，还有中世纪西人用儿童的血来沐浴或将青年人的血输入老人体内的做法，近代法国人布朗·塞加尔将性腺物质注射入人体以求长生的自体实验等等，也都是从肉体上追求永生不死的尝试。①

这些想当然的尝试，由于缺乏科学理论与技术的支撑，自然都属于徒劳无益的瞎蒙、瞎撞。不仅如此，那种以铅、硫、汞、朱砂等为原料，加热成为某种混合物（其实多为合金）的所谓炼丹术，非但不能让人永生不死，反而会缩短人的寿命。

非科学的永生不死尝试不行，科学的探索又如何？随着实验科学在近代的形成，人们开始改用科学的方式追求永生。最初的思路，延续了古人炼丹术的思维，即想用化学、生物化学等方法来合成一种包治百病的灵丹妙药，结果发现行不通，因人的生命有机体的复杂性和病状病因的繁杂多样性，远不是任何一种固定成分的药物所能对付得了的。接着是医学、预防学、保健学和营养学的登场，可它们所能达到的最大成效，也只是让人活得健康少病而已。到了当下，生命科学的突飞猛进及克隆技术、基因技术、纳米技术等高新科技的出现，使追求永生的道路似乎突然变得宽广起来。美国加利福尼亚大学的科学家根据蠕虫增寿的成功试验，准备通过手术改变基因，阻止胰岛素和生长激素的生成，让人活到 500 岁；美国洛克菲勒大学的细胞生物学家尤金尼亚从人体结缔组织细胞中，分离出一种特殊的只是在老化的、停止分裂的细胞中才有的蛋白质。她认为，这种蛋白质就是细胞老化的产物。如能找到清除这种蛋白质的方法，人类就能大大推迟衰老的进程。英国剑桥大学奥布里·德格雷教授提出"零衰老理论"，认为最大限度地减少外界物对人体的影响，会使人活到 5000 岁。还有一些乐观的科学家认为，通过越来越发达的纳米技术转变基因结构，以此来延长细胞生命是完全可行的。西班牙的一位拥有

① 此段基本内容引自余凤高：《寿命：寻求长生的秘密》，http：//www. housebook. com. cn/2k04/16. htm.

至高声誉的发明家雷·库茨魏尔就是这样一位乐观的人，他认为科学将来能够完全破解人类和的基因信息。只要掌握了这些信息，就有可能在科学的基础上改变基因，并引入新的更加优质的基因。通过控制基因，人类就可以挑战衰老。将来还可以利用纳米技术和人工智能技术制成"纳米机器人"，它将被运用到人的身体中，在人的血管中流动，与疾病作斗争，并能重新建立身体内的各种组织和器官，保障人的健康。

以上诸多以科学技术为基础的永生不死方案读来令人鼓舞，可仔细想一下，它们均属抗衰老的思路。即使都能够获得成功，最终也只是大幅度地延长人的生命而已，而不是使人永生不死。大概正因为人类追求永生不死的探索总是受挫，看不到希望，所以由"人固有一死"、"有生必有死"、"生老病死是自然规律"等说法表达的"人不可能永生不死"的观念就被越来越多的人当作真理接受下来，即便在科学技术空前发达的当代，也是如此。

不过，这种所谓"人必有一死"的观念，充其量只是用归纳法对以往没有人不死之事实做出的一个经验性的总结，该总结由于并没有揭示出人必有一死的原因，同样是缺乏科学理论的断言。由此可知，我们若想回答人是否可以永生不死的问题，还得先弄清楚"死"究竟是怎么回事？或者说，人为什么总有一死？

根据最新的科学解释，人之所以总有一死，其根本原因，不在于患病，不在于摄取营养不得法，也不在于受外界物的不良影响，而是在于人的细胞分裂次数的有限。科学研究发现，各种生物的细胞寿命都是有限的，每个细胞的生命期限都正好与其所属物种的平均寿命成比例。人体内每一种细胞都在自行分裂40—60次后死亡。按比例人类的寿命一般在70－120岁左右。据此可知，老化乃是生物体细胞内外一个固定的机械程序，在此程序中，细胞一个一个地死去。即便一个人什么病都不得，仍会在120岁左右的时候死去，因为所有的细胞

173

都死掉了，人的组织、器官乃至人体也最后死去。①

　　既然人之必死是源于细胞分裂次数的有限，那么事情的确就如科学家所言：只要通过技术控制细胞的分裂次数和分裂程序，人类就可以长寿乃至永生不死。当然，控制细胞分裂次数及程序的技术人类目前还没有掌握，但将来则很有可能被基因技术和纳米技术的进一步发展所实现，所以人的永生不死之梦在将来乃是极有可能实现的。

　　尽管如此，我们还是不得不承认，这种永生不死的可能性依然只是一种抽象的可能性，具体到单个人身上，则又会变得极不可能。这是因为，如果癌症、艾滋病之类不治之症与SARS、禽流感之类突发怪病是谁都有可能得上的，如果地震、海啸、飓风、泥石流、火山爆发和火灾、交通事故、人为伤害、战争等天灾人祸是谁都有可能遇到的，并且一个人活得越久，这种"得上疾病"和"遇到灾难"的概率就越大，甚至可说是百分之百，那么，一个人即使不会因身体衰老而死，迟早也会因这些外部因素的袭扰而死。于是，我们刚刚看到曙光的永生不死之梦又变得渺茫起来。

二、精神方式的永生不死是否可能？

　　在古代，就有人就发现了从肉体追求永生的不易，继而那种用精神方式追求永生不死的路径也在很早就被开发出来。迄今为止，用精神方式追求永生不死的路径大致有三，一是宗教信仰的路径，二是哲学思辨的路径，三是青史留名的路径。

　　所谓宗教信仰的路径，就是让人相信人有不死的灵魂，有来世。如佛教及中国民间迷信的说法是：人的肉体会死，但灵魂不死，它可以不断地投胎转世轮回，如果此生修行积善，那么转世时就会投个好

174

　　① 《长寿与基因》，网易，http://tech. 163. com 2006－02－21 16：06：43. 中国公众科技网.

第二编　当代科技背景下的伦理学

胎。基督教则宣称，人死后会去向另一个或为天堂或为地狱的世界，而决定他是上天堂还是下地狱的唯一因素，就是他在人间是否虔诚地行善赎罪。

所谓哲学思辨的路径，就是用思辨方法论证人的不死。如西人笛卡儿的"心身二元论"就是一个典型。笛卡儿认为，人的身体是物质的，具有一切物质所具有的广延性，而人的心智则是非物质的，其属性是"思"。"广延"意味着身体占有物理空间，具有无限可分性，是可以毁灭的；而心智由于没有广延性，也就没有可分性，也就不可毁灭。所以每一个心智都是一个不朽的灵魂。[1] 中国的庄子更会想，其语"生也死之徒，死也生之始，孰知其纪！人之生，气之聚也。聚则为生，散则为死。若死生为徒，吾又何患！"，[2] 说的就是，人是自然的一部分，生与死皆属自然本尔的同一完整过程，死是生之回归，生命在于前生命和后生命为一完整的宇宙过程，故勿需怕死。

所谓青史留名的路径，以儒家的"三不朽"为代表，它说的是：人可以通过"立德、立功、立言"的方式在历史上留下姓名，从而实现永垂不朽。换言之，一个人的肉体终会消亡，但他的那些丰功伟绩或具有独创性的思想或可歌可泣的人格精神则不会随之消亡，被人遗忘。由于"德"和"功"最终都要以文字即"言"的形式载于史册之后才能让后人记住，实现不朽，于是到了今天，干脆有人将"三不朽"简化为"只要有关他或她的书面文字方面的记载留存于世"，就能"实现其数千年来永生不死的美好梦想。"[3]

各种宗教关于人灵魂不死和有来世的说法，因建立在信仰的基础之上，虽然其中有些内容（如死后去了另一个世界）不易被证伪，但更无从证实，所以用这种方式追求永生不死，简单倒是简单，却也

---

① 参见邱惠丽：《当代心智哲学研究的12个问题及其他》，《哲学动态》2006年第1期，第46－50页。

② 《庄子·知北游》

③ 苏永全：《拒绝死亡：中国人数千年来‘永生不死’梦想的实现"》。http：//blog. bcchinese. net/syqds/archive/2005/07/19/29308. aspx.

只能让人"信则灵，不信则不灵"。

哲学思辨的路径也是如此。心智如果不会随着身体的毁灭而毁灭，那它在身体死亡之后又到哪里去了呢？似乎无人能答。既然如此，那么这种不死，也就跟死没什么两样。庄子说生死如一，生死一条，死就是生，这固然让人非常高兴，只是其理论玄虚神秘，同样乏据可陈。更要命的是，庄子作为此死亡观的创始人，照理应笃信无疑，但由于他也不知道生死转换的规则奥秘（"孰知其纪！"），也不见得就真信此说，要不然他就不必用虚拟语说"若死生为徒，吾又何患！"其意为：如果生与死本来就是不可分的伴侣，我又何必忧虑！但如果不是这样呢？忧虑就不可免了。

至于青史留名的路径，同样存在问题。因为并不是每个人都能弄出或丰功伟绩，或独创性的思想，或感天动地的人格精神。历史有载的有此等建树的人物，只是芸芸众生中的极少数，因而有幸以这种方式获得不朽的人也只能是极少的。此外，再伟大的功绩、再独创性的思想或再感人的人格，也会随着时光的流逝而影响力日减日衰。当人类文明史到了要以亿年、兆年计时，许多曾经伟大的业绩、曾经惊人的独创性思想和曾经可歌可泣的人格精神，就只能在人类资料库的光盘中而不是现实人的大脑中才能搜索到踪迹。这种所谓"永恒的存在"，此时已与一块从不会引起人们注意的石头的存在没有太大差异，尽管它也许已经存在了上亿年。至于那些"平淡如白开水"的无数普通人的人生文字书面记载，就更不会有人肯花时间去查阅了。

三、永生之路：克隆转忆

虽然人类已有的各种追求永生的路径均不成功，但仍不等于永生无路可求。现在，我就准备提出一个实现永生之梦的新路径。这个新路径不仅能够使我们不死于肉体的衰老，不死于各种疾病与意外之灾的毁灭，而且更不会死于精神上的被遗忘。

这条新永生之路是由克隆人技术和记忆移植技术构筑起来的，因而简称"克隆转忆"。具体说来，它的基本构思是：在一个人死后，用克隆人技术复制出一个他的肉体，再用记忆移植技术将他的原有记忆转移到克隆体的大脑中，就能使他死而复活，而这样的过程不断重复进行，就意味着他的永生不死。这样的人，就是"克隆转忆人"。由于克隆转忆人不论其肉体怎么死亡都能转世复活，当然也就既不会死于衰老，也不会死于疾病与灾难。由于克隆转忆人的记忆通过记忆移植技术总在他一世又一世的克隆体上不断延续，当然也就不会被他自己遗忘。

　　为何说一个人的克隆体加上他的记忆移植就等于他的转世复活？这是因为，让我保持总是我而不会变成另一个人的决定性因素，既不是我的肉体、基因，也不是我的个性、素质，而是我的记忆。换言之，我的记忆乃是"我之所以为我"的关键所在。只要记忆犹在，无论我的容貌、身体、个性、素质如何变化和变化多大，我也总会是我。

　　我们知道，现代医学已经做到可以用人造器官或移植器官替代人体有缺陷的部分或器官，如皮肤、肢体、骨关节、肾脏、肝脏、心脏等等。而未来医学，据科学家预测，将能运用基因技术生产成套的人体配件，从而像修理汽车一样地重新装配有毛病的人体。一个人，不论换肢体还是换内脏，都不会导致他不再是他的问题，即使同时换四肢和五脏六腑，他也还是他。可是唯独不可换大脑，哪怕不换任何别的器官只换大脑也不行。不可换大脑，不是说将来的科学技术不能发展到更换大脑的水平，而是说一个人要是换了大脑，他就不再是他。替换的大脑与原脑有何不同，竟能使他不再是他？应该说没有结构功能的不同，甚至也可以没有基因的不同（假如用克隆人的大脑替换供体人的大脑就是如此），只是替换的大脑不复有原脑贮存的记忆，于是尽管我的肉身依然还是那个肉身，却已不复是我。既然我的肉身在被置换了绝大部分"部件"的情况下我还是我，那肉身当然就不是"我之为我"决定性因素；既然我被换了大脑就不再是我的原因是由于没有了原来的记忆，那记忆当然就是"我之为我"的决定性因素。诚然，若能将记忆移回到新换的大脑中，那我还可以是我。但这也只是再一次证明，让我是我的就是记忆。

言及此处，或许有人会问：如果是我的记忆决定着我的此在，那么若想使我得以续存，何必非要将我的记忆移植于"我的复制人"的脑中，随便将其移植于一个幼儿或一个克隆人的脑中，不是都可以使之成为我吗？

道理的确如此。任何一个大脑空白的肉身，一旦具有了我的记忆也就会成为我。但是这里既然是想使我转世复活，那当然应该让转世复活的我，既拥有"原我"的记忆，也拥有"原我"的物质基础即体貌外形才好。事实上对我的确认，一方面要靠自己记忆的原证，另方面在一定程度上也需要他人记忆的旁证。哲人曰："普遍的主观就是客观"。试想一个只有原我的记忆而无原我的外形的人，说自己叫X，父母叫A、B，兄弟姐妹叫C、D、E、F，亲戚朋友同学同事叫H、I、J、K……，可是所有这些人却因不认识这个人的相貌而不承认他就是与他们有各种关系的X，时间一长，这个人势必也会怀疑自己是否就是X。此其一。

其二，人的大脑结构是有遗传差异或遗传特征的，有的大脑左脑发达，有的大脑右脑发达；有的大脑擅长逻辑思维，有的大脑擅长形象思维。譬如爱因斯坦的大脑不仅体积要明显大于常人，而且沟纹也十分独特。因而只有将形成于某一特定大脑的记忆移植于与之有着同样遗传特征的大脑，才会使被移植的记忆有"重归故里"的感觉。

其三，越来越多的科学家认为，人类除了大脑之外，还有"第二个大脑"，那就是肚子。研究表明，肚子里有一个非常复杂的神经网络，它拥有大约1,000亿个神经细胞，比骨髓里的细胞还多。人体的神经传递物质——血清基的95%都产生于腹部的"第二大脑"。科学家们据此推断，这套神经系统能下意识地储存身体对所有心理过程的反应，而且每当需要时就能将这些信息调出并向大脑传递，这就可能会影响一个人的理性决定。① 应当承认，这个还未经最后确认的假说是很有说服力的，至少在经验层面已得到了部分证实。否则，中国人为何自古就说"我心想"而不是"我头想"？德国人为何也有"在肚子里选择最佳方案和作出最佳决定"的俗语？既然这个假说很可能就是真的，人的"第二大脑"很可能就是人的非理性的发源地，那么"被复制的我"，除了应有我的"第一大脑"之外，也不能少了我的"第二大脑"；除了要有我的理性生理基础之外，也不能少了我的非理性生理基础。

最后，任意一个幼儿或克隆人，如果不是我的克隆人体，在伦理和法理上说，我就根本无权支配他们，更不用说要将我的记忆移植到他的大脑之中。

通过克隆转忆实现人类的永生之梦，不仅在理论上是成立的，而且在技术上也是可以望其项背的。克隆羊、克隆牛等大型哺乳动物的成功产出表明，只要社会不加禁止，政府允许并鼓励科学家继续努力，那么克隆人技术迟早也会成功成熟。记忆移植目前有两种设想，设想之一是，认为进入大脑的信息经过编码贮存在一种化学物质里，而转移这种化学物质，记忆便也随之转移。设想之二是，通过人脑和芯片的"人机连脑"方式来拷贝记忆、转移记忆。据多种报刊报道，这两种记忆移植设想的可行性，经过在动物和人身上做的各种实验，已经得到了初步的证实。②

四、永生不死值得追求

人类一直在追求永生不死，却从未对这种追求的合理性进行过严密论证。其实，能够做的事，不一定就应当去做。如果科学的克隆转

---

① 王东：《科学家研究人类的"第二大脑"》，《光明日报》2000 年 11 月 7 日。
② 参见韩东屏：《克隆转忆人——供人类思考的思考》，社会科学文献出版社 2005 年版，第 38－50 页。

忆技术确实能够让我们永生不死，我们是否就应当去追求这种永生不死呢？这就涉及到如何推论"应然"的问题。

推论应然，不外两种基本方式，一是道义论的方式，一是功利主义的方式。道义论的方式是从某种被确立的既有原则出发并以之为标准，看能做之事是否符合原则，符合则属正当之事，不符合则属不当之事。而功利主义的方式是，对能做之事进行利弊分析，如果利大于弊，则应当做；如果利小于弊，则不应当做。

道义论的方式运用起来相对简单，但要想找到一些能被充分论证并得到人们普遍认可的原则来充当对不同事务的合适的评判标准却极难。迄今为止，也仅有一个"不伤害（任何人的生命健康与自由）"的人权原则最少被质疑诟病。[①] 根据这个原则，追求永生不死是可以被允许的事，因为它不仅不伤害人，反而无限延长人的生命。当然，也会有人在此提出反对意见：克隆人也是人，让克隆人为了另一个人的永生不死而接受此人的记忆，就是把克隆人当作了工具，就是对克隆人的伤害。不过这个指责其实是不成立的，因为某人的克隆人，与某人，并不是两个人，而是同一个人，确切说，是某人在不同时段的两个肉身。因而让某人的克隆肉体接受他的记忆，就像让一个失去记忆的人恢复他的记忆一样，并不存在对他人的伤害。

根据道义论的逻辑及不伤害原则，尽管我们知道了追求永生不死是可以做的事，但我们其实还是不知道它是不是应当做的事。因为不追求永生不死——人类一直就是这么做的——同样符合不伤害原则。既然如此，我们又如何进一步判定，在"追求永生不死"与"不追求永生不死"这两种相互反对却同样符合不伤害原则的做法中，哪一种才是我们真正应当选取的做法？由于唯一鲜有非议的"不伤害"人权原则最多也只能告诉我们不要做什么，却不能再在同样可以做的各种做法中告诉我们应该做什么。这就表明，道义论的方式在此并不

① 参见甘绍平：《应与伦理学的论证问题》，《中国社会科学》2006年第1期，第135－145页。

能为我们彻底解决问题。能告诉我们应当做什么的是功利主义的方式。具体说来，倘若追求永生不死的后果与不追求永生不死的后果相比是"利小弊大"，那最终的结论就是"不应当追求永生不死"；倘若追求永生不死的后果与不追求永生不死的现实相比是"利大弊小"，那最终结论就是"应当追求永生不死"；倘若二者"利弊相当"，则最终结论就是：无论追求永生不死还是不追求永生不死，都是合理的事情。

考虑到人的永生不死是与个人利益、社会利益、人类利益均有密切关系的重大事务，所以我们对追求永生不死的利弊评析也应分别从个人主体的视域、社会主体的视域和人类主体的视域来进行。这个工作，我在《克隆转忆人——供人类思考的思考》一书中已经做了①，这里仅将其最终结论陈述于下：

从个人视域出发，追求永生不死明显优于不追求永生不死。我认为，价值是属人的范畴，没有人就没有价值，并且每个人都是一个元价值或价值之源②，因而个人必须先存在，他的世界和他本身才有意义可言，而永生不死正是个人的永远存在。因此永生不死对于个人来说，乃是一种根本性的好。由于有了这个根本性的好，至少还能给个人派生出以下 5 大好处，即：克服对死亡的恐惧、消解生死离别的悲恸、补救后悔遗憾、使选择不再是放弃、真正实现个人自由而全面的发展。而其存在的种种问题或不利之处，则或者是可以完全避免的，或者是可以通过制度安排得到基本解决的，或者是无关紧要的。譬如，什么样的人才可以成为克隆转忆人的问题、克隆转忆人可能导致人满为患的问题和会给司法实践带来难题的问题等，均属于可以通过制定统一规则而完全避免的问题。而克隆转忆人的身份确定问题、克隆转忆的费用问题、克隆转忆人的孕育生产和哺育抚养问题、克隆转

---

① 韩东屏：《克隆转忆人——供人类思考的思考》，社会科学文献出版社 2005 年版，第 76－262 页。

② 韩东屏：《人·元价值·价值》，《湖北大学学报》（哲社版）2003 年第 3 期，第 39－44 页。

忆人与固有伦理道德冲突的问题、人们的生命意识会淡漠的问题、部分人可能不愿永生的问题，则属于基本上都能够用制度化的方法或其他方法加以化解的问题。唯一无法补救的事情，就是为了防止人满为患，不断克隆转世的克隆转忆人必须按制度规定放弃繁衍后代，从而不能再像自然人那样，享受两性结合共同生育一个充满未知数的子女的人生体验。但这个唯一的遗憾，与个人所获得的 6 大好处的每一项、尤其是永远存在的好处相比，实在不算什么。并且这个遗憾可以在人类向星际发展取得成功以后被予以解除。

从人类视域出发来看，虽然追求永生不死的积极意义比较有限，即只是在提高人口生育质量和实现人类向星际发展两个方面有积极意义，但其消极意义则几乎一点儿也没有。人们最为担心的情况——克隆转忆人会妨碍人类进化，实际上并不存在。因为支持这一说法的 5 条理据，即"克隆转忆人将破坏人类基因的多样性"、"从有性繁殖到无性繁殖是生物进化的倒退"、"不断重复复制同一基因会使该基因退化"、"过强干预人类的自然发展会招致自然的惩罚"、"克隆转忆人难以经受自然选择的考验"，经缜密分析，发现都是不实之词。不仅如此，由于近代以来，随着医学科学技术的发展和广泛应用所产生的副作用及其他社会因素的影响，人类的繁衍实际上已呈退化趋势。这就意味着，克隆转忆人的人类生产方式实际上对人类还有一个非常重大的好处，这就是：它能够中止人类已经开始的越来越严重的退化。更令人感到鼓舞和放心的是，克隆转忆人的人类生产方式，作为人类自身生产方式的一场深刻革命，还是留有退路的革命。它是指，在人的生产由无性繁殖取代有性繁殖以后，万一将来出现当初我们所不可逆料的不利局面，也没有什么好害怕的，那时只要我们再退回到传统的有性繁殖方式，就可以重新与人类原来的"自然"演化链条相衔接。

从社会视域出发来看，实现人的永生不死至少可以为社会收获如下好处：消解社会难题，如死刑难题和安乐死难题；让社会变得更易于管理；让社会更具竞争力与发展潜质；让社会更加文明也更加公平；并使自由创造成为社会的普遍追求。而其不利影响或副作用则寥寥无几，微不足道——只不过是使社会有可能没有童年、童稚，有可能没有儿童般的幻想和活力之遗憾。至于那些被认为会令社会担忧的问题，即：克隆技术能引发许多社会灾难、克隆人的不安全性会给社会造成沉重负担、不应牺牲克隆人的利益来满足我们的需要、克隆转忆人社会的人会变懒、克隆转忆人的社会与文化会变得保守停滞等等，通过认真地辨析，我们发现实际上也并不是真正的问题。当然，实现永生不死给社会带来的有些好处，即让社会更具发展潜质和更加文明，是要以人的记忆能够全面移植为前提的，而如果没有这样的前提条件这些好处亦不复存在，但我们还是可以肯定，即便除去这些好处不算，剩下的那些对社会所具有的好处还是远远超过那些对社会所可能具有的坏处。

纵观以上，我们不论从个人主体、社会主体还是人类主体看对永生不死的追求，所得结果都是"其利明显地大于其弊"的结论。既然如此，最后的总体结论也应是：追求永生不死明显利大于弊，我们应当用克隆转忆的方式来实现人的永生不死之梦。

对工程伦理学学科发展的若干理论思考

李伯聪①

工程活动是现代社会存在和发展的物质基础，它不但涉及人与自然的关系，而且必然涉及人与人的关系、人与社会的关系。工程活动中内在地存在着许多深刻、重要的伦理问题。可是，许多人常常"忽视"了工程的伦理维度，这就造成了工程活动中的伦理"缺位"；另一方面，伦理学界的一些人也常常"忘记"了工程活动也是伦理学研究的对象，这就造成了伦理学领域中对工程的"遗忘"。

工程伦理学"兴起"于20世纪60年代的美国，经过数十年的探索、积累和发展，西方学者认为目前的工程伦理学已经进入了"起飞"阶段。与美国工程伦理学发展的繁荣现状相比，中国工程伦理学的研究和发展明显滞后，这种状况与我国工程建设发展的迫切需要和目前中国堪称世界第一工程大国的状况是极不相称的。现实生活的迫切需要和理论发展的内在逻辑都在呼唤中国的工程伦理学急起直追，迅速发展。我们希望工程伦理学这个学科在中国也能迅速"起飞"。

中国学者在研究工程伦理学时，一方面，必须学习和借鉴西方学者在这个领域中的成果；另一方面，也必须看到西方学者迄今在这个领域的研究中也存在着一些"盲点"和局限性。在我国工程伦理学的建设和发展过程中，我们必须把对这个学科的"普遍性理论思考"和"适应我国现实需要"的要求结合起来。本文以下就对有关我国工程伦理学学科建设和发展的几个问题谈一些个人的看法，希望能够

---

① 李伯聪（1941－），男，河南禹县人，中国科学院研究生院工程与社会研究中心副主任、教授、博士生导师，主要研究方向为工程哲学。

起到抛砖引玉的作用。

一、"狭义"工程伦理学和"广义"工程伦理学

任何学科的创建都必然有其一定的前提和基础。在创建和发展工程伦理学这个伦理学分支学科时，其创建和发展的前提和基础何在，我们应该如何认识和把握其前提和基础呢？

对于工程伦理学的创建来说，这是一个"前提性"的问题；对于工程伦理学的发展来说，这是一个"导向性"的问题。

对于这个问题可以有不同的认识、回答和把握。

对于"工程伦理学"这个学科，美国学者使用了 engineering ethics（可直译为"工程伦理学"）和 ethics in engineering（可直译为"工程中的伦理学"）这样两种不同的称呼，虽然是两个不同的名称，但其所指和含义却是没有区别的①。

在以上的"第二个"名称中，我们不但可以"发现"创建工程伦理学"这个学科"的直接前提和基础，而且可以清楚看到对工程伦理学这个学科的研究对象和范围的"直接"而"明确"的"宣示"。

那么，"工程"是什么呢？或者说，"工程活动的基本内容和性质是什么"呢？这就是一个意见纷纭的问题了。

由于对"工程"——更具体地说就是"工程活动的基本性质和特征是什么"——有不同的认识和理解，人们对工程伦理学的对象、性质和范围问题也就会有不同的认识和理解。

无论从理论分析的角度看，还是从工程伦理学迄今发展路径的经验看，这个关于如何认识"工程活动的基本性质和特征"的问题都

185

---

① 丛杭青：《工程伦理学的现状和展望》，《华中科技大学学报》（社会科学版）2006年第4期。

是工程伦理学创建、开拓和发展中的前提性、基础性、定位性和导向性的问题。

大体而言，对于这个问题可以有"广义"和"狭义"两种不同的理解和回答。

在现代社会中，科学家和工程师是两种不同的职业。虽然从科学发展的历史上看，"原先的科学家"——包括"近代"那些使"近代科学"成为了严格意义上的"科学"的科学家——并不是"职业科学家"，可是，在20世纪的社会现实中，科学家也成为一种"职业"了。

有人认为，正像科学是科学家所从事的活动一样，工程就是工程师所从事的活动。根据这种认识和理解，工程伦理学就被建设成为了工程师的职业伦理学。

我们看到，确实有许多西方学者主要就是这样对工程伦理学进行"定位"的，我们可以把这种定位的工程伦理学称为"狭义"的工程伦理学。例如，有一本影响很大的工程伦理学教科书就明确地说："工程伦理是一种职业伦理，必须与个人伦理和一个人作为其他社会角色的伦理责任区分开来。"①

工程师和科学家是两种不同的职业，他们形成了两个不同的"共同体"。在近现代社会的历史发展过程中，科学家和工程师的"队伍发展路径"、社会角色特征、自我意识特点和职业伦理原则都是大不相同的。

对于"现代科学家队伍"的形成，英国的"皇家学会路径"和法国的"科学院路径"发挥了关键性的作用。在前一种模式中，皇家学会会员中的科学家是以"业余科学家"的"身份"出现和存在的；在后一种模式中，科学院院士是以"国家雇员"的身份出现和存在的；虽然二者的"社会角色性质"不同，可是这种"社会角色性质"的不同并没有影响到科学家对"科学家这种社会角色"的社

① 哈里斯等：《工程伦理：概念与案例》，北京理工大学出版社2006年版，第13页。

会作用和伦理准则的认识，因为二者都"顺理成章"地把科学家的"角色任务"和"伦理责任"定位为"追求真理"和"为全人类和全社会的福祉服务"。

可是，在近现代经济和社会发展史上，工程师这种职业主要地却是作为公司雇员而发展起来的。作为公司的雇员，工程师在自身的职业原则上"顺理成章"地确立和接受了要"为雇主和公司服务"的职业伦理原则和立场。

如果说，工程师的这个"职业伦理原则"在最初阶段还没有遇到什么大的困难和大的挑战，那么，随着工程活动的规模愈来愈大和职业工程师的作用愈来愈大，许多工程师愈来愈深刻地认识到他们必须重新认识工程师的社会作用和职业伦理准则的问题。

在 19 世纪末和 20 世纪初，许多工程师热情满怀地要求重新认识和重新定位工程师的社会作用和伦理责任，他们明确提出工程师不应仅仅忠诚于雇主的利益而应该服务于全人类和全社会的利益。例如，1906 年在康奈尔的土木工程协会的会议上，有人就豪情满怀地说："工程师，而不是其他人，将指引人类前进。一项从未召唤人类去面对的责任落在工程师的肩上。"① 在这种豪情的鼓舞和支配下，一些工程师要求为工程师这个职业重新进行社会"定位"，他们不但雄心勃勃地希望与要求工程师掌握经济性工程活动的领导权和代表权，而且雄心勃勃地要求工程师掌握"政治性"工程活动的领导权和代表权；于是，这就出现了所谓的"工程师的反叛"和"专家治国运动"。

所谓"工程师的反叛"（the revolt of the engineers）发生在 20 世纪初的美国。它的领导人是库克（Morris L. Cooke）。库克"革命性"地提出了工程师的社会责任和职业自主问题，他认为"忠诚于大众和忠诚于雇主是对立的"，"工程有着伟大的未来，可是，工程

187

① 米切姆：《技术哲学概论》，天津科学技术出版社 1999 年版，第 89 页。

被商业支配却是对社会的可怕威胁"①。如果说，在"工程师的反叛""运动"中，工程师还只是在向"资本家"争取经济领导权，那么，在"专家治国运动"中，工程师就是在向政治家争取政治领导权了。

"工程师的反叛"和"专家治国运动"像工业革命时期发生的"工人捣毁机器"的"卢德运动"一样都失败了，可是，它们的历史作用和意义却是不容否认的。正像"卢德运动"反映了工人阶级（阶层）在自身觉悟的道路上曾经走过曲折的道路一样，人们从"工程师的反叛"和"专家治国运动"过程中看到了工程师阶层在"自身觉悟"道路上也难以避免地走了一条"曲折前进"的道路。

应该强调指出，正像"卢德运动"并没有"完全失败"一样，我们也绝不能认为"工程师的反叛"和"专家治国运动"完全失败了。这两个事件的一个重要后果被肯定和坚持下来，不但工程师自身而且社会各界都已经承认：工程师的职业伦理准则再也不能是单纯地忠诚于雇主，而是必须把忠诚于社会放在首要位置了。

工程师的职业性质和特征"决定"了要正确认识和真正确立工程师的职业责任和职业伦理原则势必要经历一个长期、困难而曲折的历程。

应该承认，关于工程师究竟应该在社会进步中发挥什么作用的问题、关于工程师怎样才能把忠诚于其雇主的要求与工程师对大众的责任统一起来的问题，目前都还不是已经完全"解决"了的问题。可是，这并不妨碍我们肯定自 20 世纪初期以来，在工程师的社会责任和伦理自觉方面，无论在认识上还是在制度上都取得了一些重大的进步和进展。虽然今后在这个"领域"中那种"反叛性"、"革命式"的事件也许难以再次发生，但人们完全可以预期这里将不断地出现"改良性"的进步——而"狭义"的工程伦理学也必将不断地在这个

① Layton, E. T. Jr. , The Revolt of the Engineers, (Baltimore: The Johns Hopkins University Press), 159.

进程中发挥其重要作用。

与其他许多职业——例如工人、科学家、医生等——相比，工程师这种职业是一种具有某些特殊的"自身困境"的职业。谢帕德说，工程师是"边缘人（marginal men）"，因为工程师的地位部分地是作为劳动者，部分地是作为管理者；部分地是科学家，部分地是商人（businessmen）①。莱顿说"工程师既是科学家又是商人。""科学和商业有时要把工程师拉向对立的方向"②，这就使工程师在"自身定位"和确立自身的"职业伦理准则"时难免会陷于某种"难以定位"和"难以自处"的"困境"。哈里斯说："工程行为规范要求工程师作为雇主的忠诚的代理人，又要求他们将公众的安全、健康和福祉放在首位。这两种职业责任有时是相互冲突的，并使工程师陷入了道德和职业的困境之中。"③

1998 年，博德尔在《新工程师》一书中说："工程职业好像到了一个转折点。它正在从一个向雇主和顾客提专业技术建议的职业演变为一种以既对社会负责又对环境负责的方式为整个社群（the community）服务的职业。工程师本身和他们的职业协会都更加渴望使工程师成为基础更广泛的职业。雇主也正在要求从他们的工程师雇员那里得到比熟练技术更多的东西。"④

对工程师职业伦理问题的研究和分析，不但成为了许多工程伦理学家理论研究的主题，而且成为了许多工程伦理学教科书的基本内容。

从以上所述中，我们看到了把工程伦理学"定位"于工程师职

---

① Beder, S., The New Engineer. (South Yarra: Macmillan Education Australia PTY Ltd, 1998), 25.

② Layton, E. T. Jr., The Revolt of the Engineers, (Baltimore: The Johns Hopkins University Press), 1.

③ 哈里斯等：《工程伦理：概念与案例》，北京理工大学出版社 2006 年版，第 160 页。

④ Beder, S., The New Engineer. (South Yarra: Macmillan Education Australia PTY Ltd, 1998. p. x.).

业伦理学所取得的重大进展和巨大成绩。工程伦理学在这个方向上所取得的巨大成绩是无人可以否定的，可是，从另外一个方面看问题，如果完全把工程伦理学"定位"于工程师的职业伦理学，那就要严重束缚工程伦理学的发展范围和发展空间了，因为工程伦理学还可以有一个更"广义"的学科定位和学科发展空间——这就是"广义工程伦理学"的学科定位和学科发展方向。

我们可以把"科学、技术、工程三元论"作为发展一种"广义"的工程伦理学的前提和基础。

"科学、技术、工程三元论"认为：科学、技术和工程是三种不同性质和类型的社会活动；科学活动以发现为核心，技术活动以发明为核心，工程活动以建造为核心；科学、技术和工程有不同的性质、特点和社会作用，不应把它们混为一谈。根据这种对科学、技术和工程的"三元论"认识①，不但需要分别进行科学哲学（包括科学伦理学）和技术哲学（包括技术伦理学）的研究，而且需要进行工程哲学——包括工程伦理学——的研究。

在很长的一段时间内，许多人都不愿意承认工程活动是一种"独立"的对象和"独立"的社会活动，他们把技术看作是科学的"应用"，又把工程看作技术的"应用"，于是，工程的"独立"地位就被消解和否定了，工程成为了科学的"附庸"——甚至是"二级""附庸"。在这种似是而非的"附庸论"观点的笼罩下，工程哲学、工程社会、工程伦理学都是不可能形成一个独立的伦理学分支学科的。

在开创工程哲学和工程伦理学的过程中，学者们花费了很大精力去批评那种把工程说成是"科学的应用"的简单化观点，这是很必要的。如果不冲破这种"附庸论"观点的樊笼，工程伦理学是不可能创立的；如果不突破这种"附庸论"的樊篱，工程伦理学是不可能得到发展的。

190

---

① 李伯聪：《工程哲学引论》，大象出版社 2002 年版。

应该强调指出：工程绝不是科学的简单"应用"或"低一级"的"附庸"；在社会生活中，工程活动是一种非常重要的基本社会活动方式。工程活动的基本特点是其集成性和建构性，工程活动是集成了多种要素——包括技术要素、经济要素、知识要素、管理要素、社会要素和伦理要素等——的物质建造性社会活动。在工程活动中，伦理要素不但必然存在，而且工程中的伦理要素常常和其他要素"纠缠"在一起，使问题复杂化，形成了许多可以被称为伦理"困境"（dilemma）的问题，这就成为了开创和发展工程伦理学的现实基础和学理前提。

既然工程是一种"独立"类型的社会活动，既然工程活动中存在着许多复杂的伦理问题，那么，关于工程伦理学"存在"的现实基础和学理前提的问题也就基本解决了。

在"广义工程伦理学"的视野中，虽然仍然承认"工程师的职业伦理问题"在工程伦理学中具有不可动摇的重要地位，但工程伦理学研究的"第一主题"或"核心主题"将不再是研究"工程师的职业伦理问题"，而是需要转变为研究"工程决策伦理"、"工程政策伦理"和"工程过程中的实践伦理"问题。

我认为，中国学者在进行工程伦理学研究时，不但必须重视进行"狭义工程伦理学"进路的研究，而且应该更加重视"广义工程伦理学"进路的研究。马丁、辛津格等学者已经在这个方向的研究中取得了令人称道的重要成果①，值得我们重视和借鉴，但更加重要的是，我们必须"直面工程现实"中的各种重要、复杂、困难的问题，根据理论联系实际的原则深入研究和发展"广义工程伦理学"。

① Martin, M. W. and R. Schinzinger, Ethics in Engineering, (New York: McGraw-Hill, 2005).

二、个体伦理学和团体伦理学

在传统的伦理学中，关于"伦理主体"的问题本是一个不成问题的问题。因为两千多年来，人们一向都不言而喻地把"个人"看作理所当然的伦理主体。甘绍平说："在西方传统中，伦理论证的类型以及普遍的道德规则几乎都是与个体的行为与生活相关；讲善良，是指个人的善良；讲义务，是指个体的义务。"① 可是，在研究工程活动的伦理问题时，人们发觉有必要重新考虑这个似乎是不言而喻和毋庸置疑的传统观点了。

由于我们必须肯定工程活动的主体不是个体而是集体或团体（例如企业），于是，在研究工程的伦理问题时，在许多情况下，我们也就必须承认在人们进行伦理分析和伦理评价时所面对的主体也不再是传统伦理学面对的个人主体而是新类型的团体主体了。这就意味着，如果不能跨越一个从"个人伦理主体论"到"团体伦理主体论"的理论鸿沟，那么，真正意义上的工程伦理学是不可能真正建立的。换言之，我们必须承认工程伦理学中虽然仍然存在许多属于"个人伦理学"范围的问题，但我们必须更加注意把工程伦理学建设成为一门具有某些"团体伦理学"特征的学科，应该注意在"个人伦理主体论"和"团体伦理主体论"的结合中认识、分析和研究问题。

如上所述，西方学者研究工程伦理学问题时，首先是从研究工程师的职业伦理问题开始的。无论从学术史上看还是从理论逻辑观点看，对工程师职业伦理问题的研究都是从传统伦理学走向工程伦理学的桥梁——由于把工程师作为一种具体职业来看待，狭义工程伦理学在研究范式上就可以顺理成章地与传统伦理学（特别是职业伦理学）"接轨"或"挂钩"了。

---

① 甘绍平：《应用伦理学前沿问题研究》，江西人民出版社 2002 年版，第 117 页。

可是，随着研究的深入进展，学者们发现这里出现了许多"非传统性"的问题，他们不得不越过传统"职业伦理研究"的边界而"有意无意"地进入"团体伦理学"这个伦理学研究的"新疆域"了。

例如，许多伦理学家都十分关心分析和研究工程活动所造成的环境污染等问题。对于这些问题，工程师无疑地是有不可推卸的职业责任的。可是，如果认为工程师就是唯一的责任者，应该负完全的责任，似乎全部问题就出在工程师的伦理良心或工程师的职业责任上，那么，这种观点显然也是不切实际和没有抓住要害的。在这里，真正的要害之处在于我们必须承认造成危害的责任主体不是单纯的个人而是某个"团体主体"（例如某个企业）和相关的"制度"。可以看出，当一些伦理学家不得不这样分析和看待问题时，也许可以说他们已经在不知不觉中从传统的职业伦理学研究领域进入一个可以被称之为"团体伦理学"的新领域了。

已经有一些伦理学家在研究和分析工程伦理问题时敏锐地察觉了在伦理主体问题上进行变革的重要性和必要性。例如，以研究责任伦理而闻名的尤纳斯认为："我们每个人所做的，与整个社会的行为整体相比，可以说是零，谁也无法对事物的变化发展起本质性的作用。当代世界出现的大量问题从严格意义上讲，是个体性的伦理所无法把握的，'我'将被'我们'、整体以及作为整体的高级行为主体所取代，决策与行为将'成为集体政治的事情'。"[①] 里查德·德汶（R. Devon）更直接而尖锐地批评了传统的个体伦理学（individual ethics）的局限性，他提倡进行与个体伦理学形成对照的社会伦理学（social ethics）的研究。他批评一些学者在研究工程伦理问题时"总是把问题归结为个别的工程师的困境"，他认为那种仅仅注意从工程师职业规范的角度研究工程伦理问题的方法实际上是一种个体伦理学方法，

193

① 转引自甘绍平：《应用伦理学前沿问题研究》，江西人民出版社 2002 年版，第 117 页。

他认为应该把对工程师个人伦理困境的研究作为一个研究起点，而不应把对个体伦理学的研究当作伦理学研究的全部内容。①

可是，对于许多西方伦理学家来说，要跨越这个个体论或个体主义的藩篱又谈何容易！目前，虽然我们可以承认工程伦理学前进的脚步已经跨越了传统的"个体伦理学"的边界而进入了"团体伦理学"的"大门"；可是，由于多种原因，许多一脚已经跨入"团体伦理学"大门的伦理学家又犹豫彷徨起来。他们欲进又退，甚至进一步退两步，徘徊在团体伦理学的大门内外而不愿或不能深入堂奥。在这方面，一个最突出和最集中的表现就是：一些伦理学家在意识到不能局限于个人伦理和个人责任后，在进一步分析和解释这个问题时，又以不同的方式退回到了个体伦理学的基本假设——只承认个人主体而不承认"团体主体"的存在。以尤纳斯的理论观点为例，尽管他已经认识到不能仅仅局限在个体伦理学的藩篱之内了，可是，正如甘绍平评论的那样："可惜的是……他似乎还是深受传统伦理学的影响，他的着眼点似乎更多的是放在个体行为身上，他虽意识到新型的责任伦理本质上讲即是整体性伦理，但他并没来得及对责任伦理的整体性特点进行探讨"。② 如果说，被评价为显示出"新伦理"特色的尤纳斯尚且如此，那么，其他西方学者的情况就更可想而知了。

可以顺便指出，这个在工程伦理学领域凸显出来的应该承认团体也可以作为伦理主体的问题，在新兴的生命伦理学、计算机伦理学和网络伦理学中都不是特别突出和具有要害性的问题，因为对于这几个学科来说，它们在需要以个人作为伦理主体这个基点上与传统伦理学理论仍然基本上是一致的。

工程伦理学研究凸显出来了一个需要承认团体伦理主体论的问题，虽然目前对这个问题的研究还仅仅是刚迈出了第一步，在这方面有待深入研究的问题还有很多，但我认为这已经是工程伦理学对伦理

① Devon, R., 2004, Toward s Social Ethics of Technology: A Research Prospect. Techne, Vol. 8, no. 1.

② 甘绍平：《应用伦理学前沿问题研究》，江西人民出版社 2002 年版，第 118 页。

学发展的一个重大理论贡献了。

更重要的是，从基本理论和方法论的角度看，这个是否可以与应该承认集体（整体或团体）也是伦理主体的问题不是一个孤立的问题，它是一个更大和更一般性的问题——关于个体主义（individualism）和整体主义（holism）的争论——的一个组成部分。在西方学术界（特别是在经济学和哲学领域），在这个问题上存在着极其纷纭的意见分歧和非常激烈的争论。在争论中，不但存在着极端的（或温和的）主张个体主义的学者和极端的（或温和的）主张整体主义的学者，而且存在着主张折中主义的学者。由于这是一个存在许多重大理论难点的问题，我们不能希望或要求伦理学家来单独解决这个关于个体主义和整体主义关系的问题，但我相信工程伦理学在这个方面的研究成果可以给这个更一般性的争论注入新的内容和新的活力。

三、绝对命令伦理学和权衡伦理学

如果说在传统的动机论和后果论的理论对立中，工程伦理学既赞成动机论（因为工程活动必然是动机推动和目标引导的活动）同时又赞成后果论（因为工程活动必然是讲求效果而不是不顾后果的活动），那么，在"绝对命令伦理学"和"权衡伦理学"这两种不同的伦理学原则和方法的"对立"中，工程伦理学就明显地要倾向于权衡伦理学了。

应该注意，在伦理学领域，不但存在着道义论伦理学和功利论伦理学的对立，而且存在着绝对命令伦理学思想和权衡伦理学思想的对立。对于前一组伦理思想、原则和方法上的对立，学术界已经有了许多研究，而对于后一组伦理思想、原则和方法上的对立，学术界还鲜有研究。虽然这"两组"不同的伦理思想、原则和方法不是互不相关的，而是存在某些相互交叉、相互重叠和相互渗透的，可是，这并不意味着后一组伦理思想的差别和对立可以"归并"或"归结"为前一组差别和对立。无论从内容和形态上看，还是从根源和意义上看，后一组差别和对立都有与前一组差别和对立迥然不同之处。

从理论和方法上看，绝对命令伦理学和权衡伦理学是两种有重大区别的伦理学原则和伦理学方法。它们的不同主要表现在六个方面：（一）前者是至善、最优、"别无选择"的伦理学，后者是"满意"、权衡决策的伦理学；（二）前者是普遍性伦理学，后者是情景性伦理学；（三）前者是抽象主体的伦理学，后者是具体主体的伦理学；（四）前者是"完全理性"假设的伦理学，后者是"有限理性"假设的伦理学；（五）前者是命令式伦理学，后者是程序和协商的伦理学。（六）前者是轻视地方性知识的伦理学，后者是重视当时当地的地方性知识的伦理学。

在古今伦理思想史上，有许多学者都是主张或倾向于绝对命令伦理学的，除康德伦理学外，还有许多其他伦理学家的观点和思想也都可以归类到绝对命令伦理学这个"派别"中。

从历史上看，绝对命令伦理学的立场、观点和方法曾经反复出现并且产生过巨大的影响；从现实方面看，绝对命令伦理学的原则、观点和方法至今仍在发挥重要的作用。

中国是一个伦理学历史特别悠久和伦理学特别发达的国家。回顾中国伦理学的历史，虽然绝对命令伦理学没有形成严密的理论体系，但这种"思想"和"观点"影响巨大而深远，在一定程度和一定意义上甚至可以说是中国伦理学历史上的占据"主导地位"的伦理学思想或派别。

孔子是儒家的创始人，同时也是儒家伦理学的创始人。在《论语》中，孔子阐述和主张"君子谋道不谋食"、"君子喻于义，小人喻于利"的言论比比皆是。可以说，孔子的伦理思想在整体上已经明显地倾向了绝对命令伦理学。可是，孔子同时也强烈意识到了权衡问题的重要性。孔子说："可与共学，未可与适道；可与适道，未可与立；可与立，未可与权。"（《论语·子罕》）很显然，这段话绝不是孔子的贸然言论或即兴话语，而是孔子人生经验的认真总结和体会深切之言。在这段话中，孔子令人印象鲜明地强调了"权"的重要性和行权的难度，可是，孔子并没有在这段话中——也没有在其他话语中——具体阐述和解释"权""何以"具有如此的重要性，这就使孔子关于"权"有极端重要性的思想成为了少见的"灵光闪现"。

在中国封建社会历史上，孟子是被尊为"亚圣"的人物。孟子把孔子"重义轻利"的主张推向极端，这就使他不但成为了中国伦理学史上的道义论的典型代表人物，而且成为了绝对命令伦理学的典型代表人物。

《孟子·梁惠王上》中有一段孟子与梁惠王关于义利关系的著名对话。梁惠王作为一国之君希望孟子能够提出对他有利的政治、伦理主张，而孟子却毫不留情地说："王何必曰利？亦有仁义而已矣？""王亦曰仁义而已矣，何必曰利？"这就把义和利看成了不能兼容、绝对对立的两极，并且要求把义的动机和标准当作一个不可改变的"绝对命令"。

在孔孟之后，中国儒学史上影响最大的人物要数董仲舒、二程和朱熹了。汉代的董仲舒提出"正其谊（义）不谋其利，明其道不计其功"，被后代许多人奉为圭臬。程颐说："不是天理，便是人欲"，"人欲肆而天理灭"，"灭人欲则天理自明"。朱熹认为："天理存则人欲亡，人欲胜则天理灭，未有天理人欲夹杂者"，"此胜则彼退，彼胜则此退，无中立不进退之理，凡人不进便退也。"[①] 于是，在理学家的伦理学中，"存天理灭人欲"便成为了一个至高无上的伦理绝对命令。作为一种典型表现，自宋代起，"饿死事小，失节事大"便成为了束缚古代中国妇女的"伦理绝对命令"，而许多地方树立的"贞节牌坊"便是这个"伦理绝对命令"的"记功碑"。

对于董仲舒、二程和朱熹的上述伦理思想，如果从道义论和功利论的分野中进行"定性"，它们属于道义论伦理学思想；如果从绝对命令伦理学和权衡伦理学的分野中进行"定性"，它们属于绝对命令

197

① 转引自陈瑛：《中国伦理思想史》，湖南教育出版社 2004 年版。

伦理学思想。把这两个方面"综合"起来，其基本性质也就成为了道义论的绝对命令伦理学。

许多人都知道，孟子也有一段关于"权"的著名言论。《孟子·离娄上》云："男女授受不亲，礼也；嫂溺援之以手，权也。"孟子在这段话中虽然承认了"权"在一定条件下的作用和意义，但孟子所说的"权"乃是指特殊情况下的一种"罕见"的"例外情况"，这种含义和作用的"权"与权衡伦理学中的"权"的含义和作用是差别很大的。

在中国思想史上，战国的策士们对权衡关系有许多精彩的分析和论述，可是，那些言论主要是有关政治、军事领域权衡问题的分析和言论，他们鲜有关于伦理权衡的言论。如果把论题聚焦到"伦理权衡"上，那么，值得我们特别注意的就是《淮南子》中的有关论述了。

《淮南子·氾论训》云："五帝异道而德覆天下，三王殊事而名施后世，此皆因时变而制礼乐者"，"礼乐未始有常也。故圣人制礼乐而不制于礼乐。"又曰："昔者，周书有言曰：'上言者，下用也；下言者，上用也。上言者，常也；下言者，权也。'此存亡之术也。唯圣人为能知权。""是故圣人论事之局（王念孙以局为衍文）曲直，与之屈伸偃仰，无常仪表。时屈时伸，卑（王念孙以卑为衍文）弱柔如蒲苇，非摄夺（张双棣释摄夺为怯懦）也；刚强猛毅，志厉青云，非本（王念孙认为本当为夸）矜也；以乘时应变也。"又说："溺则捽父，祝（祝由）则名君，势不得不然也。此权之所设也。"在这些论述中，权变原则不再是罕见的例外，而是根据具体形势和具体情景而不得不然的选择，尤其是关于"圣人因时变制礼乐而不制于礼乐"、"知权应变"、"唯圣人能知权"的观点更令人印象深刻，这就使《淮南子》成为我国古代较早而比较明确地阐述伦理权衡思想的著作。

总体来看，中国古代思想家一直高度关注道义和功利的相互关系问题，流传下来了大量有关这个主题的观点和言论，可是对于"权衡"问题的言论就少得多了，其中虽然不乏精彩之论，但严格地说，我们似乎还不能说中国古代已经形成了比较系统、完整的有关权衡伦理学的理论。

如果说在道义论与功利论的对立中，虽然道义论在中国古代占据了压倒优势，而功利论在中国古代仍然能够形成一个规模虽小但可以与道义论对垒的"阵营"；那么，在绝对命令伦理学思想和权衡伦理学思想的对立中，后者简直就难以说已经形成了一个学术营垒，而只能说在中国古代存在着时断时续的倾向于权衡伦理学的某些思想"闪光"了。

由于在广义的工程伦理学中，最重要、最核心的问题是研究工程决策和工程实践中的伦理问题，而工程决策和工程实践的核心问题往往又是权衡问题，这就"启示"或"提示"我们，工程伦理学很可能不可避免地要成为某种形式的"权衡伦理学"。

而进一步的理论分析和考察告诉我们：问题的核心确实就正在此处。

在工程活动和工程决策中，权衡是一个常用的方法。应该强调指出，对于工程活动和工程决策来说，权衡的基本性质和作用不在于它表现了一种不得已的妥协，而在于它体现出了活生生的工程活动的灵魂。由于工程伦理学本质上就是工程活动中的伦理学，于是，工程伦理学也就不可避免地和顺理成章地成为了权衡伦理学。

一般地说，权衡原则和方法在工程伦理学研究中占据核心位置的根本原因或基本根据有以下几点。

（一）从对象自身的客观本性来看，由于工程活动本身不可能是"纯伦理性"的活动而必然是"伦理要素"和多种"非伦理要素"的有机结合，这就使决策者和工程伦理学家在研究工程活动时绝不能采取蛮横"压制"或"取消"某一个要素的立场和方法，而只能采取在不同要素间进行灵活、具体权衡的原则和方法。在工程活动中，既不能盲目地根据"经济学帝国主义"或"技术至上"的思路决策，也不能教条地依据"道德帝国主义"的思路决策。工程活动的活的灵魂就是必须在经济原则、技术原则、政治原则、环境原则和伦理原则等不同原则之间进行审慎明智的权衡。

（二）从主体特征、物理时空和"社会时空"的特征方面看，由于任何个体都必然是"有限性"的存在，由于可以利用的各种资源必然是有限的，由于人类的任何行动都必然受到物理时空与社会时空条件的限制和约束，这就使权衡成为了有限主体和有限时空条件下的必然要求。

（三）由于人类的理性能力不是无限的、完全的、完美的，而是有限的、不完全的、不完美的，这就使人类在决策不可能追求"最优决策"而只能以"满意原则"进行决策。如果说"完全理性论"是古典经济学、计划经济学、最优决策论和绝对命令伦理学的理论基础，那么，"有限理性论"就是权衡原则和权衡伦理学的理论基础和根据了。

（四）从对伦理主体的认识上，如果说绝对命令伦理学的基本着眼点是"无差别主体"或"普遍主体"的伦理学，那么，工程伦理学或权衡伦理学的基本着眼点就是"具体主体"的伦理学了。

工程哲学认为，工程活动是由特定主体在特定时空中为达到特定目标而进行的活动，工程活动是"依附"于"此人、此时、此地"的活动。以项目为表现形式的工程活动以"唯一性"为基本特点。工程活动具有"唯一性"这个特点不但决定了权衡原则要成为工程经济活动的普遍原则，而且决定了权衡原则要成为工程伦理学的基本原则。

（五）在知识论领域，古今许多哲学家关注的焦点一向主要集中在"普遍知识"上，可是，在西方哲学界，继波兰尼提出关于"个人知识"的概念之后又有人提出了关于地方性知识的理论。如果说在绝对命令伦理学中原则上不看重"个人知识"和"地方性知识"，那么，对于权衡的主体和权衡过程来说，是否能够充分、合理地利用有关主体的个人知识和地方性知识就具有了关键性的意义。从"反面"看，如果缺少了有关的个人知识和地方性知识，权衡就不可能进行；从"正面"看，权衡原则和方法极大地"提升"了有关的个人知识和地方性知识的重大作用和意义。

（六）从程序的意义和作用方面看，绝对命令伦理学忽视了程序的地位和作用，是绝对命令在先的伦理学；而权衡伦理学则突出了商谈和程序的作用和意义，是"商谈伦理学"和"程序伦理学"。需要顺便指出：在工程伦理学视野中的商谈伦理学中，虽然不否认个体间商谈的重要性，而占据核心位置的问题已经是"集体商谈"了。

如果说在法学领域中，程序问题很早就得到了重视，那么，在伦理学领域中，情况就完全不同了。这种情况由于商谈伦理学的兴起而有了很大变化。很多人都认识到，商谈伦理学的基本性质和突出特点之一就是突显了程序的作用和意义。在商谈伦理学中，决策的"结论"在商谈开始时并不"预先存在"，相反，决策"结论"是需要通过商谈过程和程序才能得到的，这就使权衡伦理学、商谈伦理学与那种"绝对命令"在"商谈之先"和"程序之外"的伦理学有了很大区别。对于工程活动的权衡伦理学来说，工程权衡不仅是指"决策者"的权衡，更是指"所有利益相关者的权衡"，于是，有关的决策结论就在"商谈之后"和"程序之中"，而不是在"商谈之先"和"程序之外"了。

以上就是权衡伦理学的基本特点和何以能够成立的主要根据和原因。

在谈到工程伦理学中的权衡原则和方法时，应该特别注意的是，这里涉及了两种不同类型的权衡问题：伦理的"外权衡"和"内权衡"。前者是指工程活动和工程决策中，对伦理因素和其他因素（包括经济因素、技术因素、政治因素等）之间的相互作用、相互关系和相互消长的权衡；后者是指工程活动和工程决策中，对各种不同的"具体的伦理原则"和各种不同的"具体的伦理规范"之间的相互作用、相互关系和相互消长的权衡。换言之，所谓外权衡就是对工程中的伦理标准、伦理维度和其他标准、其他维度的相互作用和相互关系的权衡，是对"伦理考量"和"非伦理考量"相互关系的权衡；而内权衡则是在伦理学"内部"对不同的伦理规范、不同的伦理原则、不同的伦理方法之间的权衡，是"伦理考量 A"和"伦理考量 B"的相互关系的权衡。

在工程活动的伦理原则和"非伦理性原则"的相互关系上，存在着两种错误的极端化倾向。布坎南认为，现代经济学家和现代伦理学家在认识和分析问题时往往相互分离、背道而驰。他说："经济学家试图只根据效率来评价市场而忽略伦理问题，而伦理学家（以及规范的政治政府学家）的特点则是（在从根本上思考了有关效率的思考之后）蔑视效率思考而集中思考对市场的道德评价，近来则是根据市场是否满足正义的要求来评价市场"。① 这两个极端在表现形式上相反，但拒绝和否认权衡原则这一点上却"殊途同归"了。

经济学要求必须对工程活动进行经济考量，但这绝不意味着可以仅仅进行经济学考量；同样地，伦理学要求必须对工程活动进行伦理考量，但这绝不意味着可以仅仅进行伦理学考量。那种拒绝对经济要素进行"外权衡"的伦理学和那种拒绝对伦理要素进行"外权衡"的经济学都是既在理论上存在错误又在实践中产生许多恶果的理论。在进行外权衡时，必须同时既反对"经济学帝国主义"态度又反对"伦理学帝国主义"态度。

权衡意味着在差异、矛盾、对立中寻找恰当的结合点和"妥协点"，而不是以"帝国主义"或"绝对命令"的态度"唯我独尊"。里德说："经济上不合理的东西不可能真正是人道上正义的，而与人类正义相冲突的东西也不可能真正是经济上合理的。"② 里德的这个判断和观点不但具有重要而深刻的经济学意义而且同时具有重要而深刻的伦理学意义。

对于权衡原则的意义和作用，一方面，应该承认从"现象"和"表层"看它确实是某种"妥协"和"退让"的表现，但在另一方

---

① 布坎南：《伦理学、效率与市场》，中国社会科学出版社 1991 年版，第 3 页。
② 转引自恩德勒：《面向行动的经济伦理学》，上海社会科学院出版社 2002 年版，第 38 页。

面，又应该认识到它绝不是"抛弃原则"，因为它同时又是在"实质"和"深层"意义上"守护"原则和"走向"原则。

在理解和运用权衡伦理学时，必须努力避免对权衡原则和方法的形形色色的误解和滥用。这里的误解和滥用不但是指理论领域的误解和滥用，更是指现实生活中的误解和滥用。

权衡伦理学特别强调了权衡、商谈和程序的重要性，但这绝不意味着可以利用权衡伦理学为"权钱交易"、"黑箱操作"、"为富不仁"等现象进行"辩护"。

权衡原则意味着承认和突出"此人此时此地"性（时间空间上的"当时当地"性），但它绝不是否认"普遍道德"和"普遍原则"的。权衡原则无疑意味着承认相对性，但这绝不意味着权衡伦理学是一种"相对主义伦理学"。权衡原则意味着承认和突出"相对性"，但它绝不是相对主义的。

相对主义伦理学对一切原则都持怀疑和否定态度，而权衡伦理学却明确承认并强调：任何权衡都是在一定原则指引下、以一定的共识为基础、以一定的程序为过程的权衡。

权衡伦理学不但强调和重视地方性知识、具体的经验知识在权衡过程中的作用、地位和重要性，而且十分重视共同"原则"和"共识"（"共享知识"、"公共知识"、"共同知识"）的作用和重要性。实际上，如果没有最低限度的共同"原则"和"共识"为前提和基础，权衡过程就不可能进行。正是在承认权衡必须在一定原则指引下和以一定的共识为基础这一点上，权衡伦理学和相对主义伦理学分道扬镳了。

权衡过程中往往免不了要进行某些妥协和退让。从伦理学角度看问题，所谓"妥协"和"退让"不但可能是道德考量对"其他考量"（例如经济考量）的"妥协"和"退让"，而且也可能是"其他考量"（例如经济考量）向伦理考量的"妥协"和"退让"。这就是说，"妥协"和"退让"应该是双方面的，而绝不是单方面的。"妥协"和"退让"的结论或结果既可能是"伦理天平"稍稍向上倾斜，也可能是"伦理天平"稍稍向下倾斜。如果说当前有一些企业家在捐款救灾时"自愿"捐出更多的善款是经过权衡后"伦理天平"稍稍向上倾斜的具体事例;那么,当前人们在救灾时更加强调救灾人员必须"首先关注自身的安全"而不再提倡"不顾个人安危舍身救灾"的精神,这就是在经过权衡后"重视生命原则"更加向上倾斜的具体事例了。

如果说在以往的伦理学分析和研究中,伦理学家更加重视和强调的是伦理学原则和精神的"不可妥协性",是"伦理考量"和"非伦理考量"之间的"对抗性",那么,在当前的社会环境和时代条件下,经济学、伦理学、政治学、心理学、社会学等不同学科的分析和不同考量中,人们更加重视和强调的已经是"交叉"、"协调"和"共享"、"共赢"了。例如,对于"效率"和"公平"问题,在经济考量和伦理考量的相互关系上,主流思路已经不是在"你死我活"的对抗方式中考虑问题,而是在权衡、"共赢"的思路和原则下分析和考虑问题了。

虽然在直接的含义上,权衡是一个原则和方法问题而并不涉及目的问题,但由于权衡必然要依据一定的"标准"并且"追求"一定的目的,这就使权衡伦理学与机会主义伦理学有了截然的不同。权衡伦理学绝不是无原则的机会主义,权衡伦理学的精神实质和灵魂是要求在"动机"与"效果"之间、"道义"和"功利"之间、"普遍原则"和"具体情景"之间、"伦理考量"和"非伦理考量"之间、"理想"与"现实"之间保持必要的张力,努力兼顾、协调、共赢。

本文最后想对康德伦理学说几句话。康德伦理学在伦理学史上具有头等重要地位,这是无人可以否认的。鲍伊在《经济伦理学——康德的观点》① 中努力阐明在商业中贯彻康德的绝对命令伦理学不但是必要的而且是可能的。但认真研读该书后给人的印象却是,作者实际上已经是在用权衡伦理学的原则和方法"改造"和"修正"康德

---

① 鲍伊:《经济伦理学——康德的观点》,上海译文出版社 2006 年版。

的绝对命令伦理学了。

有人说:"道德哲学,在陪伴人类文明走过了几千年的风风雨雨后,在现时代遇到了许多的困境。这是社会历史文化状况迅速发展变化的结果。道德当然不可能在日新月异的世界中依然抱残守缺。""100年或150年前,道德还总是被认为适合于不变的、超人类的条件,现在当然已不会再有人信奉这一绝对化的理念。"① 当代道德哲学不同于古代和近代的道德哲学,它们有不同的时代环境、社会基础和立论前提。当代伦理学不是没有基础更不是要摈弃基础,而是仍然有其存在和发展的根本基础,但这个基础已经是存在于不同伦理学流派的对话与交融"之中"而不是"超然事外"了。工程伦理学、权衡伦理学都正在成为"伦理学王国"对话的新成员,这是应该受到欢迎的。

---

① 高国希:《当代伦理学对道德基础的探索》,载樊浩、成中英主编:《伦理研究》,东南大学出版社2007年版,第193页。

技术伦理与工程师的职业伦理*

刘则渊①，王国豫②

在有关技术伦理的讨论中，有一个比较流行的观点认为，技术伦理学是关于工程师的职业伦理学和责任伦理学。2003 年，在第一次中德技术伦理问题研讨会上，中方有代表在提出研究科技伦理"不容忽视是科学和技术活动中出现的违规和失范现象"③。这些发言，随即引起了与会者的热烈的讨论。2004 年，《江汉论坛》刊载的《科技伦理学究竟研究什么》一文认为，就"研究科技道德现象而言，科技伦理学实质上又是一种职业伦理学，既有职业伦理学的一般性质，又有其自身的特殊规定性"④。

下面就技术伦理与职业伦理的关系讨论三个问题，谈谈我们的看法。

首先我们来讨论第一个问题：关于技术伦理学的"不"。我们认为，技术伦理学的研究对象"不"是工程师的职业道德，技术伦理学"不"能与职业道德划等号，技术伦理学也"不"是关于工程师的责任伦理学。

---

① 刘则渊（1940 - ），男，湖北恩施人，大连理工大学人文社会科学学院教授，博士生导师，主要研究方向为科学学理论和技术创新管理。

② 王国豫（1962 - ），女，江苏盱眙人，大连理工大学人文社会科学学院教授，博士生导师，主要研究方向为伦理学、技术伦理学、中西方比较哲学。

* 国家社会科学基金资助项目（编号 04ZBX012）

③ 参见王国豫、李文潮：《科学技术伦理的跨文化对话和反思——2003 年中德科学技术伦理研讨会述评》，原载《中国社会科学》2004 年第 1 期，第 102 - 108 页，修改版转载于李文潮、刘则渊：《德国技术哲学研究》，辽宁人民出版社 2006 年版。

④ 杨怀中：《科技伦理学究竟研究什么》，《江汉论坛》（Jianghan Tribune）2004 年第 2 期，第 84 - 87 页。

近 30 年来，无论是在中国，还是在欧美以及其他国家，科学技术界伪造数据、剽窃抄袭他人成果等违规违法行为明显呈上升趋势，成为一个世界性现象。涉及到的不仅有无名的年轻学者，也有知名的院士、学术权威，甚至包括诺贝尔奖得主。例如，1974 年，美国纽约斯隆 – 克特林研究所将黑老鼠皮移植到白老鼠身上造假行为的"萨默林（W·Summerlin）事件"，被称作"美国科学界的水门事件"①。1980 年代，中国哈尔滨人王洪成宣称实现"水变油"的造假事件。2002 年，披露美国贝尔实验室有关分子级别的纳米晶体管等一系列论文数据作假的"舍恩（Jan Hendrik Schon）事件"，被认为是当代科学史上规模最大的学术造假丑闻之一。2005 年，韩国生物学家黄禹锡有关人体胚胎干细胞克隆数据造假事件，震惊国际科学界。据统计，从 1980 年 1 月至 1992 年 1 月，仅《自然》和《科学》杂志登载披露科学家弄虚作假的文章共计 266 篇②。在这样的背景下，人们呼吁将学术不端行为、违规腐败现象，纳入科技伦理学研究的视野，有一定的合理性。

然而，伪造数据、弄虚作假、抄袭他人成果，既不是现代高科技时代的独特现象，也不是科学家群体中的个别现象。作为一种社会公德或公共道德现象，它违背了做人的起码的道德规范，受到一般道德规范和法律的谴责。在中国古代的科举考试中，几乎历年都有作弊现象发生。2007 年在兰州发现科举作弊时用的古籍微刻珍本。这种作弊用的袖珍本，在台湾也存在。中国台湾台南县文昌阁展出的清代袖珍小书，仅手掌的四分之一，便于带入考场。伪造数据、弄虚作假、抄袭他人成果属于欺骗和偷窃行为。在世界上几乎所有民族的道德规范和戒律中，欺骗、伪造都是为人所不齿的。

① 参见任本、庞燕雯、尹传红：《假象——震惊世界的 20 大科学欺骗》，上海文化出版社 2005 年版；震惊世界的 20 大科学欺骗，科技日报，http：//scitech. people. com. cn/GB/25509/4821139. html. 2006 – 09 – 15/2007 – 07 – 07。

② 樊洪业：《科学作伪行为及其辨识与防范》，《自然辩证法通讯》1994 年第 1 期，第 25 – 33 页。

诚实、诚信是一个人的基本品质。"诚，信也"，是人与人交往的基本前提。中国古代思想家把诚、信作为"五德"——仁义礼智信中的一德。在西方，英语中的诚"sincerity"最初的意思是保持"原始形态、未经窜乱、歪曲或伪造"①，也是真诚、真实的意思。德语中的诚"Wahrhaftigkeit"，在哈贝马斯构建的商谈伦理学大厦中，是四根柱子中的一个。

也就是说，诚实作为古今中外，古往今来公认的道德规范，具有不证自明的先验性，它的道德有效性诉求，既不需要伦理学去论证和辩护，更不是技术时代特有的工程师的责任，也不是技术伦理学反思的对象。

那么，技术伦理学是不是就应该理解为工程师的责任伦理学？

德国技术哲学家、伦理学家罗波尔（Ropohl, G.）从技术的社会系统观出发，对技术从输入到输出，从技术理念的诞生，到技术的使用和技术后果的消除作了完整而细致的考察，指出了现代技术活动由于分工、合作等因素，技术不是单个人的活动，工程师作为个体仅不能，也不应该单独承担技术的全部责任②。

德国技术哲学家、伦理学家胡比希（Hubig, C.）则从对现代技术后果的分析中指出，要工程师承担技术的社会责任，这里存在的不是该不该的问题，而是能不能的问题。

1）技术后果表现出的或然性，在技术的理念和目的与技术的效应之间不存在直接的因果联系。

2）现代技术活动是一项风险活动，对于涉及到整个社会甚至人类的风险，任何个人都无力承担。

3）技术活动是社会组织系统下的制度活动，工程师个人再出

---

① 安延明：《西方文化中的"Sincerity"与儒学中的"诚"》，《世界哲学》2005年第3期，第57-67期。

② 参见王国豫、胡比希、刘则渊：《社会-技术系统框架下的技术伦理学——论罗波尔的功利主义伦理观》，《哲学研究》2007年第6期，第78-85页。

色，也不可能为企业或组织的技术活动承担责任①。在这种情况下，将技术伦理学理解为工程师的责任伦理，只能是流于空洞的说教。

从现实状况看，2000 年德国柏林的会展中心倒塌的事件，第二次大战后期美国对日使用原子弹的决策，美国挑战者号航天飞机的失事，中国黄河三门峡水库的严重后果等事例，都曾有科技专家抱着强烈的社会责任感在事前表达过不同的看法，但都无能为力，说明了科技专家作为技术伦理学责任主体的局限。

下面我们来讨论第二个问题：关于技术伦理学既"不"又"是"的问题。所谓"不"，如前所述，它不等同于职业道德和职业伦理；所谓"是"，即它与职业道德和职业伦理之间不仅具有历史的渊源关系，而且有着现实的和理论的亲缘关系，技术伦理学必须关注工程技术人员的职业道德和职业伦理。

将技术伦理学视为科学家和工程师的职业道德和职业伦理的观点，有一定的社会历史根源。鉴于科学家和工程师的崇高社会地位，鉴于科技界一些不端行为时有发生，因此加强科技界的职业道德建设与职业伦理教育具有广泛的社会影响和重大的现实意义。对此，技术伦理学不能不予以关注。

美国技术伦理学研究的发展历程，说明了技术伦理学与工程师的职业伦理之间的亲缘关系。1970 年代开始，美国科学促进会（AAAS）和美国律师协会（ABA）联合组成了国家律师和科学家会议（NCLS）讨论科学研究中的道德规范问题。之后，美国发表了有关科技界社会责任的一系列报告，如关于"科学自由和科学责任"的报告，国家科学基金会的《科学与工程研究中的不端行为：最终报告》，环境研究道德评价委员会、医学研究院的《科学研究道德营造支持负责任行为的环境》的报告②。可见，1970 年代以来美国的技术伦理学的发展，不能不说与对科学家和工程师的职业道德的重视

① 胡比希文，王国豫编译：《技术伦理需要机制化》，《世界哲学》2005 年第 4 期，第 78 – 83 页。

② 科学研究道德营造支持负责任行为的环境。国家学院出版社，华盛顿特区，2002.

有关。

在美国，技术伦理学可以说发源于职业伦理学。米切姆（Mitcham, C.）在《技术伦理学的成就》一文中回顾了美国技术伦理研究的历程。他将美国的技术伦理研究分为四个阶段：第一个阶段。19世中后期，职业工程社团制定的内部条例。第二阶段，20世纪初，为忠诚伦理学阶段，美国电气工程师学会（AIEE）、美国土木工程师学会（ASCE）和美国机械工程师学会（ASME）的伦理学守则，强调商业利益或公司忠诚。第三阶段开始于第二次世界大战，主要特点是强调工程师的责任承认公共安全、健康和福利的重要性。1932年成立的职业开发工程院，强调工程师的主要职责是对公众福利负责，关注生命安全和公众健康。第四阶段20世纪70年代，是伦理学教育阶段。由于发生的一系列技术事件：福特发动机失败的设计，导致一系列致命的事故；三里岛的核事故，环境保护和消费者保护运动的发起，引发了人们对将技术伦理学引入课堂的重视。

美国职业社团和职业伦理的发展，为技术伦理学的研究和发展提供了直接的历史与现实动力。说明了技术伦理学与工程师的职业伦理之间的亲缘关系。而从理论上来看，将职业伦理理解为技术伦理的理论根据，主要是来源于职业伦理与角色伦理的关系。

角色责任的思想可以追溯到古希腊柏拉图（Plato）和亚里士多德（Aristotle）那里，将社会角色与德性的探讨联系在一起，不同的角色承担着不同的责任。角色责任成了德性伦理的基础，带来德性伦理的复兴。德性伦理强调行为者自身的品德。胡比希认为，德性伦理是技术伦理的基础。在这个基础上，德国工程师协会（VDI）制定了《工程伦理的基本原则》，作为所有工程师的行为规范和职业责任，来规范和发展符合人类利益的工程技术活动，在一定程度上实现了工程技术伦理与工程师的职业道德和责任伦理的统一。

由此看来，技术伦理学与职业伦理学、责任伦理学三者既不是完全等同的或相互包容的关系，也不是彼此独立的分离关系，而是有着历史和理论的渊源关系，并带有一定共性的部分重叠交叉关系（图

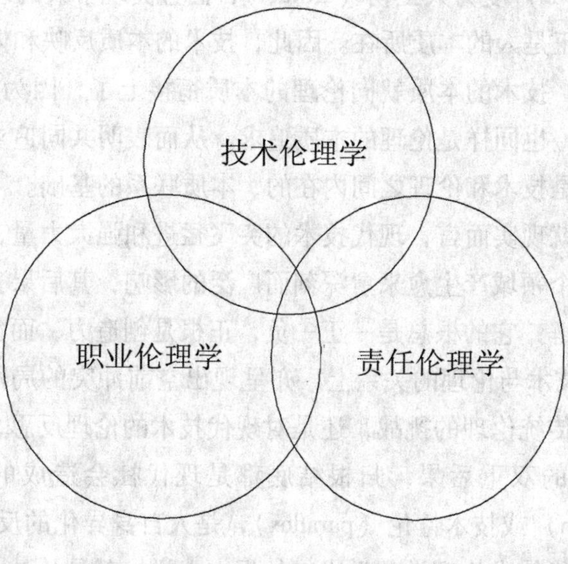

图1　技术伦理学与职业伦理学、责任伦理学的交叉关系

1)。

　　最后我们来讨论一个问题：关于技术伦理学的"是"。技术伦理学的研究对象是什么？我们认为，应当从技术活动形成的人与自然和人与人的两种关系中，从人借助技术展现人的本质力量来把握技术的本质，从而在复杂技术系统的社会建构中，找出和重建一个适应技术时代的技术伦理学。

　　关于技术伦理学的研究对象，不妨从技术的本质、其所反映的人的本质，以及技术和伦理之间的本质联系来加以考察。技术伦理学的研究对象并不是技术与技术活动本身，而是技术活动引起的人与自然、人与人的两种关系及其产生的伦理问题。技术在人与自然和人与人的两种关系互动中，在同时发生的人的外化（exteriorization）和自然人化（hominization）的两种过程中，形成了自然属性和社会属性两种不可分割的本质属性。显然，技术在本质上显示了人对自然的能动关系，而人对自然的这种能动性，不仅直接表现为人能动地把自然

211

物（pyrophorus）变为人工物（artifact），而且突现了人的理智、道德和自由，这正是人的本质所在。因此，技术的本质反映和体现了人的本质。这样，技术的本质就同伦理的本质衔接上了，因为人的理智、道德和自由，也同样是伦理的本质追求。从而表明共同追求和展示人的本质，正是技术和伦理之间内在的、本质联系的基础。

然而，就现实而言，现代技术的突飞猛进和强大力量，对人、自然、社会各个领域产生愈来愈深刻而广泛的影响，其后果犹如一个二次方程式之解，它的根总是一正一负，正根是创造力，而负根便是破坏力①。在技术与伦理的关系上，亦呈现出空前冲突的局面。无论是现代技术对传统伦理的挑战，还是对现代技术的伦理反思，都昭示现代技术呈现的双重后果，归根结底都是现代社会造成的技术异化（dissimilation）或技术悖论（paradox），是人自身异化的反映与结果。因此，现时代技术伦理学的诉求，从根本上说，就是从技术的本质出发，在人的技术活动中积极扬弃人的自我异化，实现人的本质复归，规避技术的异化，从而在推动技术进步的过程中，达到技术与人的和谐、技术与社会的和谐、技术与自然的和谐，同时实现人与自然的和谐、人与人的和谐、人的自我和谐。这是一种基于技术和谐目的论的技术伦理观。

但是，欲达到技术的和谐目的，不能仅仅着眼于单纯的技术过程，需要从技术主体——技术过程——技术客体的各个层面，从技术的决策、创造、生产、传播、使用各个环节，从技术的工程过程、经济过程、文化过程各个方面，对技术进行社会建构；也不只是工程人员的责任，而是技术的社会主体的任务，包括技术的决策者与组织者、技术的创造者与生产者、技术的需求者与使用者，社会各界的共同责任。由于技术作为一种社会行为和生活方式，技术伦理学需要研究参与技术的社会各界、即技术的社会主体的道德自律问题和责任伦

---

① 赵红州：《走有中国特色的可持续发展道路："绿色道路"研究纲领》，《科学学与科学技术管理》1997 年第 6 期，第 5 – 8 页。

理问题，而不能归结为工程师的职业道德和责任伦理。这是一种基于技术社会建构论的技术伦理观。

关于技术的社会建构问题，又同技术知识系统密切相关。从工程技术及其相关学科的知识体系看，工程技术活动涉及到的知识包括：1）工程技术研发所必需的一般技术理论与方法；2）自然科学、技术科学、工程科学三个层次的知识；3）自然科学、技术科学、社会科学相互交叉形成的社会技术科学知识，如创新经济学（innovation economics）、技术社会学（technology sociology）、人类工程学（ergonomics，即工效学）、技术生态学（technology ecology）、技术管理学（technology management）和技术美学（technology aesthetics），以及技术伦理学（technology ethnics）等①。从技术伦理学在复杂的跨学科的技术知识体系中的地位和作用看，离开技术的跨学科知识体系，离开技术知识的社会建构，离开技术的经济关系、社会关系、生态关系、审美关系和人类学关系等等，就无法把握技术的伦理关系。这是一种基于技术知识系统论的技术伦理观。

同样，如果我们将技术理解为复杂系统，那么就不应该只是将工程师、技术人员的责任问题纳入技术伦理学的研究视角，而是要从技术的社会主体三个层面上来研究技术伦理学：

1）技术的决策者和组织者层面，包括政治家和企业家。他们分别在政治上宏观上和在经济上微观上对技术开发活动的决策过程与影响，是技术伦理学的直接对象。由于技术活动直接渗透在政治活动中，技术决策也是政治决策。发展新能源的问题关系到国家的安全和社会的安定，不仅是技术问题，也是政治问题，转基因技术关系到粮食问题和生存问题，纳米技术已经变成了新一轮技术竞争的法宝。

有远见的政治家不可能不考虑技术决策问题。企业家是技术发展的实施者。从技术手段、方法和资源的选择，到具体技术的生产，企

① 刘则渊、程耿东：《论技术科学的创新功能与强国战略（2007）》，《2007/2008 年卷中国科学学与科技管理研究年鉴》，大连理工大学出版社 2008 年版。

技术伦理与工程师的职业伦理

业家作为技术生产的决策者是技术伦理学的直接对象。

政治问题，转基因技术关系到粮食问题和生存问题，纳米技术已经变成了新一轮技术竞争的法宝。有远见的政治家不可能不考虑技术决策问题。企业家是技术发展的实施者。从技术手段、方法和资源的选择，到具体技术的生产，企业家作为技术生产的决策者是技术伦理学的直接对象。

2）技术的创造者和生产者层面：它既包括科学家和工程师作为个体的良知伦理，也包括科学家和工程师作为知识的拥有者所承担的

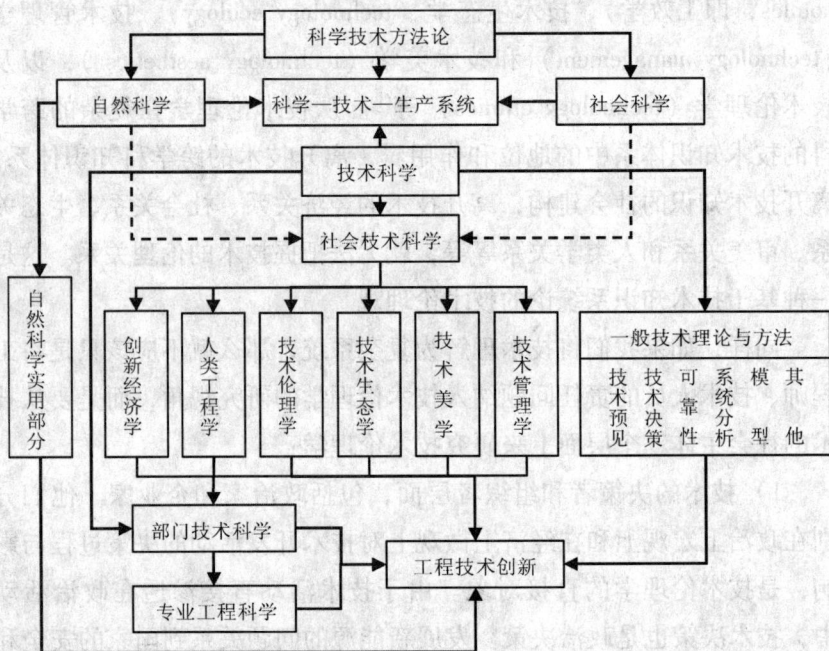

社会责任。技术伦理也正是在这里与工程师的职业伦理和责任伦理交臂，在这个意义上，技术伦理学也可以看作是科学家和工程师的责任伦理。重要的是找到技术伦理、职业伦理、责任伦理的交集内容。从工程师的职业伦理角度看，要分别研究个体的道德观、价值观与职业伦理的关系；一般社会公德在工程技术行业中的具体表现；各个工程技术职业所特有的伦理规范。就工程师的责任伦理而言，既要探讨如

何区分承担责任的范围和大小，又要研究怎样划分担负技术工作所负的技术责任、过失责任、法律责任。

3）技术的需求者和使用者层面：所有的直接或间接影响地影响了技术发展的方向及其后果的个体，都应该是技术伦理学的受众或责任的对象。飞机是制造温室效应的一个重要来源。我们乐意选择、或者默许廉价飞行，间接地导致了温室效应的提高；度假旅游是现代社会的生活的一部分。但度假最容易带来环境问题。我们时刻感受到能源紧张，但是我们谁也不愿意放弃高温下的空调。这些例子是说，在技术已经渗透到生活的各个层面成为生活方式的时候，在技术行为已经成为我们的日常行为的时候，技术伦理学的对象也是一般伦理学的对象，技术伦理学在这个意义上与一般伦理学有着共同的目标和任务。也正是这个原因，调节人的行为的一般伦理学原则同样适合于技术伦理学，可以作为技术伦理学的基本原则。

关于技术与伦理关系的多元透视

卡尔·米切姆① （著） /朱勤 （译）

一、伦理、科学和技术

为了将西方有关技术的伦理思考置于广阔的"历史——哲学"视野之中，我们有必要追溯科学、技术与伦理关系的谱系。在传统思想中，伦理学本身被认为是一种科学。在对话体而非论文的柏拉图著作中，伦理与逻辑分析、知识理论、实在以及政治事件混杂在一起，使人们很难清晰地区分哲学的这些不同分支。然而，所谓的伦理学其实是首要的或基本的哲学。在苏格拉底的自传（斐多篇96a ff.）中，它不仅是自然的功能性基础，而且是对美、善和崇高的肯定，——这种肯定为哲学探究指出了方向。为了充分说明伦理经验，人们必须了解存在的不同层次，以及与这些层次相关的不同知识形式。当然，最高的实在仍然是伦理的，即那个超越存在的善（理想国509a – b）。

然而，在亚里士多德看来，哲学的起源在于，用有关本性的论述取代了有关神的论述。正是对于本性，即实体的独特功能性特征的研究，构成了自然科学，也提供了对于万物之目标（teloi）或目的的洞见。在亚里士多德那里，哲学的众多分支得到更为清晰的区分，伦理学成了对于人类习俗、习惯和行为的系统考察。与其他存在种类相

---

① 卡尔·米切姆，男，美国科罗拉多矿业学院人文与国际研究系教授，Hennebach人文研究项目主任，国际技术与哲学学会首任主席，主要研究方向为技术伦理、技术哲学和STS。

比，人类的本性允许，并且需要进一步的规定。在个人层次，这些补充性规定被称作品质；在社会层次，它们被称作政治制度。我们需要对其异常多样性做出系统的（也即经典意义上的"科学的"）分析和评估。

这样的分析和评估至少发生在三个层次上。首先，我们需要对人类实际上如何行为做出描述。正如亚里士多德所说，人类行为自然地指向某些目的。这些被追求的目的可以依次分为三类，即肉体快乐的生活、公众荣誉的生活或理智思考的生活。

其次，伦理学对这些目标进行比较、对比，并且努力说明，哪一种目的，因为那一种原因而优于别的目的。亚里士多德本人强调，理性的生活最优，因为这是人类天生的、唯一或最好的生活，并且这也是最自主的生活方式。人类与其他动物同样追求快乐；而对荣誉的追求依赖于其他人的赏识，而且它的内容取决于一种历史偶然性，即恰好出生在一个好的政治制度之中。

最后，伦理生活本身成了一种追寻有关人类行为的知识的努力。它力图从概念上澄清完善（美德）和不完善（恶德）的不同形式，力图综合地评述人性和其他形式的本性之间的关系，力图最终超越人类经验的各种从属性维度。在这一最后的形式上，伦理学成了最一般意义上的科学。它所关注的不是部分（人类）而是整体（宇宙）。

但是，亚里士多德同时指出，我们学习伦理学不仅是为了知道善，而且也是要成为善的人（尼各马科伦理学Ⅱ,2）。伦理学不仅是一门科学，而且也是一种实践，一种关于自我改进和社会改进的技术。就此而言，伦理学为个人行为提供了具体准则,也为政治组织和政治统治提供了建议。伦理学引导出政治学,——它不仅意味着政治行为,而且意味着政治哲学。（尼各马科伦理学Ⅹ,9）。

在中世纪，伦理学或道德理论（科学）与伦理实践或道德实践（技术）这些勾连状态被纳入启示的框架。例如，根据奥古斯丁在《论真正的宗教》中的论点，启示带来了各种只为少数人所认知的哲学真理，并且将这些真理公之于众。由于这样的原因，宗教在个人和政治层次上，都比以前更加有效地实现了善。

作为科学和技术的伦理学的各种传统形式，限制了自然科学和物质工艺的独立发展。在近代，发生了一种与科学和技术的性质转变相应的，有关伦理学的认识转变。对自然的科学认识不再专注于不同实体的性质，而是专注于那些超越所有个体和种类的规律。由此而来的知识促进了工艺向技术的发展，提高了控制或重组物质和能量的系统性力量。技术知识构成了技术活动的基础，——这种活动前所未有地、更加合规则地创造出更大数量的人造物。

同样的，伦理科学开始尝试阐明人类行为的规则。在此，我们看到了两个不同的伦理系统：一个坚持认为，行动的结果最恰当地决定了各种规则（结果论者）；另一个强调，规则植根于行动本身的意向性特点（义务论者）。但在每一系统中，道德科学都促进了伦理决策过程的发展。

二、现象学批判

许多结果论者和义务论者都在努力改进具体的伦理决策，即都在努力将伦理学发展为一种技术。与此同时，我们也看到了另外一种关于技术伦理的思路。这一思路试图发展出一种广阔的、具有科学形式的理解方式，从而说明技术作为一个整体如何改变了社会和文化。这种努力的典型例证，就是存在主义者对于活生生的无序状态的描述。其实，这种状态就是由大规模生产、电子通讯、核武器等种种技术变化所造成的。同时，由于康德哲学或义务论传统的强烈影响，它也经常努力构造出一些与新的情况相适应的普遍原则。

在这种讨论中，卡尔·马克思、麦克斯·舍勒、荷西·奥特加·加赛特和马丁·海德格尔等不同类别的哲学家都认为，现代技术已经独特地改变了人类的境况，那些既有的道德已经不足以应对变化了的情况。但是，在技术如何以特殊的方式改变了人类生活世界这一问题上，他们常常意见不同。而且，在如何对这种改变做出恰当的道德回应这一问题上，他们也有所不同。然而，正是这个观点各异的学术大师群体，构成了有关伦理与技术的现象学或存在主义讨论。

例如，根据马克思的观点，"现代技术科学"破坏了传统技能和手工生产的愉悦。它将工人置于大规模的、资本家所有的工厂控制之下。在工厂中，一切劳动职能都变成均等的和可交换的（资本论Ⅰ，13）。在传统的社会生态环境中，物质生产的类本质其目的在于普遍的人类福利。但是，现代技术科学所带来的一切扭曲了这种社会生态环境。只有通过一场社会革命，从而改变这些新技术的所有权，人们才可能矫正这种扭曲。因此，马克思主义关于产业技术的伦理评估，指出了某些特殊时期的经济秩序作为技术的社会控制手段的不恰当性。

根据舍勒的观点，生活世界的历史转变不仅仅是一种经济现象；它也意味着一种甚至笼罩着技术工人本身的"产业精神"的生成和泛滥（《妒恨》，ch. 5）。这种（介于道德原则与道德行为之间的）精神使有用性和工具价值凌驾于生命和有机体的价值之上。这不仅是一种经济秩序的扭曲，而且也是一种价值论层次的扭曲。这种扭曲促使人们开始一种文化改革。

但在奥特加看来，正是在现代技术科学和产业精神内部，产生出一种无论社会革命，还是文化改革都不能解决的道德问题。与传统的手工技艺相比，现代科学技术显著地增加了可做之事，但却没有相应地深化有关应做之事的观念。奥特加关于这一问题的简练的表述是：以前人类仅仅获得某些具体技艺，并且因此可以例示所谓一般意义上的技术；现在人类拥有了一般意义上的技术，但却不知道它的具体用处。为了解决这个问题，奥特加在其《关于技术的沉思》（1939）结尾处提出建议：人们需要培养他所谓的"灵魂的技术"。

毫无疑问，在伦理学与技术这一问题上，海德格尔是欧洲最具影响力的哲学家，尽管他明确地拒斥伦理学本身。在其《对技术的追

关于技术与伦理关系的多元透视

问》一书中，海德格尔取消了科学与技术的差别。他认为，现代科学技术，或者布鲁诺·拉图尔所谓的技术科学，与其说是一种精神，不如说是真理的一种形式。这种真理或知识把世界归结为某种"持存物"或资源。一种建构世界的、虚无主义的命运，即他所谓的"框架"将会支配该持存物或资源。海德格尔似乎既使伦理反思比以前更加必要，同时又摧毁了它的根本可能性。

海德格尔的较少争议性的观点之一是：科学和技术是两种互相渗透的实践。核物理学是有关回旋加速器和反应堆的应用技术，同时核工程技术又是一种应用核物理学。就此而言，科学伦理学似乎开始于与技术伦理学的融合。同时，现象学讨论的整体性思路也依赖于它在解决具体问题时的实际影响。

三、分析的渐进论

与现象学学派的整体道德判断不同，对于技术的分析的研究立足于这样的观点：技术没有根本性地改变人类境况，许多传统伦理原则都可以被用来解决当代技术创造和使用环境下的道德问题。分析哲学将技术发展看成是由石斧到电子计算机的连续过程，并且追问——是否有必要在那些精致的、大多是结果论的既有伦理遗产以外，再探寻什么别的标准。由此，这种哲学已经着手阐明并体系化一系列与具体现代技术相关的伦理问题。它的工作涉及从生物伦理学、环境伦理学到计算机伦理学和工程伦理学等诸多应用伦理学领域。这些领域的工作运用了由分析的道德和政治理论而来的概念和分析模式。当然，在某些情况下，由新的技术所提出的具体问题要求人们扩大这些概念和方法论的先前用法。

尽管分析的技术伦理学的各个子领域都涉及特殊的交流群体，以及独特的问题系列，然而我们仍旧可以看到一些超越具体分析的关键主题。这些主题中突出的主题包括：（1）关于技术成果分配的公平

220

与公正问题；（2）技术对个人自主性与自由的影响。让我们依次进行概述。

在历史上，与技术物品和技术服务的分配相关的社会公正问题首先成为道德关注的焦点。这种关注导引出 19 世纪劳工运动、社会主义和国家的技术法规。这些法规最初涉及水和卫生设施，然后又涉及食品、药物的生产与分配，以及建筑物的设计和建造等。后来 20 世纪的法规出台了，它们涉及通讯的新形式（收音机和电视）以及交通的新形式（汽车和飞机等）。最近，与生物医学、环境污染和计算机相关的公平问题重新浮现出来。它不仅涉及物品本身，而且也涉及与这些物品相关的安全与风险的评估问题。例如，应当以什么为依据，去分配捐赠器官或人造器官等稀缺医疗资源？如何公平地分担各种与技术发展相关的风险（特别是环境污染）？在民主的资本主义结构之下，人们应当怎样使用信息技术？这些有关分配公正的问题，从其出现的那天起，便困扰着福利事业和公共选择经济学。

与安全、风险和污染这些具体问题密切相关的，是技术评估工作中的跨学科努力。人们的顾虑首先是，技术经常会造成意想不到的后果。仔细想来，这些后果可能已经改变了人们采用或利用该技术时的那种经济基础。然而在诸多领域迅速明朗化的是，所有这些不合需要的（甚至合乎需要的）后果很大程度上都服从概率计算，而不是确定计算，而各种概率的联系甚至服从于价值影响。

该领域的两个重要贡献来自于大卫·科林格瑞奇（David Collingridge）和克里斯丁·莎拉德—弗里奇特（Kristin Shrader – Frechette）。科林格瑞奇指出了一种技术评估的二难困境。在技术发展的早期，它的方向很容易控制，但是我们常常缺少从事合理控制的知识；当我们更好地了解到风险时，对它的控制变得很难，甚至几乎不可能。科林格瑞奇认识到著名的"科林格瑞奇困境"，并且主张，仔细地评估和利用那些明显具有变通性的技术。

莎拉德—弗里奇特主张，事实上伦理学和技术的全部问题都可以被分解为风险分析的多种方面：怎样定义风险；怎样评价技术的不确定性；各种不可补偿的风险对于恰当的过程的威胁；风险评估方法；对社会可接受风险（或安全）的确定，以及对风险的认同等。莎拉德—弗里奇特根据实用渐进论的传统，主张将自由和知情同意的概念从医学领域扩大到公共政策领域。人们应当在对于风险的明智认识基础上，接受技术风险和选择，而不是在经济压力的过度约束下服从技术风险。

第二个重要主题涉及与先进技术的发明和利用相关的自主性和自由等价值。例如，在生物医学方面，人们已经作出许多努力，以便将自由和知情同意的严格指标概念化，并且进而提出使这些指标制度化的方法。在信息技术方面，伦理分析已经试图阐明电脑数据库使用中的隐私和安全的意义，以及因特网上的言论自由的意义。更一般地，兰登·温纳（Langdon Winner）（1984）已经开始探究，技术设计过程和大型技术系统（例如道路），如何约束着人类的主动性，如何限制公民行使其民主权利。

技术职业中的责任问题构成了这一领域中人们分析最多的具体案例之一。该语境下的责任承认正式意义上（具有知识和意图的自由行动者）的道德责任性，但与此同时，也试图勾画出某种实质内容或准则，从而推行一种超越个人私利或经济需求的生产者道德。其目标在于建立一种中介，从而将新技术的异乎寻常的力量与人们普遍接受的社会价值结合在一起。事实上，社会价值可能会因为人们对于技术变化的过分乐观而逐渐边缘化。我们必须有意识地恢复和保护这些内容。

技术职业责任的一个特别方面指出了技术社会公民的实践方向。这里所指的就是承认和保护技术产品和技术服务的接受者或消费者的合法自由。在很大程度上，这取决于公共建设、促进健康和安全，以及宣传各种标准等。没有技术专业人士的加入，这些工作是不可能完成的。有时这类参与还包括公众抗议，例如一些物理学家在20世纪50年代到60年代早期游说全世界，禁止核武器的大气试验，或者计算机科学家在20世纪80年代反对美国对星球大战计划的资助等。

四、结论：伦理与政治

通过对比，我们来考察一下这两种思路的优势与不足。从分析的视角来看，现象学批判研究的是"黑箱"技术。对技术的分析研究尝试打开黑箱，并详细地分析其内在实质，以便从现实利益角度来解决问题。在这个意义上，分析的渐进论结合了科学技术的社会建构主义和行动者网络分析，并从两者中受益。这两者都赞成通过政策分析将伦理学转向于政治学（就像亚里士多德论述的那样）。从而，政策研究（也就是政治决策科学的运用和对控制科学最佳方式的探索）的整个领域构成了一个整合科学、技术与伦理的新的、很独特的努力。

然而从现象学视角来看，分析的方法倾向于过分追求细节或迷惑于细节之中。现象学批判试图提供一个整体的追问趋向，这种追问将使我们免于屈服在技术变化的日新月异的气势之下。先前的技术社会学支持着这样的现象学批判，雅克·埃吕尔（Jacques Ellul）的工作完美展现了这一现象。整体性的批判有着政治意蕴，它表明有必要进行有关当前状况更普遍的启蒙。布什总统的生物伦理学顾问委员会是这种努力的一个例子，它由里昂·卡斯（Leon Kass）所领导。卡斯明确地提议应大大地超越主流的分析生物伦理学，以便提出问题。这些问题不仅仅与安全和风险或者职业责任有关，而且与人何以为人有关，特别是在日益发展的先进生物医学技术背景下。

通过这样的比较，我建议技术伦理的未来，应当致力于运用应用分析伦理学的优势来解决各种具体问题，但并不因此而放弃寻找更一般性结论的尝试。同样地，任何将技术作为整体来研究的努力，都必须用在细节上带来创新的能力来检验自身，从而解决一系列问题。技术与伦理的研究有必要在分析的渐进论与现象学批判之间保持一种张力，而多元的技术伦理能够意识到这一点并试图将其做到最好。我补充一句，不放弃任一传统的任何方面。

陆上救生艇计划：捍卫人类自身的国际事业

凯利·史密斯①（著）/秦明②（译）

一、引言

人类可能彻底终结，不是啜泣着消亡，而是砰的一声垮掉。虽然这是电影和书本中流行的主题，但是，所有认真研究这一问题的人都会承认它具有真实的可能性。如果我们受到巨大星体的撞击，或遭受一场热核战争，又或经历一次全球性的流行病，人类很可能无法生存。甚至更有可能的是，尽管那时依然有人存在，但由于人类文明瓦解，那些幸存者将忍受几个世纪的痛苦。到目前为止，专业伦理学工作者们完全忽略了这一问题。

我知道，有些人在阅读这篇论文时会禁不住发笑或者摇头，而不能真正接受我在此非常严肃地提出的问题。然而，不管我们是否愿意思考这一问题，一个简单的事实是：人类文明正面临着真正的风险，即某些全球性的大灾难将使它不复存在。当然，思考这些事件的合理方式是，假定它们将必然发生，正如它们过去确实不止一次地发生过。真正的问题仅仅是它们将在何时发生，以及对人类将产生怎样可怕的影响。这里所说的似乎非常奇怪，而且不会特别取悦于人类的天

---

① 凯利·史密斯：《美国克莱姆森大学》，罗伯特 J 拉特兰伦理研究所，副教授，从事交叉学科间相关问题研究，包括医学中的疾病概念，宗教信仰与科学理性的关系，人类生存于其他星球的伦理问题等。

② 秦明（1980－），女，浙江绍兴人，大连理工大学哲学系，在读博士生，研究方向为技术哲学。

性，所以，人们几乎不愿意花费什么精力认真地思考这些可能性，更不要说起而行动，去处理它们。当然，到目前为止，我们是幸运的，而且在有生之年，我们持续这种幸运的可能性远大于失去它。思考我所要讨论的巨大威胁的确使人不快，甚至心理上难以接受。在有些情况下，我们会基于某些理由允许学生们不去仔细分析某些伦理问题。但上述理由不在此列。我只要求我们自己忠实于同样的逻辑标准。

很幸运，我们可以有所作为。如果国际社会愿意，它可以使用必要的资源在其他星球构建一个专家殖民地，从而将文明带给地球灾难的幸存者，或者，如果有必要，推动人类自己取得文明。这样的计划在技术上是可行的，而且即使大灾难不会发生，也会给今天的人们带来巨大的利益。我们唯一缺少的是行动的意志。因此，这篇文章的目的在于，使学者团体相信，我们面临着真实的威胁，我们可以对此有所作为。考虑到问题的严重性，我们当然很容易得出这样的结论：我们有责任立即行动。我希望这篇文章可以成为创立国际学者联合体的第一步。这些学者应该努力说服公众和决策者，为了未来的世代，我们有责任承担起应对这些威胁的复杂任务。

二、这种威胁的特征

1. 担心什么

我需要做的第一项工作是，克服我们在论及人类终结时普遍具有的不真实感，并确保我们都了解实际威胁的特性。人们在处理未曾亲见的问题时，普遍存在的一个缺点是缺乏想象力。由于人们或者人们所知的任何人都未曾亲自处理过这种问题，他们很难把它当作一个真正急需解决的问题。这显然是一种伦理学课堂上常常遇到的情况。例如，同学们很难想象一个充满克隆人的世界。结果，他们的观点经常没有经过仔细的思考，因为他们没有看到，有什么必要为此殚精竭虑。只有当你说服他们，这是一个应该关心的问题时，他们才会开始思考并且形成关于这一问题的系统的伦理观点。如果你要讨论的事件，尽管发生在过去，但史书中从来没有记载，情况就会更糟。然而，如果我们可以证明，它们曾经发生过、而且可能再次发生，那么从未有人目击过它们的影响这一事实，尽管有着很强的心理震撼力，但在理性的思考中肯定没有什么位置。

我所感兴趣的是这样一类事件，它们确有可能摧毁人类整体，或它们并不能结束人类整体但却彻底摧毁了使现代文明得以可能的系统，包括政府、信息传输网络、食品生产和分配系统等。类似的威胁相当多，但考虑到这是一篇应用伦理学的文章，我打算从以下两方面来限定我们所要思考的威胁。首先，我不考虑那些我们不能采取有效行动的威胁。例如，终有一天，我们的太阳将膨胀为红巨星，逐渐把地球纳入它的大气层中，这将十分有效地使地球成为不毛之地。天文学家也指出，在任何时候，我们的空间区域都可能成为 γ 射线的辐射目标。这种射线的杀伤力很强，可以摧毁全部生命。又如，我们可能会不幸遇见黑洞，那它将撕碎、吞噬太阳系中的任何一个原子。当然，我们还可能遭遇怀有敌意的外星人，他们拥有比我们更先进的技术，从而使我们的反抗成为徒劳。我不想继续讲述这类"愉快的前景"，不是因为它们无聊，而是至少就我们有生之年中的技术发展而言，人类的确无计可施。如果什么都不能做，那么讨论什么应该做也就没有多少意义了。

第二，我只想讨论这样一些威胁，它们的袭击很可能非常迅速，所以我们需要提前计划有效地缓解其后果。对于其他类型的威胁，一旦它们开始出现，我们一般总有足够的时间采取有效的措施。我真正担心的是那些猝然而至，使我们防不胜防的威胁。虽然，我们很可能最终会因为无所限制性的温室气体或者因为人口膨胀而使自己的文明慢慢毁灭，但是，这都是一些熟悉的威胁，而且关于我们需要如何应对的讨论至少已经展开（虽然人们尚未就解决方法达成共识）。

基于上述限定，我希望处理的威胁有四大类：气候的突然变化、全球战争、流行性疾病和假设的威胁。第一，有一类情况我们有最可靠的历史证据，即气候突然大规模变化。这不是那种相对缓慢的变化，例如由于我们温室气体排放而对地球造成的影响，而是由灾难性事件造成的一种更突然、更剧烈的变化。举例来说，大部分科学家相信恐龙正是由于类似事件而灭绝。根据主流假说，6500万年前，地球曾遭受某一厚重小行星或彗星的撞击。随后发生的爆炸是巨大的，许多残骸碎片进入高空大气层，从而导致全球范围的酸雨、有毒气体的散发以及戏剧性的降温。正如考恩在1999年所描述的：

　　"发生在尤卡坦半岛的一次撞击中，（留下'奇克苏卢布'巨大陨石坑），受击岩石含有大量的硫，这些硫通过类似酸雨的结晶过程，在空气中形成大量的硫酸盐悬浮物质。它们比工业污染中产生的任何物质更剧烈、更具破坏性。有种模型称之为含电池酸性很高的雨。这些悬浮物质的直接影响是，足以导致某些生物窒息、植物枯萎，以及溶解生活在沿海岸以及海洋上层生物的外壳。它们还扰乱了空气和海水中二氧化碳含量的平衡。一连串气候变化事件使上层海域成为不毛之地长达20年之久。在撞击事件的其他影响中，灰尘、烟尘以及悬浮颗粒切断太阳光线达几个星期或几个月之久，从而使陆生植物和海洋中的藻类浮游生物不能进行光合作用。撞击后的几天里，灰尘也会导致空气温度降至冰点，而且可能使其持续几个星期甚至几个月。在极地，这种情况可能是正常的，也可能不会影响深海生物。但是，对大量的陆生生物而言，这是个大灾难。"

　　其他因素也会导致气候的突变。比如，有时候火山爆发特别严重，大量物质被冲击到大气中，引发类似的气候灾难。这些大灾难在地质史上经常发生，并且被称为溢流玄武岩爆发。例如，75000年以前发生在苏门答腊岛多巴火山喷发事件似乎只是使地球突然进入冬季，但它在大气中形成的大量硫酸，使地球上的人口大约减少了60%（Ninkovich, et. al, 1978；Rose & Chesner, 1987）

　　当然，我们很难确切地了解这类事件的发生会对人类产生怎样的影响。或许我们可以毫发无伤地生存下来，特别是在我们有足够的时间去计划大规模的补救措施的情况下。然而，即使我们可以把气候突变的影响限制在全球范围内的单一生长季节之中，这也会在从未见过的规模上，在那些从未经历过这种情况的国家中造成饥荒。我坚持认为，我们习以为常的，并且使文明生活可能存在的脆弱的社会组织很可能承受不住这种压力。的确，大规模社会崩溃的可怕影响也许会最终超过谷物损失的影响，因为社会不再有能力从事大规模的合作计划，例如公众健康、基础设施以及科学研究等。

第二类主要威胁则是人类的宿敌——战争。当然，战争是人类历史上最普遍的问题之一。但是，这里我们所说的战争应该是全球性的，也是毁灭性的。换句话说，我们真正必须关注的是全球热核战争。目前，全球至少有两万枚活性核弹头，即便只用很小的一部分也是毁灭性的。一则，大规模的核战争可能导致核冬天，这与前面所讨论的有关气候变化的灾难非常相似。作为这些爆炸本身以及由此引起的大量火灾的后果，大量物质被释放到大气中。这些物质可能会大量削减到达地球表面的太阳射线总量，从而使地球降温等。但更直接的是，核战争可能会导致地球表面的空前破坏。我们要清醒地认识到，这种破坏不可能随意分布，而是很可能明确指向人类文明的关键资产。举例来说，所有人口密集区（如高校集中区、金融区、运输系统、工业区等）无疑都将被摧毁。世界经历了全球核战争，同时人类又不会绝灭，这是不太可能的。最起码，我们所知的文明将不复存在，而它的重建则需要几个世纪。

第三，流行性疾病的可能性。这种流行病可以通过某种新疾病的进化，或者现有疾病的变型而自然地发生，这在整个历史上都曾周期性地发生过。最著名的是14世纪的鼠疫以及20世纪的西班牙流行性感冒。但是，新的疾病和病变的出现具有某些规律性。最近，随着禽流感的发生，我们更加意识到这种威胁。实际上，国际保健专家已经指出，其他流感的发生只是时间问题，并且将成为全球性的威胁。更有甚者，它们还不是当前的健康体系所能预防处理的。然而，比之于那些以毁灭人类文明为目的而特别设计的疾病，自然发生的疾病可能不太容易造成这样的威胁。当然，一种新型的流感完全有可能出现；它会消灭 30 亿人口，并且造成大规模的社会崩溃。但是，我们有更多的理由担心那种特别作为武器而设计出来的疾病的肆虐（偶然的或有意的）。最残忍的生化武器是建立在已有疾病，如天花或埃博拉病毒的基础上，它们的致命性已经在遗传学上被"最优化"。感染率、潜伏期和抗原等因素都被改良，从而可以确保疾病通过敌方军人迅速扩散，并传染通常的公众保健设施。最近，美国技术评估局断言有 17 个国家拥有生化武器（技术评估办公室，1993）。当然，并不是所有这些国家都拥有真正尖端的生化武器，而且近年来，伊拉克多半已不再其列。但是，令人担心的微生物的威胁依然广泛存在。

最后一种是我所说的假设性威胁。我之所以称其为假设性的，不是因为它们不真实或不值得思考，而是因为它们是一些我们目前完全不能掌握的，哪怕连最基本的认识也没有的威胁。因此，除了威胁本身，我们很难知道其他更多。我提出这种类型的主要原因在于，我们必须清醒地认识到这样一种情况：即如果我们遭受全球性灾难，这极可能源于某些我们不知道、甚至完全没有意识到的威胁。为了说明这一点，这里列出一些经常讨论的理论可能性：

1. 全球性升温可能比我们预期的要突然得多。在几年而不是几十年内，温室气体可能达到某一极点，地球陷入到突然而严峻的冰川期。有人认为，这甚至可能使地球成为永远的冰球，太冷以至于再也不能维持大量人口的生活。

2. 海洋将变得耗氧严重，我们可能遭遇缺氧事件。在地质史上，这确实发生过。此外，尽管这个过程及其准确影响都不太清楚，但有证据表明，大量物种灭绝有时与这些事件有关。

3. 地球的地磁场可能会变得不稳定。我们的地磁场似乎在周期性地反转，而其间会遇到不稳定的瞬时现象，至少目前看来是如此。地磁场的长期不稳定可能会导致地球表面受到来自太阳高能粒子的轰击。至少，这将大幅度地增加放射线并销蚀臭氧层。这甚至可能使整个地球变得不宜居住。毕竟，地磁场的消失被认为是火星从类似地球的星球变成现在这样的原因。

4. 我们可能创造出一些新技术，它们一旦启用就很难停止。例如，许多研究人员希望将来有能力创造出纳米机器，使人造物质达到原子水平。这种技术可能非常有用，但是自我复制的纳米机器永远不能在安全措施不充分的情况下随意放置。有些学者担心它们可能会无限地自我复制，而我们要为之买单。我们所习以为常的各种原材料，在纳米机器那里，都是简单的食物。它们可以运用自己的能力把肉、草、木头、人等加工成由无数纳米机器组成的"灰色黏液"海洋。正如埃里克·德雷克斯勒所描述的：

"早期以汇编程序为基础的复制者可以击败大部分当代先进的有机体。今天的太阳能细胞比带叶植物更有效率，它们可以排挤自然植物，并使不可食用的植物大量占据生物圈。更糟的是，无所不吃的'细菌'可能胜过真的细菌：它们可能像被风吹的花粉，很快地复制，并在几天之内使生物圈化为尘埃。至少在我们没有准备的情况下，危险的复制品很容易由于太糟糕、太小、太快蔓延而不能停下来。在控制病毒与果蝇方面，我们就有很多麻烦。"（德雷克斯勒，1986）

因此，我希望我已经成功地说服你们，我们正面临着可能使人类文明，甚至人类自己在瞬间消失的真正威胁。在伦理上，我们有责任为此做些事情。然而，在讨论这点之前，我必须使读者相信以下两个更进一步的观点：第一，这些事件，至少在整体上足以证明我们需要行动。第二，有些行动，一旦付诸实施将明显减轻这类灾难的影响。

2. 关于可能性的思考

任何问题或风险估计的理性方法必然包括对风险程度的近似估计。在其他条件一样的情况下，风险发生的可能性越小，越是证明我们用于预防或者减轻它所需的努力越少。由此，我试图展示一些基本的概率数据来引导讨论。然而，在开始之前，我们需要清醒地认识到两个重点。第一，处理概率时，人们在心理上具有很强的简单化倾向。即使我们承认必须根据不同的概率值分配我们的信念与行动，我们依然如故。更确切地说，我们试图通过把事件概率转化为准确情形来避免所有可能性。因此，我们倾向于把概率很小的事件看成根本不可能或者根本不值得花精力去处理的事情。那些发生概率很高的事件，我们视其为不可避免的，并采取相应的措施。在短期内（如一生之中），处理大部分日常事务时，这种方法尚且有效。但是，如果时间跨度足够长，即便发生概率很小的事情也可能发生。第二，事件可能性及其后果严重性的风险因素分析。这里，我所讨论的事件类型可能会导致人类的整体毁灭。同时，在处理这样的最终后果时，由于它的可能性太小了，几乎小于任何概率值，以至于无法得到认真思考。

在做出这些告诫之后，我想至少提出风险的几种可能数据。估计事件风险的最好方法是完全理解事件背后的因果关系，并据此计算出各种结果的预测频率分布。然而，不幸的是，每次我所讨论的情景中，我们或者不能很好地理解其中的因果关系，或者就是缺少计算所需的关键数据。即使在这些情况下，我们经常可以根据事件过去的发生频率来简单推断，很好地估计其将来发生的可能性。但是，我所讨论的某些情景从未发生过，由此，它们发生的概率很小。因此，我们所说的任何关于全球灾难的可能性都是粗略估计的结果。

我们拥有的最好估计可能是关于小行星（近地天体）撞击地球的概率。第一，从地质学上讲，撞击事件相对频繁，并且我们很好地记录了过去在太阳系中的每一次撞击，因为巨大的撞击总会留下明显的迹象。最后，至少在原则上，我们可以对威胁进行分类并计算它们的轨迹。当然，实践这项工作比较困难，因为我们没有一份有关太阳系浮动物质的完整目录册。事实上，美国国家航空航天局只是最近才开启了一项关于近地天体的系统研究，而这些天体很难探测。然而，关于小行星的最新调查结果显示大约有 70 万颗足够大的小行星，它们一旦撞击地球都很可能摧毁人类文明。这似乎预示着，在以后 100

年中发生这种撞击事件的概率是0. 02%。(Sloan Digital Sky Survey, 2001)

这样的估计显然是保守的。首先，斯隆调查只是考查小行星而不包括彗星。因此，即便单纯考虑撞击事件的概率，这个数据也是保守的。其次，撞击事件当然不是我们面临的唯一威胁。为了便于讨论，假设每个世纪我们遭受某种我之前所讨论的全球灾难的总概率是某小行星撞击地球事件的五倍，即0. 1%。这个风险值看似很低，但我想把它放入我们更能理解的场景中。我们来看癌症发病率，因为癌症是我们大部分人所担心的，至少是时不时担心的事情。在假定的一年中，0. 1%的风险值比美国人随机感染肺癌的概率高50%。(国家癌症研究所，2004) 你可能并不是每天都特别担心患上肺病，但是由于你计划生活很多年，积累的风险就令人担忧（乳腺癌和前列腺癌的概率差不多）。这是癌症受大众以及许多研究基金关注的原因。因此，粗略地讲，你必须考虑到，5000年中发生全球性灾难的概率如同你一生中患上肺癌的风险值。①

重申一下，我的目的在于说服读者相信，全球性灾难的发生概率足以引起严肃的伦理思考。我确信，如果只看概率，你考虑全球性灾难的长远可能性应该如同考虑自己患肺癌的可能性那样。当然，风险不是问题的唯一内容，因为我们必须同时考虑到后果的严重性。任何保守的道德思考都很难想象，人类个体患癌症的遭遇可以与人类整体灭亡相比较。② 如果那样的话，我们似乎有明确的道德责任去仔细思考全球性灾难。

---

① 假设人的寿命为75年，或者75次每年患癌症概率的迭代计算。由于每年患癌症的概率比每100年爆发一次全球灾难的概率还小一半，这样就可以将患癌症概率的迭代计算粗略的比喻为50次百年一遇的全球灾难概率的迭代计算，即总共5000年。有趣的是，人类记载的历史正好是5000年，因此，在某种意义上，这是迄今人类文明的"一生"。

② 当然，无论在心理上，还是伦理上，人们总是偏爱自己的兴趣远胜于他人的兴趣，这并不新鲜。但是，作为职业伦理学家，我们必须认识到这一现象意味着什么，并努力克服它。

三、可以做什么?

我们已经看到很多威胁可能会在某天毁灭人类文明，甚至人类自己。此外，我认为，这些威胁有足够的可能性值得我们进行严肃的伦理思考。尽管事实上，它们极不可能发生在本文读者的有生之年。最后，我想表明，事实上我们可以有所作为。因为，如同我之前提到，如果我们没什么可做，那就大可不必谈论我们应该做什么。

最简单、最基本的事情是开始计划。毕竟，就像我有时喜欢跟其他学科的同事说，思考真的非常便宜。学术共团体可以，也必须很严肃地真正开启这些工作，如举行学术会议、政治会议，发表书籍和文章等等。我们必须更认真地思考这个问题，听起来似乎有些啰嗦，但考虑到目前这个问题几乎无人问津，因而有必要很清楚地重申一下。而且，我一直在努力希望大家都来阅读这篇文章，也许你们可以帮助我实现这个目标。

然而，我想超越这项基本的提议，并提出具体的行动看法。你可以把减轻全球灾难的努力看成企业一直在做的事情——灾难防御计划的巨大应用。企业通常具有一些关键的系统和数据。如果一场灾难（如火灾，洪水，停电）袭击了他们的总部，使这些关键的东西丢失，那谁也承担不起其中的损失。他们也知道自己不可能防止所有不测事件，因此，需要计划的事情太多，以至于不能明确地防御所有不测事件。而且，其中有些事情还在公司的控制之外。因此，大公司预备了灾难防御计划。最基本的观点是，确定公司必须绝对保护的关键要素，然后在总部之外的某个地方进行复制。那样的话，无论原来的所在地发生什么，公司仍可以继续运作。

防御大灾难（如核战争）的思想确实不新鲜。许多国家的全民防御计划已经投入了大量的金钱，用于建设碉堡、食物储藏室等等。其目的在于，当战争发生时可以挽救一些人。挪威政府最近已经决定推进这项计划，并开始在北冰洋上，离北极约有 950 公里的卑乐根岛上建设世界末日种子库。其目的是在安全且孤立的地方储存大量丰富多样的植物，特别是农作物的种子。因此，任何从大灾难中幸存的人们都将得到重建农业、甚至生态系统所需的遗传物质。（BBC，2006）

不幸的是，地球上种子库以及其他项目远远不够。其理由如下：第一，目前几乎所有计划都是为了减轻核战争的损失。但是，不同的威胁需要不同的防御机制。而且，设计一种可以防御所有威胁的设备是很难的，特别是威胁本身不能确定时，情况更是如此。第二，建设在地球上的任何设备本身也会经历全球灾难。一方面，无论我们怎样谨慎地建设和保护地球上的灾难防御设备，它们仍有可能在全球灾难中被摧毁。当然，现在的灾难防御设备的选址倾向于偏远地点，因为，我们期望（或者至少是希望）它们可以避免灾难的冲击。这正是挪威人考虑北极种子库的初衷，因为未必有那么多核弹头会在斯瓦尔巴特群岛引爆。（储藏室由于建在地下，藏在巨大的钢铁门之后而多了一层保护）。

另一方面，这种方法本身也存在问题。一定程度上，这些设备坐落在偏远孤立的地区，它们很难建成，也很难维护。因此，为了更好地运用这些储藏室，在历史上，大灾难的幸存者们将不得不 1）了解这些设备，2）有能力找到它，3）有能力进入，4）有能力高效地利用资源。如果灾难导致国家政府崩溃，那么以上任何一步都不会是多余的。例如，我知道挪威的种子库，现在你也知道了，但从全球看来，知道的人数比率必定是很少的。此外，知道的人们也不容易找到它，除非我们确保互联网、现代航空运输、全球定位系统等便利设施是可用的。即便我们以某种方式找到了储藏室，在没有储藏室、重型设备等设计者协助的情况下，我们如何能够穿过安全系统，打开起保护作用的冲击门？最后，假定我们的手可以触摸到那些种子，我们中又有多少人懂得科学知识与实践的结合，并且能最有效地运用种子重新培育出已经灭绝的植物种类，特别是在空前危险的环境中？

陆上设备需要处理的另一个问题是灾后的可怕环境。因此，即使这些设备逃脱最初的灾难，但自己仍将遭受灾难的直接影响。在这个意义上，这最终将取决于设备所在星球的资源。它们能否幸存依赖于那些资源的可获得性。情况可能如此，也可能不是这样。举例来说，地表彻底受到破坏，以至于永远无法利用，这种情况下，防灾设备将随着资源的耗尽，而慢慢失效。

在全球灾难发生时，整个地球将受到影响。因此，在北极建造一个种子库，如同复制一份重要的计算机数据并存放在同一座楼的不同楼层的电脑中心里。这并非没有用，但远可以更好。如果威胁是全球性的，明显的解救方法是把救生艇放在离开地球的地方。因此，全球灾难的恢复系统必须以救生艇的形式建立在地球的疆域之外。所以，我们正在讨论运用目前的技术在月球或者火星上建立永久的基地。①

这样的救生艇是什么样子的？当然，理想的状况是我们可以创建第二个真正的地球——整个星球拥有像地球那样的大气层，并有能力维持一个真正自我繁衍的人口群体。比如，未来学家有时讨论的 Ter-raforming（仿地成形）火星愿望，就是以此为目的的。我们可以开始想象这个 Terraforming（仿地成形）火星可以通过以后几十年发展后的技术来实现。但是，这个项目至少需要几个世纪的时间，以及无法估计的巨大代价。（麦克凯，et. al，1991）也许我们必须在某一时刻开始这项计划，而且现在开始有关的讨论肯定无害；但是，这一计划肯定不是我们现在就可以做的。

一个更加实际的计划并不涉及第二个地球本身，它仅仅是要从各处收集重启文明的必要资源。（至少在地球上，理想的话，如果必要可以不依赖于地球）。这必然涉及人力资源与物质资源，因为我们不能保证有幸存者，或者他们处于一个可以逃离地球的位置。因此，我们可能需要一百个左右不同领域的专家，他们可以在需要时提供帮

---

① 另外，我们可以把救生艇建在地球附近的轨道上。然而，这会产生两个基本问题。第一，假设建在地球附近，这一设备更可能遭遇同地球一样的命运。第二，即使它幸免于难，它要比在建造于地球上的设备更依赖于地球去求得那些必需的资源，从而维持它本身的长久生存。

助。我们很可能需要冷冻人类的胚胎，从而保证在真正面临重建人类的使命时，不用考虑近亲繁殖。救生艇也必须包含数字形式的全人类知识：农业与重要生态系统的生物学基础，以及独立于地球的基础设施（能量、水、工业）。最后，或许是最重要的，我们可能需要一个政治系统，它可以建造并维持救生艇，也可以当需要它的时候使它有效地动作。

现有的技术能够真正实现这些吗？是的。人类已经上了月球，美国航空航天局目前正计划由人驾驶的飞行器飞向火星。我们已经在地球上建立了满足各种需要的人类胚胎库和种子库。集合必要的人才或者储存数字信息以协助他们的工作肯定不是问题。设计并且建造一个具有适当基础设施的小型城市也不应该是一个问题。当然，我并不是说这项计划很简单，而是说它是我们力所能及的。

具有讽刺意味的是，当我们谈论这一高技术努力时，几乎可以肯定，最大的挑战不是来自于技术方面。事实上，最大的阻力来自于过时的政治因素。我们能否向人民以及他们的政府证明这是需要做的？如果可以，我们能否制定出建造并运作这一设备的协作程序？我想，答案是肯定的。我们最先需要做的是，说服人们相信这个计划的必要性。这是直接但又复杂的工作。

说服政府采取行动可能更复杂。一个明显的理由是这个项目可能极其昂贵。处理这一问题的恰当方法是，承认钱可能是个问题，但是，我们要把钱花在合适的地方。相对于地球上各个国家在有关计划上的花销，一个救生艇肯定是非常昂贵。但是，这里我们必须认识到几个减低费用的因素。第一，这不是某个国家的项目，因此许多国家必须共同分担责任与费用。第二，你一旦认同这关系到人类的生死存亡，你将很容易看到花费巨大的钱财的必要性。第三，建造救生艇的好处不仅仅在于对付灾难。这样，我们不仅必须发展一些可以带来巨大商业利益的新的技术（如同阿波罗计划在许多领域中推进了人们的知识），而且，我们可以在空间中拥有一个工作殖民地，可以被用于许多无关救生艇计划的目的。实际上，现在许多人正是因为这些理由才论证建造空间殖民地的必要性。

最后，我们必须对于费用有一个长远的考虑。当然，我没有能力严格计算这项计划的成本，但是，我认为某些基本估计有助于引导我们的直觉。美国阿波罗计划第一次提出时，许多专家认为是无法实现的野心。以 2006 年的美元币值为标准，它花费了 1350 亿美元。因此，为了便于讨论，我们假定，用于计划和建造救生艇的各项技术的费用将是阿波罗计划的 10 倍。我们进一步假设，把这些材料运到月球或火星将需要同样的资金。最后，假设我们真正进入救生艇，仍然需要这么多费用。这似乎是过高的估计，但这一项目的全部费用大约是 40000 亿美元。

这似乎是一个惊人的天文数字，但在讨论这一数字时，我们的直觉在误导我们。可以考虑一下，美国用于伊拉克战争的经费，根据一份最新估计，可以最终超过 20000 亿美元（斯蒂格利茨和比尔姆斯，2006）。这已经是救生艇计划费用的一半，而且根据历史标准，这只是一个单独国家所从事的一场相对小规模的战争费用。这个费用没有在美国国内引发严重的经济混乱。事实上，对于这场战争的一般批评是，几乎所有的痛苦都降临在士兵以及他们的家人身上，而不是由美国公众共同承担。既然如此，有可能从事救生艇计划的国际社会，包括美国、欧盟、中国、俄罗斯和日本，其年经济总量大约是 420000 亿美元。所以，从经济角度看，这个计划几乎不存在实际困难。

四、结论

不管我们是否愿意承认，人类文明正面临着某些可能导致其消失的威胁。当然，现在生活着的人们在有生之年经历这些威胁的可能性很小，但是，我们不能采用这样的度量方法。事实上，在未来 5000 年中，发生这种事情的几率似乎可以与人们一生中患上肺癌的几率相当。考虑到全球性灾难的后果远比单个人的癌症糟糕，任何真正理性思考的人们似乎都不得不承认，我们有责任采取行动，以防止或减轻这些威胁。幸运的是，我们马上可以采取一种实际行动以对付这些威胁，即建设远离地球的救生艇。如果灾难发生，它可以重播文明。当然，这是一件既复杂又昂贵的工作。但是，如果国际社会具有如此行动的政治意愿，它就可以相对容易地完成这一工作。

最后，我想作出某些显然非专业的政治分析。现在，我们的世界更多的是一个相互依赖的世界，没有一个国家可以真正远离国际事务。事实上，如今，一个人的出生地不再像过去那样重要，这个国际化进程尽管伴随着很多怨声和眼泪，将会加速进展。由此，一个国家学习如何互动以求共同受益而不是零和受益至关重要。至少在某种程度上，这就需要发展一系列新原则，使每个国家都能够比过去更长远、更广泛地看待自己的利益。在我看来，救生艇计划作为培养这样的合作方式似乎是理想的。首先，这是大范围的合作——不仅在于它符合每个国家的特殊国家利益，更且每个国家的贡献对救生艇计划的成功至关重要。举例来说，即使是最贫穷的国家也可以帮助收集有用的信息和生物资源，从而使救生艇计划能真正代表人类文明。较富裕的国家必须承担费用更高的任务，从而确保费用的公平分担。这就需要各个国家发展出一系列有关分担合作费用新原则。人们很少尝试这类工作，更别说如此大规模地从事这一工作。最后，陆地救生艇是一个真正的大项目。作为一项技术挑战，作为一项经济投资，它肯定是巨大的。但是，它代表着一种真正长远的计划，一种真正具有合作思维的计划，——这也是我们在世界的日益统一化进程中必须加速追求的计划。在这一意义上，它同样是巨大的。

我们唯一缺少的是前进的欲望。造成这种欲望的关键因子是使人们看到这是一个道德问题。这就是为什么坐在我面前的是一群理想的听众。有谁比职业伦理学家更适合举起这面旗帜？因此，我们应该建立一个推进集体责任的国际社会，从而为我们的子孙后代保存人类和人性。我真心希望这篇论文可以成为这一工作的第一步。

第三编

全球化时代的职业伦理

负责任的科学研究

——科学研究的职业伦理

曹南燕①

一、科学研究的职业化

在当代中国，做一名科学家是许多青少年及其家长心目中的理想职业。虽然在我国许多人的心目中科学家专指成功的、有成就的科研人员，但实际上科学家就是以科学研究为职业的人。科学家是一种什么样的职业，怎样当一名科学家，并不是每一个希望并准备，甚至已经成为科学家的人都十分清楚的。

在迈克尔·戴维斯看来，"职业是许多从事相同工作的个体为了生计而自愿地组织起来，并以超越法律、市场、道德以及公众所要求的道德允许的方式，公开侍奉一个道德理想"。② 也就是说，职业科学家不仅要求具备专门的教育和训练，而且要求有特定的价值观和道德理想。那么，职业科学家所特有的道德理想是什么呢？也许人们首先想到的是"追求真理"，"生产新思想、新观念、新知识"。

职业科学家是和科学的社会体制化相伴出现的。英国皇家学会成立是科学体制化的雏形。那时还几乎没有专职的科学家，但科学已成

---

① 曹南燕（1946－），女，上海人，清华大学科学技术与社会研究中心教授、博士生导师，主要研究方向为科技与社会。

② Michael Davis, Is There a Profession of Engineering in China? Engineering Studies, (Beijing：Beijing Institute of Technology Press, vol. 3, 2007), 132－141.

为一种有明确目标的社会建制。著名科学家胡克为该学会起草的章程指出，皇家学会的任务是：靠实验来改进有关自然界诸事物的知识，以及一切有用的艺术、制造、机械实践、发动机和新发明。皇家学会的承诺从文化上看，科学既能保证有效地实现经济功利目的，又是颂扬上帝的手段。法国王室则不仅期望科学家为王权和国家的荣誉做出贡献，还给法兰西科学院直接的物质支持。于是，法国出现了一批虽然规模不大但水平和声望较高的领先科学家。由此可见，在科学体制化的早期，科学体制所设立的目标就有两个方面：科学应致力于扩展确证无误的知识，科学应为生产实践服务。

此后，各国以不同的形式逐渐形成专职从事科学研究的科学家队伍。19 世纪科学的职业化是科学发展史上的重要阶段，也被称为"第二次科学革命"。[①] 20 世纪以后，一方面，随着科学知识的体系化、复杂化和专门化，科学理论日益抽象深奥，科学仪器的渐趋复杂精密。科学研究不仅需要严格的专业教育和训练，而且需要广泛的社会支持。另一方面，随着工业发展，社会越来越需要运用科学，也越来越接受科学精神和科学的价值准则。科研队伍迅速扩大，科学活动早已不只是少数社会精英的兴趣爱好，而是千百万人谋生的职业。

二、科学职业的道德理想——负责任的科学研究

责任是现代伦理学的核心概念，"在谈论职业时，责任和道德两个词经常可以互换使用"。[②] 因此，讨论科学职业道德理想实际上就是讨论科学研究的社会责任。科学研究从少数人为了满足个人智力需

　　[①]　麦克莱伦第三：《世界史上的科学技术》，上海科学技术出版社 2003 年版，第 360 页。

　　[②]　唐纳德·肯尼迪（Donald Kennedy）著，阎凤桥等译，《学术责任》，新华出版社 2002 年版，第 23 页。

要的业余活动逐渐发展为一种有组织的社会活动，成为独立的社会劳动。科学知识生产被纳入整个社会的价值分配体系。在科学的体制化过程中形成了以科学研究为职业的科学家（scientist），他们与社会达成一种默契。社会以各种形式用大量公共资源支持科学知识的生产和传播，给科学家某种程度的自由和自治，使科学共同体得以成为理解、控制和改变世界的主导力量；而科学共同体则要通过生产确证无误的知识来造福社会、回报社会的支持和信任，这也就是科学家基本社会责任。

然而，在科学取得无数成就证明了自己的价值之后，一部分科学家们以为他们独立于社会，而且以为科学是独立于社会存在的事业，而不是社会中的一部分。当然，单纯追求和传播知识的象牙塔式的科学模式不断受到挑战，到 20 世纪 40 年代，科学家们"绕了整整一圈后，又回到了科学在现代世界出现时的起点"，认识到"科学是为人类谋福的一种方式"。在这种背景下，美国科学社会学家默顿对现代科学特有的文化价值和道德理想作了深入研究，提出科学的精神气质概念，并认为四类制度性必需的规范——普遍主义、公有性、祛利性、有条理的怀疑主义①——构成了现代科学的精神气质。科学的精神气质是指约束科学家的有情感色调的价值和规范综合体。这些规范以规定、偏好、许可和禁止的方式表达。它们借助于制度性价值而合法化。这些通过告诫和凡例传达，通过偏好而加强的必不可少的规范，在不同程度上被科学家内化了，因此形成了他的科学良知，或者用现在人们喜欢的术语说，形成了他的超我（super‐ego）。②

耐人寻味的是，默顿基于关注"科学与社会的关系"和"科学是为人类谋福的一种方式"来思考科学的价值和规范体系，而在论

---

① 后来，默顿又把原创性（originality）作为科学的制度规范。参见 Merton, R. K., The Sociology of Science: Theoretical and Empirical Investigations, (Chicago: University of Chicago Press, 1973), 293.

② Merton, R. K., The Sociology of Science: Theoretical and Empirical Investigations, (Chicago: University of Chicago Press, 1973), 267 – 278. 参见默顿：《科学社会学（上册）》，鲁旭东、林聚任译，商务印书馆 2003 年版，第 361 –376 页。

述这些制度规范时却始终只围绕"知识进步"、"有利于共同的知识财富的增加","扩展被证实了的知识"这一目标，没有涉及这些知识生产必须"为人类谋福"的目标。也许，在默顿看来，被证实了的客观知识不言而喻地应该可以为人类谋福。

20世纪中叶以来，对科学技术从历史、哲学、社会、文化等多视角研究以及对科学技术社会功能的反思表明，生产确证无误的知识是造福社会、回报社会的支持和信任的基础和前提，但后者不是前者的必然结果。科学家职业道德理想不能限于为生产被证实了的知识而设定的制度规范，还要与现代社会公认的伦理原则相协调。所以又有人增加了诚实、谦虚、理性精神、感情中立、尊重事实、不弄虚作假、尊重他人的知识产权等等规范。科学家的研究工作本身（比如做实验）还应遵守人道主义原则（比如纽伦堡法典，1949年）（强调人类被试的实验要遵循知情同意、有利、不伤害、公平、尊重等原则）以至动物保护和生态保护原则（比如，1978年保护动物权利国际联盟通过动物权利世界宣言认为所有动物都有出生的自由，也有生活的自由的，每一动物都有权受到尊重等）。这些规范的核心是负责任的科学研究。

负责任的研究行为（Responsible Conduct of Research）是科学共同体和社会对科研人员和科研机构的理想要求：

● 坚持客观性，诚实守信、实事求是、避免主观和偏见，对科学真理负责；

● 坚持以人为本，在科学研究中尊重人的尊严、自由意志和隐私等基本权利，不能对个人、社会、环境和未来世代造成严重和不可逆的伤害，对人类负责；

● 坚持社会公正，科研活动的成本、利益与风险在科研人员之间以及社会各阶层之间的分配要合理，对社会负责；

● 坚持可持续发展，对后代人与生态环境负责。

美国的科研诚信办公室在2000年提出9项重要而且值得包括在"负责的研究行为"教育项目中的核心内容：（1）数据资料的获得、

管理、共享及拥有；（2）师生关系；（3）出版活动和负责任的署名；（4）同行评议；（5）科学中的合作研究；（6）涉及人类受试者的研究；（7）涉及动物受试者的研究；（8）研究中的不端行为；（9）利益冲突和职责冲突。① 由此可见，负责任的科学研究要求科研人员和科研机构在科学研究的每个环节都坚守科学文化与现代社会的基本价值取向，既对科学共同体负责，恪守科学价值准则、科学精神和科研行为规范；也对社会负责，遵守社会普遍接受的道德原则和行为规范。

三、20 世纪后期科学研究的新特点

20 世纪 80 年代以后，随着科技与社会应用的关系越来越密切而且直接，负责任的科学研究受到日益严峻的挑战。

虽然 17 世纪以后，科学知识生产在各国以不同的方式逐渐走向职业化，但是科学知识生产与科学家个人的经济（及其他）利益并没有明了直接地联系在一起。两者的关系一直被有意或无意地屏蔽着。科学知识在社会中被作为"公共物品"而生产和消费。科学研究的成果是社会协作的产物，因此它们属于社会所有，科学家得到的是科学共同体内部的"承认"和"声望"，至于由此而获得的职位及相关的利益都只是不足道的副产品。这种理想与追求科学知识的客观真实性目标是一致的，从而得到推崇、提倡和加强。因为人们相信，利益往往与偏见联系在一起，"真理不会通过有私利的理解、探询或表述而产生"。"人们被建议检查关于所说的和谁说的之间关系的可

① ORI. 2000. PHS. Policy on Institution in the Responsible Conduct of Research (RCR). [Online]. Available: http://grants2. nih. gov/grants/guide/rfa – files/RFA – NS –02 –005. html [Accessed March 18, 2002].

能偏见，如果发现了这些利益，事物的真理性就会因而大打折扣"。①

近几十年，随着科学技术的迅速发展及其对社会各方面影响的日益广泛与深入，社会对科学知识生产的投入规模与方式也相应发生变化。如齐曼所说，"在不足一代人的时间里，我们见证了在科学组织、管理和实施方式中发生的一个根本性的、不可逆转的、遍及世界的变化"。20 世纪 80 年代以来，学院科学式的知识生产模式越来越让位于后学院科学的生产模式。②

● 科学知识生产从基础研究到应用研究再经开发而应用于企业的线性模式被科学技术与社会经济互动发展模式所取代。科学研究的社会应用带来了新的研究方向和课题，也大大增加了社会资源对科学研究的支持和关注。与此相应，科研机构、政府和企业的关系发生变化，直接的、大量的投入也带来对研究成果的渴望和巨大的竞争压力。

● 科技与社会应用的互动发展要求并促进各学科间的合作以及研究机构与包括工农业、医疗卫生、国家安全和环境保护等方面的应用机构之间的合作，科技与社会、科技与国家利益的关系更加直接而且紧密。

● 科学研究与应用，尤其是与工业应用，紧密合作促使知识成为私人财产受到保护和商业化。"知识以及知识财产代替了传统的驱动力［比如货币资本、自然资源和土地］成为工业发展的发动机"。③ 于是，科学知识就不仅作为公共物品具有文化价值，而且作为有产权的资本具有经济价值。

● 应用机构与科研机构的合作不仅增加而且更加直接和多样化。科研人员的社会角色也趋于多元化，科研人员除了从事科研以外可能

① 史蒂文·夏平，赵万里等译：《真理的社会》，江西教育出版社 2002 年版，第 217 页。

② J. 齐曼：《真科学》，曾国屏等译，上海科技教育出版社 2002 年版，第 81－82 页。

③ ［美］希拉·贾撒诺夫等编：《科学技术论手册》，北京理工大学出版社 2005 年版，第 480 页。

也是教师、企业家、政府部门和企业的顾问等等。科学活动和科研人员的个人利益常常直接挂钩，况且，这种利益对一些人来说不是微不足道的副产品而是从事科研的重要驱动力。

作为知识生产内在动力的"为科学而科学"已逐渐被国家（和/或集团、企业以致个人）利益中的科学所取代。为适应竞争社会的需要，后者"产生不一定公开的所有者的（Proprietary）知识。它集中在局部的（Local）技术问题上，而不是总体认识上。研究者在管理权威（Authoritarian）下做事，而不是作为个体做事。他们的研究被定向（Commissioned）要求达到实际目标，而不是为了追求知识。他们作为专门的（Expert）解决问题人员被聘用，而不是因为他们个人的创造力"。[①] 这样，对科学共同体来说，在默顿所提出的科学规范（CUDOS）之外增加了几乎与之抵触的要求（PLACE）。[②]

所有这些变化在推动世界各国科技飞速发展的同时，也改变了科学知识生产的方式和行为规范，冲击着作为科学事业基石的道德理想。由于科研设备的日益专门化和复杂化，受经费和时间等限制，用重复实验来核实研究结果几乎不能成为常规的手段。况且，"科学活动的节奏、群体规模和工作范围使个人很难单独承担明确责任"。[③] 随科学事业的发展，科研队伍急遽扩大，科研人员之间对科学研究资源的竞争日趋激烈，同事之间、师生之间的合作关系也发生微妙的变化。

同时，对有产权的知识的保密制度既使知识生产中的作假和欺骗更方便，也使通过同行评议发现和纠正错误愈加困难。更何况，传统的"论文审查制度"和"同行评议"本身有内在的不完善性。科学

---

① J. 齐曼：《真科学》，曾国屏等译，上海科技教育出版社 2002 年版，第 95 页。

② CUDOS 是默顿提出的五项科学规范的（公用性（Communalism）、普遍性（Universalism）、袪利性（Disinterestedness）、原创性（Originality）和有组织的怀疑精神（Organized Scepticism））的首个字母的集合，PLACE 则是齐曼所说的后学院科学的一些特点：（所有者的（Proprietary）、局部的（Local）、受权威限制的（Authoritarian）、被定向（Commissioned）、专门的（Expert））的首个字母的集合。

③ 唐纳德·肯尼迪，阎凤桥等译：《学术责任》，新华出版社 2002 年版，第 227 页。

活动的同行评议中存在着利益冲突，作为科学的"看门人"的评议者的私人利益与作为受托者所代表的公众利益之间会发生冲突。私人利益有可能干扰或影响评议的客观性和公正性，使评议者不能很好承担对公众的责任。

四、对科学职业道德理想的背离——不负责任的科学研究

随着社会对科学研究事业的需求和期望的增加，社会对科学研究活动的投入和回报也日益增加。科研活动与各种利益之间的关系日益密切，科技界对科技资源的竞争也空前加剧。与此同时，科研规模和机构发生巨大变化，而科研体制与管理却还不能适应这些变化。

对学术荣誉以及与之密切相关的各种物质或非物质利益的追求，引发科技工作者在科研活动中的道德冲突和行为失范。在急功近利的社会氛围下、在巨大的竞争压力下、在诱人的利益驱动下，一些个人品德有缺陷的科研人员会利用科学体制的各种漏洞或链而走险背离基本的科学道德。这时，单靠科学家的自律和科学共同体的约束，如同行评议和重复实验等已不足以维护科学的纯洁性。

20 世纪六七十年代，一些在科学活动中的欺诈行为被曝光，比如，1974 年美国的萨默林事件①。但起初，人们还普遍相信，捏造和剽窃是因为某些研究者精神异常而发生的极少数事件，与大部分科研人员没有关系。80 年代以后，在世界各国科学界陆续披露出来的种种事实动摇了人们的这种信任。正如《出版物中的盗窃：科学发表物中的欺瞒、剽窃和不端行为》一书的作者拉福莱特在该书开头所说的，"进入 20 世纪后半期，人们司空见惯了政界和娱乐界所发生

---

① ［日］山崎茂明：《科学家的不正当行为》，杨舰等译，清华大学出版社 2002 年版，第 37 页。

的欺瞒和弄虚作假，但是社会认为科学与它们是不同的"。"目前看来，这种社会对科学的信任也已经崩溃，人们开始怀疑追求真理的科学，对其原来所拥有的高度信赖性产生了怀疑"。[1]

科研人员常常因知识、方法、技巧、能力方面的缺陷或价值观的冲突而背离科学研究的准则、原则和规范等。作为专业工作者，科研人员应不断学习，增加知识和技巧，改善能力和方法。但有一些科研人员故意违背科学研究基本伦理原则的行为，其中最恶劣的被定义为科研不端行为〔一般包括伪造、篡改和剽窃（FFP）〕。还有许多不负责任的研究行为，虽然违背科学研究事业的基本道德原则，但又没有直接触犯被明确规定的研究行为的道德底线，它们被称为有问题的研究行为[2]〔Questionable Research Practice（QRP）〕，或称为科研不当行为。科研不当行为是介于负责任的研究行为和研究不端行为之间的中间地带。这三类不同的科研行为的关系大致可以用图 1 - 1 表示。（图 1 - 1）[3]

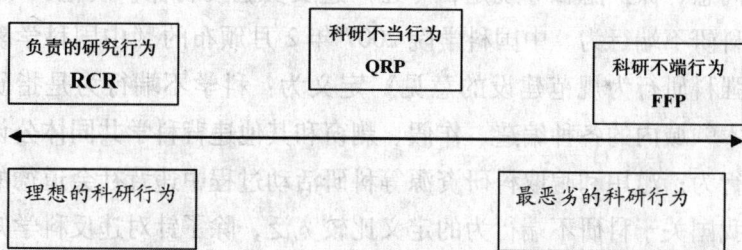

20 世纪 80 年代以来，世界各国政府、科研管理部门和科研机构纷纷出台政策，致力于查处科研不端行为。美国科技政策办公室

---

① M. C. LaFollette. Stealing into Print: Fraud, Plagiarism, and Misconduct in Scientific Publishing. (Berkeley: University of California Press), 1982.

② Committee on Science Engineering and Public Policy (U. S.). Panel on Scientific Responsibility and the Conduct of Research (1992). Responsible science: Ensuring the integrity of the research process, (Washington, D. C.: National Academy Press), 27 - 29.

③ 参见 Nicholas H. Steneck, Fostering Integrity in Research: Definitions, Current Knowledge, and Future Directions, Science and Engineering Ethics, Volume 12, Issue1, 2006. 54.

（OSTP）2000年正式公布的科研不端行为标准定义为："在计划、完成或评审科研项目或者在报告科研成果时伪造、弄虚作假或剽窃。伪造是指伪造资料或结果并予以记录或报告。弄虚作假是指在研究材料、设备或过程中作假或篡改或遗漏资料或结果，以至于研究记录没有精确地反映研究工作。剽窃是指窃取他人的想法、过程、结果或文字而未给予他人贡献以足够的承认。科研不端行为不包括诚实的错误或者观点的分歧。科研不端行为的认定必须根据：严重背离相关研究领域的常规做法，不端行为是蓄意的、明知故犯的或是肆无忌惮的，对其投诉的证据也是确凿的。"

我国科技部于2006年9月颁布的《国家科技计划实施中科研不端行为处理办法（试行）》的定义：科研不端行为是指违反科学共同体公认的科研行为准则的行为，包括：（一）在有关人员职称、简历以及研究基础等方面提供虚假信息；（二）抄袭、剽窃他人科研成果；（三）捏造或篡改科研数据；（四）在涉及人体的研究中，违反知情同意、保护隐私等规定；（五）违反实验动物保护规范；（六）其他科研不端行为。中国科学院2007年2月颁布的《中国科学院关于加强科研行为规范建设的意见》定义为：科学不端行为是指研究和学术领域内的各种编造、作假、剽窃和其他违背科学共同体公认道德的行为；滥用和骗取科研资源等科研活动过程中违背社会道德的行为。我国关于科研不端行为的定义比较宽泛，除了针对违反科学知识生产的行为规范之外，还包括违反保护科研对象的规定和不正当地占有和使用科研经费的问题。

开始，人们更多关注的是科研中的一些"丑闻"：欺骗、造假和剽窃，随着对这些不道德行为的回应和深入反思，人们越来越认识到，被披露和查处的不端行为或许始终只涉及极少数人，但科研不当行为（或称为失范行为、学风不正、学术浮躁、"不规矩的"行为），却是相当普遍。人们对科研不当行为的界定及其严重性并没有达成一些共识，因此也常被称为"灰色领域"。这类行为表现形式复杂、不易界定，而且实际上发生率更高、不利影响更大。①

科研不当行为，比如，急功近利、浮躁浮夸，论文写作中参考引文不规范，缺乏严谨治学的态度，粗制滥造，盲目追求数量，或为得到预设结果而使用不恰当的实验手段、统计方法或片面报道研究结果，或在学术期刊上重复发表相同内容的研究成果；受不良社会风气影响，在科研成果的署名排序上不按实际贡献的大小，在同行评议（包括研究成果鉴定、项目评议、出版物的评审、学位授权审核、学校评估等）中，受某些利益的干扰而有失结论的客观、公正，或通过拉关系、走后门等不当手段，获取和占有科研资源，发表不成熟的结果、扣压研究结果、不与同事共享研究记录或珍贵材料，等等。

另外，由于科学研究本身的不确定性以及科研成果应用的多元性，某些研究成果的应用可能危及人的尊严、个人与社会的健康、安全与福祉、生态环境乃至人类的生存。不顾及后果或者唯雇主要求是从、隐瞒可能的不良后果的研究，也是不负责任的。

五、科学研究伦理的新阶段：营造促进负责任的研究的环境

不负责任的研究是科学研究的职业伦理问题，但要解决这些问题决不限于科学家和科学共同体本身，因为这些行为已经并将继续损害科学事业的健康发展和社会公众对科学事业的支持与信任。

加强科研人员的道德自律是必要的前提和基础。科学研究是人类有目的的知识生产活动。要做好科研，研究人员首先要知道"应该怎样做"，然后要"愿意这样做"并付诸行动，也就是使知识内化为自己的思想、动机和行为。这是科研人员社会化的过程。不同领域的

① Nicholas H. Steneck, Fostering Integrity in Research: Definitions, Current Knowledge, and Future Directions, Science and Engineering Ethics, Volume 12. Issue 1, (2006), 59-61, 63-65.

科研人员对于科学研究"为何做"、"做什么"和"怎样做"有不同的回答，但科学研究还是有一些共同的特点、共同的价值取向和一些成文或不成文的规范。"关键的事是要建立透明的制度，并对科研工作者和他们的老板进行教育，让每个人都懂得应该在哪里划界线"。①由于现代社会中科研人员社会角色和价值的多元化，因此经常面临道德两难的选择，科研人员还需要学会协调有潜在冲突的价值规范，弘扬科学精神，坚守职业操守，在复杂的社会情景下作正确的选择。

科学共同体（包括科研机构和各种学会、学术团体），除了加强机构自身的自律外，还要把科学共同体中原来约定俗成的不成文规范文本化、制度化；并根据政府部门和资助机构的各项规章制度和政策制订具体的条例和程序；加强对科研人员的职业道德教育；对即将进入或刚进入科研领域的新手，有意识地进行这方面的教育；切实履行在预防、查处科学不端行为的职责，引导负责任的科研行为。近年来，我国大学、科研机构和相关的政府部门纷纷制订和颁布关于科学研究的规范、守则、条例以及对科研中不端行为的处理办法等，为我国的科研职业道德建设奠定了制度基础。

科学家和科学共同体的自律和自治是相对的。由于大量公共资源的投入以及科学体制与目标受整个国家的约束，政府必须在营造促进负责任研究的环境方面承担重要的职责。政府不仅要制订政策法规、改革和完善科研体制和管理体系，改进对研究机构和研究人员的评价奖励体系，还要激励和推进对科研诚信建设的理论和政策研究，加强并不断推进对科研诚信的教育促进负责任科研实践。最近二十多年来，各国政府纷纷成立科研管理机构、制定查处科研不端行为的国家政策法规、开展国际间的合作与交流，大大推动了各国科学研究职业道德建设。

近年来，许多国家的公众和媒体对科学家和科学共同体的职业道德给予极大关注，这既有利于公民行使其决策参与权，也有利于监督

---

① Science, Vol. 312, 9 June（2006），1465.

科学共同体是否担负起对公众、环境和未来的责任。然而，科研道德建设是长期、复杂的过程，只有规范化、制度化地揭发、批判、调查、处理科研不端行为，才能既严厉惩处科研不端行为，严肃批评教育科研不当行为，又保护科学家的正当权益和创新热情。

　　总之，为了维护科学研究的纯洁，不仅需要加强科学家的自律和科学共同体的规范和教育，还需要政府的监督管理和协调以及公众和媒体的参与，共同营造促进负责任研究的环境。

科学家的责任分析①

洪晓楠②，王丽丽③

　　科学技术的高速发展带给我们的不仅仅是日渐丰富的物质生活享受，同样带给我们的是对核技术、基因工程等科学行为后果的伦理学反思。正如 1957 年《维也纳宣言》所指出："科学家由于他们具有专门的知识，因而相当早地知道了由于科学发现所带来的危险和约束。"④ 而科学家作为科学行为的主体，且为最直接的科学行为主体，其所面临的责任问题已成为今天科学伦理研究的一个重要课题。

　　美国政治学家拉斯韦尔在 1948 年发表的《传播在社会中的结构与功能》一文中，最早以建立模式的方法对人类社会的传播活动进行了分析，提出了著名的 "5W" 模式（如图 1 所示）。"5W" 模式界定了传播学的研究范围和基本内容，影响极为深远。"5W" 模式是：谁（Who）→ 说什么（says？What）→ 通过什么渠道（in？Which？Channel）→ 对谁（to？Whom）→ 取得什么效果（with What effects），其称谓来自模式中五个要素同样的首字母 "W"。本文借鉴著名的 "拉斯韦尔 5W 模式" 的分析思路，对科学家的责任作出分

　　① 本文受 "教育部新世纪优秀人才支持计划"（NCET－07－0129）以及 "大连理工大学人文社会科学研究基金重点项目"（批准号：DUTHS2007202）、辽宁省教育厅 2006－2007 年度高等学校科研项目文科基地项目基金（编号：20060134）资助。本文在 2007 年 7 月 16－18 日于中国大连召开的 "科技伦理与职业伦理国际学术讨论会" 上宣读，后发表在《哲学研究》2007 年第十一期，这里对原文进行了进一步修改和扩充，特此说明。
　　② 洪晓楠（1963－），男，安徽桐城人，大连理工大学人文社会科学学院教授，博士生导师，主要研究方向为哲学基础理论、科学哲学。
　　③ 王丽丽（1982－），女，辽宁葫芦岛人，大连理工大学哲学系，在读博士生，研究方向为科学哲学。
　　④ 陈恒六：《从科学家对原子弹的态度看知识分子的社会责任》，《政治学研究》1987 年第 6 期。

析。

```
                    Who
                     |
                 says What
                     |
              in Which channel
                     |
                  to Whom
                     |
              with What effect
```

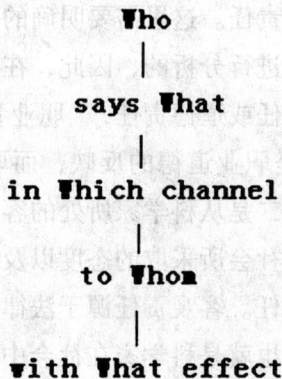

图1　拉斯韦尔5W模式

一、What——科学家的责任是什么?

　　"责任"（responsibility）一词的词根是拉丁文的"respondere"，意味着"允诺一件事作为对另一件事的回应"或"回答"。① 对于责任的含义不同语系、不同时期，有不同解释。人们通常在法律和伦理两个层面使用责任这个概念。法律层面的责任与义务相联系，是一种应付责任或过失责任，以追求责任人或过失者为导向，与 liability 对应。往往是讨论行为发生以后的责任，是一种事后责任。而伦理层面的责任作为哲学上讨论的对象，继 1919 年马克斯·韦伯首次提出了"责任伦理"的概念后，汉斯·尤纳斯在《责任原理》一书中对其进行了深入的分析。按照尤纳斯的理解，伦理层面的责任关注的是行为主体必须顾及自己行为的可能后果，是一种事前责任。

　　本文中提出的科学家的责任是作为一个伦理学的范畴进行讨论的。其主要有两层含义：一是指科学家在从事科学研究中基于自己对

255

---

① 　曹南燕：《科学家和工程师的伦理责任》，《哲学研究》2000 年第 1 期。

忠诚、良知（良心）、认同的信仰，遵守科学活动本身的道德规范，这称之为科学家的主观责任。这里需要明确的是科学家的主观责任是放在科学社会化背景下进行分析的，因此，在某种意义上说，主观责任实质上是一种职业责任或道德责任，"职业责任包括但不局限于职业道德"。[①] 主观责任是职业道德的反映，而职业道德则是通过个人的经历而建立起来的。二是从科学家所处的客观环境出发，表明自己对他人、科学共同体、社会所采取的态度以及与之相关联的行为后果负责，这称之为客观责任。客观责任源于法律以及科学共同体、社会对科学家的角色期待，也就是科学家在社会中扮演的一些角色，因此我们又可称之为科学家的社会责任。一般而言，客观责任与从外部强加的可能事物相关，而主观责任则与那些我们自己认为应该负责的事物相关。科学家的责任是主观责任与客观责任、道德责任与社会责任的统一。

二、When——科学家的责任问题是什么时候凸现出来的？

科学家的责任问题的形成有一个发生、发展的自然历史过程。近代科学产生之初，科学家们从事科学研究完全是出于兴趣或好奇，并且是作为业余爱好而不是一种职业，因此，科学家们很少考虑自己的工作对社会有什么影响。处于"小科学"时代的科学家是以"价值中立说"、"伦理中立说"、"为科学而科学"为指导的，他们坚信着自己的责任就是追求客观真理，我们也可以将其称为"真理／学术责任"。由于科学与社会只是在很有限的范围内发生交叉作用，而且科学主要表现为对社会进步的推动作用，在这种情况下，科学家不会

---

① 彭伽勒：《伦理与科学》，参见任定成：《科学人文高级读本》，北京大学出版社2006年版，第117页。

思考科学对科学本身之外的影响。例如，彭加勒就认为："不可能有科学的道德；也不可能有不道德的科学"，① 因此，"在伦理一词的严格含义上，现在没有，将来永远也不会有科学的伦理；但是，科学能够以间接的方式帮助伦理。一般所理解的科学不能不帮助伦理，只有伪科学才是令人担心的。"在彭加勒看来，"伦理和科学只要它们二者在前进中，肯定将会相互适应"。② 随着科学应用对自然和社会的影响进一步扩大，以及一系列滥用、误用及未曾预料的后果的出现，人们开始对研究者的责任和无限追求真理的权利表示怀疑并提出尖锐的批评，使得科学家认识到他们必须走出科学研究的象牙塔，从而开始关注科学与外部事物的关系，以及可能产生的后果，即担负起的"伦理责任"。

　　纵观科学史的发展，虽然想要精准的确定科学家的责任问题何时被提出是不容易的，但是我们可以大致确定责任作为伦理学范畴被提出是随着社会责任问题被重视而逐渐突现出来的。在两次世界大战中，科学研究的成果被用于制造武器，成为杀人的残酷手段，这唤醒了科学家的责任意识。贝尔纳在他的《科学的社会功能》（1939）一书中就第一次世界大战以来的状况总结到："过去 20 年的事态不仅仅使普通人改变了他们对科学的态度；也使科学家们深刻地改变了他们自己对科学的态度，甚至还影响了科学思想的结构。"③ 贝尔纳的著作在提高全世界科学家的社会良心方面产生了深远的影响。在第二次世界大战中，科学被广泛用于军事目的，特别是 1945 年美国在日本广岛和长崎先后投放了两颗原子弹，开创了原子技术在军事上用于毁灭目的的先例。二战结束之后，各大国之间又开展军备竞赛，科学变成了政治、军事活动中取胜的筹码。在此过程中，各类科学家组织

---

① 彭伽勒：《伦理与科学》，参见任定成主编：《科学人文高级读本》，北京大学出版社 2006 年版，第 125 页。

② 贝尔纳：《科学的社会功能》，广西师范大学出版社 2003 年版，第 516 页。

③ ［英］E. H. S. 伯霍普：《科学家的社会责任》，见 ［英］M. 戈德史密斯，A. L. 马凯：《科学的科学——技术时代的社会》，科学出版社 1985 年版，第 31 页。

纷纷建立，"试图认识科学本身的发展、科学和整个社会的相互作用，以及作为一个科学家的美德赋予科学家责任的范围等等"。① 从而使对科学家的社会责任问题的探讨经历了从个体到团体（从科学家内部自发开始讨论）、从被动到主动、从零散到系统（形成了明确的伦理规范）的过程。② 而到了今天我们所处的"大科学"时代，科学与社会的复杂化程度日益加深，科学家对科学成果的社会化、政治化、商业化再也不能漠不关心、熟视无睹了。对此，美国著名的技术哲学家卡尔·米切姆（Carl Mitcham）做了概括和发挥。据他的分析，传统的伦理学强调的是人际间的行为，强调人们应如何相互交往，现在，"伦理学本身的范围也已扩大到包括人与非人世界，即动物、自然界乃至人工制品之间的关系"。③

总之，科学家的客观责任问题是随着科学社会化成正比例增长的，而科学家的主观责任也是伴随着科学家这种社会职业的形成逐渐明确的。科学家职业是从社会运动中应运而生的，显示了社会对科学家的客观需要。因此，不论是客观责任还是主观责任，科学家的责任都需要放在社会背景下进行研究。

三、Why——为什么要提出科学家的责任问题？

从主观上来讲，随着科学成果的应用，对于某些人来说，被一直尊崇为"希望源泉"的科学已经慢慢变成了人类恐慌的根源。科学给自然和社会带来了"从未有过的巨大风险，它威胁着我们的生存"。这种反科学的情绪已经开始出现并逐渐蔓延。科学家们即使再

---

① ［英］E. H. S. 伯霍普：《科学家的社会责任》，见［英］M. 戈德史密斯，A. L. 马凯：《科学的科学——技术时代的社会》，科学出版社1985年版，第30页。
② 陶明报：《科技伦理问题研究》，北京大学出版社2005年版，第167页。
③ 卡尔·米切姆，殷登祥：《曹南燕等译. 技术哲学概论》，天津科学技术出版社1999年版，第57页。

坚守着"为科学而科学"的神圣信仰，也无法忽视：那些曾经是色彩斑斓、鸟鸣啾啾的麦田，现在却因为农药杀虫剂而变得空旷悲凉的景象；那些曾经蔚蓝清澈的大海，现在却因为肆意排放而变成一个大垃圾场；那些每天辛勤工作的工人，现在却因为机械化程度提高而失业在家等等，这些结果，这些科学的礼物，迫使他们的良知不得不主动地思考自己所掌握的知识可能对人类产生的危害，甚至是造成无法预料的后果，认为自己有责任运用科学成果为人类造福，防止科学技术的滥用、误用和"恶用"。

从客观上来看，我们不可能把科学看成是一棵按部就班自发生长，而我们只需坐等收获果实的大树。对于我们大多数当代人而言，科学就像一栋由科学家正在努力建设的摩天大厦，它的竣工似乎还遥不可及，但是这个工程的进度有些太快，已有的设计蓝图已经用完，这些建筑人员只能在现有的基础上，通过确定大厦的特征参数，测量这些参数，破译观测到的信息，来进一步设想大厦的未来构架，伴随着大厦的建设检验这些构造是否与实验数据相符。尤其在"科学——技术——经济——社会一体化"背景下，科学研究已经成为一种社会职业："科学家即使在过去曾经是一种自由自在的力量，现在却再也不是了。他现在几乎总是国家的，一家工业企业的，或者一所大学之类直接间接依赖国家或企业的半独立机构的拿薪的雇员。"①也就是说，在广泛的社会活动中，科学家属于为一定的上层建筑服务的某一组织或某机构的成员，是生活在一定社会中的人。科学家的这种角色特征使得他们在进行个人科学行为选择时，会面临着在国家、社会、企业、公众等角色中选择的艰难境地，可称其为"角色选择的困境"。这种角色选择的困境表明，科学家选择哪些角色，就意味着要承担起角色所带来的责任。从某种意义上，我们可以说科学家面临的角色选择的困境引发了与此相关的责任承担的困境。依此做出的决策和行为后果对国家、社会、企业、公众等产生的可预见和不可预

---

① 贝尔纳：《科学的社会功能》，广西师范大学出版社 2003 年版，第 516 页。

见的结果。这些可能的结果要求科学家主观上从自己的良心、忠诚出发，客观上从自己工作的后果出发来承担自己的主观责任和客观责任。

所以对科学家的责任问题进行讨论，有助于科学家走出困境，以便更好地承担责任。

四、Who——科学家该向谁负责?

由于现代科学的日益复杂化和专业化，绝大多数的科学研究活动是以团体或组织形式进行的，那么由这些科学家组成的团体该向谁负责呢? 首先，科学家的主观责任主要源于科学家的价值观念、科学家对科学的社会功能及职业规范的理解，因此，它既要求科学团体要对其团体及其内部的成员（科学家）负责，又要求科学家对自己（作为科学家的职业）负责。它体现为职业自律和道德约束，这也就是我们常说的科学家的职业伦理或职业道德。其次，科学家的客观责任的客体主要包括政府、企业和公众。如前所述，科学家面临着在众多角色中的艰难选择，也就决定了科学不可能是一种自给自足的职业，我们得承认科学的确有利可图，科学可以转化为生产力，因此科学团体与国家、社会、企业、公众之间通过利益这张无形的网紧密地联系起来。

如图 2 所示：企业则作为科学应用的主体，将科学家的研究成果转化为经济效益。但是由于科学研究本身的特殊性，在转化为生产力之前，作为科学研究的投资主体——企业需要对科研团体投入相当大的资金。即使这样，对于是否会转化或多久才能转化为生产力仍带有很大的不确定性。一旦转化为生产力，企业——利益——科学团体三者就会形成一个闭合的循环圈，企业通过为科学团体注入资金，直接推动科学成果的产生，科学成果应用于实际生产，使企业获取利益。当然科学团体不可能直接产生利益，需要与实际生产，政府指导以及从中接受等等复杂的经济、政治等过程才能完成，因此我们将其表示成为一种隐性的推动。同样在政府——利益——科学团体三者形成的循环圈中，政府不仅可以通过经济手段对科学家的科研行为进行支持，而且还可以运用法律和政治手段进行干涉。促进或是阻碍科学成果向利益的转化。一旦转化为利益，就会直接回报给政府，一般的政府投入都为大型的国家科学发展规划如曼哈顿计划、我国两弹一星计划等。显然，科学家能够开展科学研究与政府是相关的。另一个就是由公众——利益——科学团体组成的循环圈，与前两个循环圈有所不同的是，公众与科学团体之间的利益联系都是间接的。也就是说公众并不是科学团体的直接投资主体，而是通过消费科学成果转化的产品实现的。同时，也不是科学成果的直接利益受益者，而是通过获得产品的使用价值或享受政府给予的与科学成果相关的政策来实现的。需要说明的是，利益并不是联系着企业、政府、公众和科学团体的唯一因素，而且图中所示的各环节之间的联系也不应该就简单的理解成是单向的线性连接。

因此可以看出，一方面，科学家的职业责任要求他们要求"真"，求"善"而不要求"利"。即人们通常所说的"为科学而科学"（这是科学的内在价值使然），也就是追求"真理责任"；另一方面，科学家的社会责任又要求他们尽快从角色选择的困境中走出来，承担"伦理责任"（这是科学的外在价值使然）。这正如有学者所指出的：

"一个科学家不能是一个'纯粹的'数学家、'纯粹的'生物物理学家或'纯粹的'社会学家，因为他不能对他工作的成果究竟对人类有用，还是有害漠不关心。也不能对科学应用的后果究竟使人民境况变好，还是变坏采取漠不关心的态度。不然，他不是在犯罪，就是一种玩世不恭。"①

① ［英］E. H. S. 伯霍普：《科学家的社会责任》，见［英］M. 戈德史密斯，A. L. 马凯：《科学的科学——技术时代的社会》，科学出版社 1985 年版，第 27 页。

261

就科学家来讲，他作为科学共同体的一员，与作为社会的一个公民或作为科研机构的一个雇员，其所负的责任是不一样的。理想状况是科学家作为科学共同体的一员，作为社会的一个公民和作为科研机构的一个雇员三种责任相统一，以达到各个角色之间的"和谐"。但事实上它们常常是有各种冲突的。正如人们所问的：如果人们把科学（不管是否直接由科学家）给人类带来的福祉归功于科学家的话，那么科学家对科学导致的其他消极后果是否应该负责？① 答案应该是肯定的。因为，如果科学家对科学导致的其他消极后果不负责任的话，那么，按照相同的逻辑，我们就不应该把科学（不管是否直接由科学家）给人类带来的福祉归功于科学家。实际上，科学本身对它的应用不负社会责任，这并不等于科学家本人对其研究的成果不负社会责任。事实上，"正如在科学用于武器研究过程中所显示的那样，因为至少有一部分科学有潜在可能的灾难性因素，所以科学家们认为他们身上的责任更大了"。②

作为科学共同体的一员，科学家具有专门的科学知识，这使得科学家比其他人能更准确、全面地预见这些科学知识的可能应用前景以及由科学的发展可能产生的危险性，并能清楚地想象出同科学发展相联系的远景。因此，他们不仅有责任去预测评估有关科学的正面和负面的影响或结果，而且还负有对社会民众进行科学启蒙教育，让公众理解科学的创造性潜力和破坏性及其可能的影响的责任和义务。③

作为社会的一个公民，"科学家不再是个社会的局外人，不再被允许沉溺于他自己的个人嗜好，随心所欲地随他自己的意志行事。在广泛的社会活动中，科学家作为一个专家、顾问、发明家甚至决策

---

① 曾国屏、高亮华、刘立、吴彤主编：《当代自然辩证法教程》，清华大学出版社2005年版，第436页。

② ［美］卡尔·米切姆，殷登祥、曹南燕等译：《技术哲学概论》，天津科学技术出版社1999年版，第81页。

③ 曾国屏、高亮华、刘立、吴彤主编：《当代自然辩证法教程》，清华大学出版社2005年版，第437页。

者，已经成为一个中心人物了"。① 因此，科学家对于自己的科学发现与技术发明的后果"具有某种一般种类的社会责任"，这种"社会责任很大程度上是一件自愿承担的道义责任问题，我们中的所有人都承担这种责任，科学家与非科学家是一样的"。② 人们又称这种责任为"普遍责任"。科学家作为社会的一个成员，在伦理价值上是不可能中立的，科学家必须认识到自己的社会责任——即促进科学的"善用"而防止科学的"滥用"。第一次世界大战爆发后，科学特别是化学研究的成果被用于战争，被制成毒气弹等化学生物武器屠杀无辜的人民。科学家与人民一道反对战争，反对科学成果被用于杀人。法国科学家郎之万起草的反战宣言有多位科学家签名，登载在《化学战》小册子上。他们强烈谴责科学研究的成果被应用于战争，对人类、对文明构成威胁，竭力阻止化学武器和细菌武器，倡导"科学要为人道作贡献"，主张拓展和推进国际主义思想，寻求世界和平。

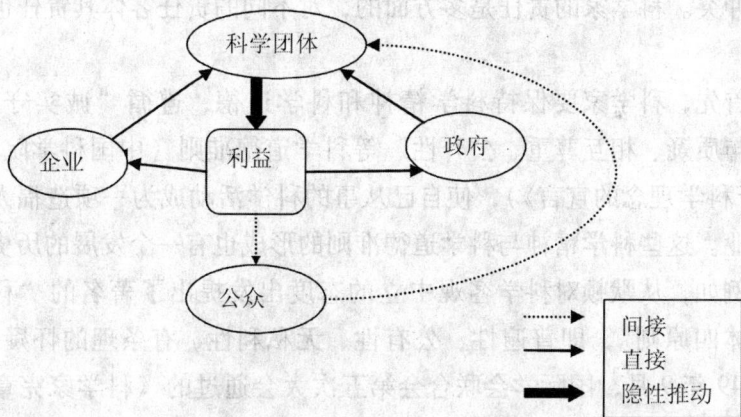

图 2　科学团体与企业、公众、政府利益关系图

---

① J. 齐曼：《元科学导论》，湖南人民出版社 1988 年版，第 310 页。
② B. 巴伯：《科学与社会秩序》，生活·读书·新知三联书店 1991 年版，第 266 –267 页。

作为科研机构的一个雇员，科学家不应该仅仅为了报酬或声望而将自己的科研能力受雇于人，也不应该为了宣传雇主而去这样做，而只能是出自于本人信念（主观责任）和社会责任（客观责任），它们基于本人的知识以及对环境和本人的工作可能产生的后果的关心。所以，科学家所承担的科学或技术研究，应纯粹用于谋求社会与和平的最佳利益，谋求人的全面发展，这是衡量科学家责任的根本标准。

五、In Which Way——科学家走出角色困境的出路在哪里？

面对科学家与各种角色的复杂关系，进行艰难的角色选择是科学家不得不做的一道选择题。但想要找到一个一劳永逸的解决问题的办法也是不现实的。这里只能通过明确科学家的责任来缓解这种角色选择的冲突。科学家的责任是多方面的，对不同的责任客体其责任也不同。

首先，科学家要保持科学精神和科学道德，遵循"诚实守信、信任与质疑、相互尊重、公开性"等科学道德准则（中国科学院等：《关于科学理念的宣言》），使自己从事的科学活动成为一项造福人类的事业。这些科学精神与科学道德准则的形成也有一个发展的历史过程，例如，从默顿对科学客观中立的态度出发提出了著名的"科学共同体四原则"，即普遍性、公有性、无私利性、有条理的怀疑性。到1949年9月，国际学会联合会第五次大会通过的《科学家宪章》，其中规定了科学家应尽的义务："要保持诚实、高尚、协作精神；要严格检查自己所从事的工作的意义和目的，受雇时须了解工作的目的，弄清有关道义的问题；用最有益于全人类的方法促进科学的发展，要尽可能地发挥科学家的影响以防其误用；要在科学研究的目的、方法和精神上协助国民和政府的教育，不要使它们拖累科学的发展；促使国际科学合作，为维护世界和平、为世界公民精神做出贡献；重视和发展科学技术所具有的人性价值。"① 随着科学负效应的日渐明显，日本学术会议于 1980 年又通过了一个《科学家宪章》，进一步制定了科学家要遵守的道德纲领，主要内容有："明确自己研究的意义和目的，为人类福利和世界和平做出贡献；拥护学术自由，尊重研究下做出的创造性。重视各种科学的协调发展，力求普及科学精神和知识；警惕对科学的忽视和滥用，努力排除由此造成的危险；重视科学的国际性，努力与世界各国的科学家进行交流。"② 从科学家道德规范的逐渐形成、完善，到今天科学界讨论和制定出了一系列科学家应遵守的科学精神和道德准则。这些科学规范强化了科技人员应尽的社会责任，同样有了责任性的规范，也拓展了社会责任的范围，这是相辅相成、互相促进的变化发展过程。

其次，对政府制定的重大科技政策和发展战略以科学家的身份进行科学的参与。在这一点上，爱因斯坦为我们树立了典范。在他看来，科学不但是严格的知识体系，而且更是一种重要的社会活动。正如他所言的，"我同意参加研制原子弹的科学家意识到他们身上的重大责任并认识到这一毁灭性武器所固有的危险"③。科学家要"充分意识到了他们既作为学者又作为世界公民的责任……我们科学家也必须拒绝屈从它的邪恶要求，有一条不成文法，那就是我们的良心，这是华盛顿制定的任何法案也束缚不了的"④。在大科学时代，作为科学创造主体的科学家对科学的发展乃至社会的进步都起到重要的作用。科学家更应该清楚地认识到这一点，积极参与到政治活动中，尤其是与科学交叉的部分；时时不忘自己的科学良心，前瞻性的预测科学成果应用可能带来的负效应，以防范和制止政府对科学成果的误用和滥用。"我们这些科学家，促使那些毁灭的方法变得更加可怕和更

① 徐少锦：《科技伦理学》，上海人民出版社 1989 年版，第 508 页。
② 宝兴：《现代西方科技伦理思想》，《道德与文明》1997 年版，第 4 页。
③ O. 内森，H. 诺登：《巨人箴言录：爱因斯坦论和平》，湖南出版社 1992 年版，第 27 页。
④ O. 内森，H. 诺登：《巨人箴言录：爱因斯坦论和平》，湖南出版社 1992 年版，第 12 页。

加有效，已经是我们可悲的命运。必须考虑，把尽我们的力量制止这些武器用于野蛮的目的作为自己的庄严的和神圣的责任，而这些武器正是为了这个野蛮的目的而发明的。对于我们来说，难道还有什么更重要的任务？难道还有什么更使我们关心的社会目标"？①

同样我们也要看到，社会给予了科学家至高无上的荣誉与地位，例如顾问、专家、决策者的光荣称号，以及与之相配套的专家级待遇。这就说明了科学家已经成为广泛的社会活动中的核心人物，在这份荣誉的照耀下，要当仁不让地担负起推动社会进步和人类文明的这份责任。对于科学家来讲，这是一份应然的责任，社会赋予你光环，同样的你也要回报社会。因此，科学家对自己参与其中的这个事业的可预见后果要毫无保留地阐述自己的惶恐不安，而不要轻易地被带到与同时代人一样盲目的列车上，更有甚者在等待他人拉响汽笛制动刹车，与此同时还热情洋溢地往机车的火箱里送煤。

第三，全面推广科学普及，引导公众参与，让公众理解科学。《维也纳宣言》明确指出："我们认为，致力于民众的教育是所有国家的科学家的一个责任，要向民众传播对于由科学空前增长所带来的危险和潜力的广泛理解。"② 一直以来科学家与公众的联系并不紧密，使得一些科学家在对预见的后果发表自己想法后，得不到公众的响应或重视。从某种程度上讲，这是可以理解的。现代科技的成就硕果累累，但是在惊叹于新科技所带来的新能力的同时，也使我们无法看清随之产生的概念革命。因此，从科学家提出了一个概念到它被公众接受并得到广泛传播之间需要花费很长的一段时间。这就要求科学家一方面要承担起推广和鼓励公众参与的责任，另一方面还要承担起勇于向公众揭露科技真相的责任。

最后，尽最大可能地预测科学成果应用的负效应，防止企业只为利益的追求而扩散科学成果应用的负效应。科学击退了愚昧，让我们

① 爱因斯坦：《爱因斯坦文集》（第3卷），商务印书馆1979年版，第260页。
② 爱因斯坦：《爱因斯坦译文集》（第3卷），上海科技出版社1979年版，第73页。

摆脱了古老陈旧的神话，消除了祖先的恐惧，放弃了懦弱的屈从，最终用一种清醒开阔的眼光来观察我们周围的世界，这一切都可以归功于科学的进步。但是还有什么是我们还没有看到，或不想看到的呢？科学与技术使我们的这个世界日新月异，但也充满了沧桑。一种对科学的恐惧不安在四处蔓延，但我们不能完全地否定科学。我们要认清已经发生了的事情与将来可能会发生及人类可能要做的事情相比，只不过是小巫见大巫。比起企业要推出科学家们研发的新产品，他们已经上市出售的产品就显得不值得一提了。由于政府特别是企业，对于科学成果的态度往往是优先强调其功利性，而政府与企业又是科学研究的主要投资来源，所以科学家的某些态度和行为会受到一定程度的制约。有些科学家虽然对可预见后果也深表震惊，但也只是冷嘲热讽，无关痛痒地继续自己的科学研究。那么在这种非自由的状态下，如何保持科学家的高度责任感以及最大程度地预测科学成果的负效应，就显得尤为重要。

六、简短的评论

本文对科学家责任的分析与现有的分析模型相比，更具有元分析的意蕴。面向未来，一方面，我们需要深化对科学家责任的系统分析，重点在于清楚责任的基本要素，厘清责任的类型；另一方面，深化科学家责任分析的主要困难是如何对科学工作可能产生的利弊预先做出权衡，也就是在我们元分析的基础上继续追问：运用什么标准来衡量"科学的总效果"（贝尔纳语）？为什么要有这些标准？谁来制定这些标准？如何确定这些标准的合法性（即根据什么标准负责）？可以说，这些问题都是属于第一层次的问题，因此，对这些问题的分析仍然是有关科学家责任的元分析。在此基础上，我们还可以追问第二层次的问题：是只有科学家对科学成果的负面效应负责，还是科学家的共同体、应用科学成果的企业、国家或整个社会都对这种负面效应负责（即责任的主体是谁）？科学家、科学家的共同体、应用科学成果的企业、国家甚至社会应该对谁负责（即向谁负责）？在科学技术的高度社会化条件下，个人责任与组织责任之间是什么样的关系？如何确定一项责任是个人责任还是组织责任？如果说科学家或科学家的共同体有责任，那么他们有多大的责任（即责任的范围）？又应该负何种责任（即责任的类型）？是不是拥有最前沿科学、最高技术的人就有最大的道义责任？应用科学成果的企业应承担多大的责任？国家（或宏观的科技决策部门）作为科学发展方向的决策者应付什么样的责任（即对什么负责）？又应怎样承担责任（即责任的方式）？对于一项科学技术成果，是在应用生产之前就要负（前瞻性）责任，还是在应用之后产生负效应时才负（事后）责任？最后，还要通过对科学家责任的元分析，回答第三次的问题，即确定如何为未来的科学实践与技术实践提出具体的可操作的责任承担的程序方案。凡此种种，都说明对科学家的责任分析具有极其重要的意义。

进步伦理学和中国经济的重新整合

——关于改革的改革

罗纳德·费普斯① （著）/秦明 （译）

一、引言

　　如果中国想要构建一个和谐、可持续发展的社会，那么，一场更深入、更全面而紧迫的反思、重估及改革是必需的。近来，国际国内一系列事件的曝光，充分体现了这种必要性。中国需要建立更多整合而较少分离的经济社会发展模式。同时，中国需要改善并增强使个人抱负与社会责任相联系的伦理基础。

　　这篇文章指出了两种现象的交错：1）分离、片断式发展模式；2）个人主义的、物质至上的价值观的出现。这种结构与价值观的结合深刻地影响社会秩序的稳定、和谐与创新发展。本文试图以中国社会所面临的主要社会和经济问题为背景来讨论进步伦理学。为了使自身更富意义，进步伦理学必须将进步的哲学与理解当代社会实际结合起来。

---

　　① 罗纳德·费普斯：美中友好协会西雅图分会的创立者和主席，过程学习中心中国项目的发起者之一，过程哲学、科学和教育国际中心的创始人与副主任，主要研究方向为诺斯. 怀特海的宇宙哲学，包括怀特海的宇宙无限性模型概念以及创造性的综合学习理论。

二、伦理学与中国的未来

观察中国悠久、复杂、而且经常充满辉煌纪录的历史，人们能够看到，在过去的一个世纪中，中国在很多方面发生了深刻的改变。随着 21 世纪的来临，中国不再是 20 世纪初的"东亚病夫"。中国不再受到西方列强和日本法西斯的压迫。贫穷、饥饿、文盲与落后，这些曾折磨中国人民的苦难已经消失，而且可能将永远不再重现。成千上万的中国人民为实现这一历史性转变做出了顽强的努力，付出了巨大的牺牲。国际社会必须承认这种历史性转变的意义与困难。

20 世纪 80 年代初，中国开始通过释放个人抱负来刺激社会发展。遗憾的是，一些人没有充分认识到，个人抱负需要与长远的民族社会抱负，以及深切的个人责任感相结合。个人抱负如果脱离了社会抱负或个人责任就会造成腐败与灾难，同时社会的道德基础也会被这种黑暗的旋风卷入地狱。

在全世界为中国的物质进步喝彩的同时，我们必须认识到，在过去的 25 年中，中国社会在不少地方出现了腐败。腐败已经蔓延到各个地区以及人们活动的很多领域，包括各级政府和各级商业机构。无论西方还是东方，当腐败取代道德实践，倒退现象取代进步趋势时，许多强大的国家都会走向衰败。为了防止国家卷入黑暗的旋风，各级政府以及各级商业机构都必须以严肃、根本、全面的方式解决腐败问题、恢复进步伦理学。

一项对国际媒体和电视报道迅速而客观的调查显示，经常出现的伦理危机现象已成为当前中国的一个突出特点。这些危机包括腐败、贿赂、产品造假、不安全产品出口、欺诈性文件、欺骗海关、侵害知识产权和合谋违反国内外法律。如果我们实事求是地看问题，这个结论是必然的。这些现象不是事实的全部，但它们部分地反映了社会倾向。如果中国想要为构建和谐的世界秩序贡献自己的力量，那么就既不能忽略，也不能漠视这种社会倾向。

三、进步伦理学的哲学基础

阿尔佛雷德·诺斯·怀特海的哲学观点强调变化的重要性、各个过程之间内在的有机联系以及"万物皆变"的普遍性。这种哲学观点为构建"关于改革的改革"提供了不断变形、不断自我修补的哲学基础。要在中国和世界中创造和谐、正义、现代的社会经济秩序，"改革的改革"至关重要。中国的可持续的、成功的现代化不仅需要经济发展，而且需要进步的伦理基础。

进步伦理哲学的基本原理是：尽管谴责各种形式的腐败是重要的，但是，从社会结构、社会病理学、社会价值观等方面解读其原因更有难度，而且更加重要。因为只有通过分析原因，我们才能改变世界，从而防止腐败以及其他形式的社会不和谐因素重新现身。如果不理解一个稳定、正义的社会秩序所需要的经济和社会结构、意识形态和价值观的改变，我们就不能用进步的方式改造社会。怀特海谈到，"一"产生于"多"，"一"又化为"多"。这意味着，每个事件的产生都源于多种先行事件的因果作用。相应地，每个单一病症都这样那样地反映出，并且来源于各种更深层、更广泛的社会病症。社会病症需要伦理转变。各种事件的因果走向的相互结合表示出，并且综合成必然的时间流和无休止的事件流。这些时间流与事件流，都统一在各种彼此依赖物的有机运动中。事件的汇聚以及这些事件所引发的各种可变情况的综合，决定了社会发展的倒退的或进步的特性。

社会包含着各种不断流变的团体，存在于各种分别创造其因果走向的事件的过程之中。怀特海的过程哲学认为，每个事件都源起于它的以往的因果关系，作用于它的未来的因果关系，并且居身于当代世界，——同时又在这个世界的诸多事件中保持着自己的因果独立性。这种关于时间和因果性的广泛的哲学理解与马克思所强调的人类历史

271

的动态进化完全一致。怀特海与马克思都将实在看作是创造力、综合能力以及不断积累的智慧、科学、技术等从低级阶段向高级阶段的运动过程。宇宙具有一种进步的属性，具有进步的将来。

　　怀特海的时间理论认为，过去的本质与将来的诱因同时共存于现在。这种对时间的理解与中国传统哲学强调的祖先崇拜相类似——祖先崇拜就是要通过与神的交流积极地、正面地影响将来。进步伦理学为过去、现在和将来之间建立起联系的桥梁，而不是隔绝的屏障。伦理改革既需要这样的桥梁，也需要如此认识由各种有机相关事件所构成的时间流。

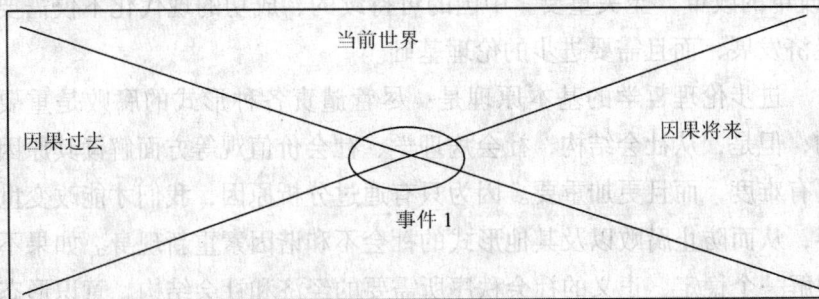

图 I

　　因为每个事件都存在于各种事件的共同体中，也因为因果走向以及任何事件的影响都分布于时间和空间中，由此，我们有必要了解各种当前事件的各种因果走向的交汇特性。社会发展之所以必须有长远的、战略性分析作指导，而不能仅仅依靠短期机会主义类型的实用主义，其根本的哲学原因就在于此。

　　宇宙由事件流组成，所有实在与其他实在有机地联系在一起。基于这样的事实，过程哲学指出，理解与评价事件的因果走向间的交汇是必要的。由于这些哲学原因，我们需要从一个战略性的、非还原主义的视角来评价各种社会经济政策与实践。我们也需要关注各种各样可以决定将来的特点的事件及其变种。从战略角度看来，存在着一个复杂的神经中枢，它可以影响各种政策和实践，使其推动世界走向退

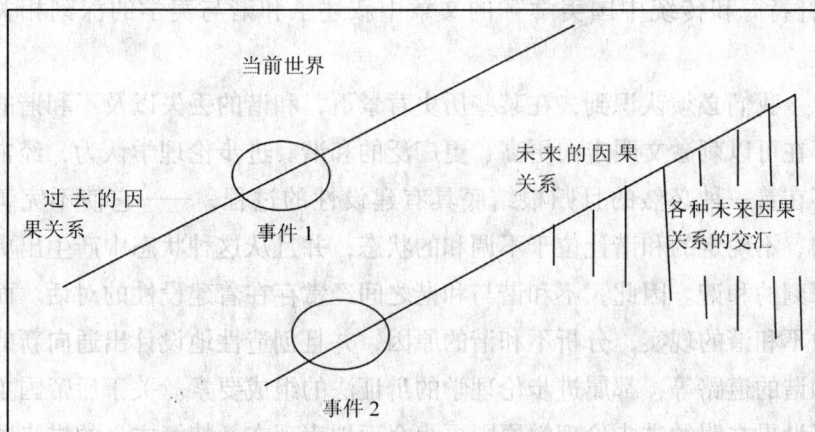

图Ⅱ

步或进步的未来，走向人类创造性的黑夜或白天。但是，各种简单、狭隘的观点显然不可能触及到这一中枢。

在《教育的目的》一书中，怀特海告诫我们，我们有责任理解宇宙的规律，那样，我们才能履行我们的道德职责，从而以进步的方式改变世界。

四、经济和社会发展的整合模式与分离模式

如果各种未来的因果关系的交汇导致了不和谐、消极和破坏，那么这种经济和社会发展模式就是分离性的。相反，如果各种未来的因果关系的交汇在不同程度上产生出和谐、积极结果以及文明的创造潜力的建设性发挥，那么这种经济和社会发展模式就是整合性的。分离性发展引起倒退，而整合式发展导致进步、和谐的社会发展。

和谐是中国哲学中反复出现的深刻主题。当一个整体中的各个部分促进了该部分及其整体本身的创造力、凝聚力和生命力，便会出现和谐。和谐是中国伦理学和美学的精髓。我曾在一篇与人合著的名为

273

"怀特海和传统中国美学"的文章中叙述了和谐与美学的深刻相关性。

我们必须认识到，在某些历史背景下，和谐的丢失以及不和谐的存在可以刺激文明走向更高、更广泛的和谐。进步伦理学认为，经常存在着一种必然的且归根结底具有建设性的过程，——它使不完善的、不确定的和谐让位于不调和的状态，并且从这种状态中产生出更深刻的和谐。因此，不和谐与和谐之间经常存在着建设性的对话。面对不和谐的现实，分析不和谐的原因，并且创造性地设计出通向新的和谐的道路等，都属进步伦理学的辩证法的组成要素。关于后帝国主义世界文明的进步伦理学原则更为全面地表现在怀特海主义的进步国际主义公理中。

和在其他国家一样，社会和经济发展的分离模式在美国和中国都有着多种表现。在美国，"汽车文化"及其配套设施已分散到家庭、工作、购物以及娱乐等各个领域，达到有史以来的空前水平。举例来说，占世界人口 3% 的美国人制造的温室气体占全世界总量的 25%。这些温室气体导致全球变暖，并且因此日益损害气候的稳定以及全球的健康。美国的社会实践与政策把现代公共运输体系的发展缩减到最小，同时强调一种个人拥有汽车的文化。它将居住和工作、购物和娱乐等分散到广大的郊区。这种文化掀起短期的"自由与力量"热潮。但是，从战略眼光来看，那些构成美国独特汽车文化的特殊事件的因果走向之交汇非常具有分离性，而且已经对全球环境造成巨大破坏。污染使大气和海水升温，气候模式由此变得更加不稳定：气流、热浪、龙卷风和野火变得更加频繁与强大。海洋变暖，珊瑚礁以及鱼类数量下降，人类的身心健康受到威胁，农产品变得更易受到自然变化的影响。随着诸多特殊决策的实施，原本整合一体的社群被无情地弱化，人们根本没有预见到这些长远后果及其分离性。

美国"枪文化"是分离式发展模式又一例证。"枪文化"导致这样一个事实：20 世纪，美国人死于同胞手下的人口数量比死于战争，包括两次世界大战的总量还要多。在最近几十年中，美国积累了大量的国债和消费者债务，它们危害了美国货币的价值以及美国经济的稳定与健康。这是当前美国分离式社会发展的三个案例。过程哲学要求我们着眼于战略性的、整合的、和谐的发展模式。

我们必须记住，在当前世界中，没有哪个国家会垄断所有问题。举例来说，美国人口只占世界人口的3％，但美国的犯罪人口却占世界罪犯的25％。这是事实，尽管美国的律师占世界律师人数的70％。几乎10％的美国人被关进监狱。在过去十年中，美国发生了大量的公司会计欺诈事件以及白领的腐败行为。

把更多的正直精神和进步伦理学引入社会生活，不仅是一个国家，更是世界的需要。我们不应该模仿别人的消极行为，也不应该以别人的这些行为为借口，拒绝在我们本身、我们的团体甚至国家中改变这些现象。

对所有国家，包括中国、美国、英国、法国、意大利、德国、巴西、俄罗斯、印度等，这个原则都是正确的。这些国家在力图保存并增长其历史强项的同时，也必须努力超越并改造其历史、文化和哲学的遗产中的历史弱点。

我们可能记得，伟大的中国作家、社会评论家鲁迅曾尖锐地指出，中国文化经常在两个极端之间摇摆：1）对外国体制的蔑视，2）对外国物品的崇拜。鲁迅睿智地认识到，建设性和创造性的改革需要我们既不夸大也不缩小我们国家或者其他国家的优点或缺点。由于夸大西方生活方式、消费方式以及经济和社会的组织模式的优点，人们在相当大的程度上误导了中国近代历史的走向。我们必须客观、敏锐地认识到自己民族及文化的弱项与强项，同时认识到其他国家的优点与缺点，不管他们是我们的战略伙伴还是竞争对手。中国曾经接受了美国模式绝对无误的神话。中国必须借鉴其他国家的消极或积极经验，努力创造基于中国实际的现代和谐社会。

无论古代还是现代，腐败普遍渗透到经济社会秩序中所累积的后果都是王朝或国家的垮台。这种后果即便不是亘古不变的，也是很典型的。这也正是无数事件的因果走向交汇的结果。进步的过程伦理学

275

引导我们，战略性地思考现在对于将来的影响。腐败会造成：1）社会焦虑；2）对权威失去敬意；3）经济两极分化与仇恨心理。腐败就像是乌云，笼罩在社会秩序的稳定与和谐之上。

相反，当社会经济结构弥漫和渗透着正义、同情和关爱，那么将来就会更加光明。历史上，中国文化一直具有长远的眼光。因此，如果中国忠实于它的历史智慧，那么，就应该最敏锐地认识到经济社会发展中的分离与整合模式的区别，并且偏向长远的战略利益而不是直接的战术利益。

五、当今中国的伦理问题

当今世界最基本也是最不可逆转的倾向就是，各个国家和人民之间有了更多的依赖与关联。但是，这种不断增长的相互依赖和相互联系的特殊属性、本质和形式可以表现为竞争与合作的对立，多种形式的尊重、同情和公平与漠然、干预和非正义等当代帝国主义属性的对立。因此，一个有机体，包括一个社会或社会中社会的各种关系的本质决定了将来是倒退还是进步，和谐还是不和谐，整合还是分离。

随着21世纪的开始，人们清晰地看到，形成帝国的潜在性依旧存在。在很长一段历史时期中，人们都是依靠军事力量入侵并占领其他国家，从而控制和掠夺那里的自然资源与劳动力。同时，许多荒谬的"商业伦理"都曾被用来证明一个国家统治另一个国家，一批人剥削另一批人是正当的。

帝国的根本无道与无益已经变得越来越明显。随着各个国家逐渐学会如何融入更加和谐的国际政治结构，合作与公平的新模式一定会取代帝国的专制。一个没有国家对国家的剥削和统治的世界需要新的国际商业伦理，它将以怀特海的《过程与实在》中的雄辩方式定义公共利益。

相应地，我们还要注意，如果全球整合走向帝国式的单极权力集中，那么这种整合将势必成为分离的和倒退的。要使全球间的相互依赖过程走向整合性与进步性，这个世界必须在经济、文化、科学、技术、政治的力量分配上，创造出更大的平等与均衡。

在过去的25年里，出现于中国的某些社会、经济分离发展模式使中美的经济发展形成了一种明显的对比。中国作为一个社会主义国家，倡导合作、整合及计划的价值。相反，美国一直向世界宣扬"竞争、个人主义以及计划和抱负的自主性"。然而，我们就可以发现，这两个国家在实践上有些情况恰恰与此相反。

事实上，当代美国拥有世界历史上最集中、最聚合的经济。这种聚合经济来自成千上万、大小不等的兼并，来自金融资源的巩固，来自高度整合的产品发展、研究、质量控制和市场化等。美国的这种集中化和聚合化倾向在工业、农业、金融业、媒体和科学研究上都是不容置疑的。

与此相反，中国的某些生产系统极为分散、不协调。就农业而言，它所具有的只是一种微型化的生产规模。虽然在最近几十年，中国试图在一定程度上调动农民的个人抱负与个人利益，但是这种尝试造成了与社会责任和更广大群体利益的某些冲突。个人权利与集体权力及利益之间的矛盾日益尖锐。《波士顿环球报》2007年5月9号报导，"在中国，有些农民为了最大程度地提高其小块土地的产量，不惜大量使用未经批准的杀虫剂，使用在美国禁止的抗生素催促家畜成长，……乔治亚州大学食品安全中心主任、食品及药物管理局科学咨询董事会前主席迈克尔·道尔说道，在中国的农业体系中，许多农民在6亩地上艰苦劳作，而美国农民则经常拥有数千亩土地"。

尽管美国家庭农场的面积有数千英亩，但家庭农场正在消失，因为"农业综合企业"的巨型农场正在控制美国农业。农业综合企业正通过纵横两个方面整合在一起。大公司仔细地分析供求关系，计划和设计各种技术设备，选取种子，从事动物杂交和饲养，以及质量检测等。他们也从事加工、营销和分配。

中国农业的食品安全问题正不断涌现。人们将海藻浸泡于有毒化学物质，以使其看起来"新鲜"。媒体经常报导动物食品、海鲜、蜂蜜及其他产品的严重安全与质量问题。在海南省，某座桥梁的倒塌被疑是由于建桥材料的质量有问题。媒体报导了这些事件。当然，不仅中国在世界上的声誉受到伤害，而且民众和孩子都受到直接或间接的伤害。

中国出口的玩具也出现了新的质量危机。这种危机包括中国被要求召回数千万件使用了含铅涂料的玩具。众所周知，铅会损害大脑，削弱智力，给孩子带来后患。正因为此，含铅的涂料很早就禁止用于生活消费品的生产。很显然，中国的玩具制造业缺少严格的质量检查，因此，成千上万的玩具因为含铅被驱出美国市场，这种事情在2007年夏天连续发生。这种质量与安全问题的证据已经引起全球的关注。

另外一种与伦理关怀和社会和谐紧密相关的分离式经济社会发展形式，是劳工的大规模流动现象。这种大规模的流动使乡村有才能的壮年男人和年轻人不断减少。在苏州大学举办的城市生态化发展研讨会上，我谈到一个更为宽泛的问题，即中国城市与农村的生态整合。中国需要把文化、教育和轻工业发展带到农村，从而缩小城市居民与广大的农村居民之间的日益扩大的差距。不能理解类似农村人口迁移这样的因果走向的教训，可能会造成一个具有历史影响的错误，这一错误与稳定、和谐以及进步的社会伦理发展背道而驰。我们必须获得一种更深刻、更具创造性的思考模式。

六、原因和对策

邓小平有一句名言"实事求是"，这也是毛泽东说过的话。如果人们忽略或拒绝消极的事实，那么问题并不能解决。承认和谴责腐败、贿赂和欺骗是不够的，除非我们理解这种负面现象产生的原因。如果我们只是从表面上解释欺骗与腐败，并试图改变并防止以后的欺骗与腐败行为，这是片面、肤浅的，也只能取得短暂的效果。我们必须有智慧、真诚和勇气从以下几个方面理解这些负面现象，包括：1.社会结构；2. 引发负面现象的价值观念。只有我们用彻底、敏锐的方法，并且同时从个人与社会两方面理解原因，我们才能极积地以实际的，可持续的方法改变这个世界。为了改正系统性的问题，我们需要一种变革性的、具有修补能力的法律实践，需要一种更加深刻的哲学见解。对社会责任的道路不能止于为谴责而谴责；谴责是必要的，但是解决问题更加重要。

为了认识和解决问题，治愈社会和经济病症，我们都必须承认，食品安全问题或者土木工程实践中的安全问题不是哪一个国家的专利。这是全球普遍性的问题。美国今年已经出现了严重的问题，如在奶牛场附近种植的蔬菜中含有大肠杆菌。美国在质量控制、收入差距、全球变暖带来的环境灾难以及威胁着通货与经济的巨大国债等方面都存在着许多伦理问题。在这个人类历史上，没有哪一个国家可以垄断罪恶或美德。

法律补救非常重要，但只能部分地解决问题。在北京的一次关于美国法律体系的哲学基础的讲座中，我强调中国需要建立更进步的法律体系，从而1. 不仅整合惩罚性的法律实践，而且整合具有修补能力的、变革性的法律实践和相关因素，2. 认识到单一的社会病症常常反映出多种社会疾病。腐败、欺骗、低质量控制都是从社会疾病中生长出来的。英明的领导人具有清晰的理解力、行动的勇气和战略远见，他们必须理解、转化和克服这些社会问题。进步伦理学不是抽象的，而是一种具体的、活生生的自然之力。进步伦理学可以通过强调社会经济结构和个人价值，而帮助人们获得真正的和谐。

如果腐败、欺骗、产品掺假以及违反安全标准等单个问题受到惩罚，而根本的社会问题却继续存在，类似的问题将会在其他环境中产生。问题必须连根拔起，不能仅仅略作修剪。

代表统一的经济力量的少数人在面对分散且弱小的多数人时，不可避免地会享有优势。中国的工业、农业和科学活动的非中心化和离散化情况服从于一种"横向模仿"（lateral imitation）的指导。中国的工厂，一方面，在建立之初受到地方银行的支持，与需求和供给没有直接关系；另一方面，也没有考虑国内或国际上的竞争对手。这种"横向模仿"很容易导致生产能力过剩、产品冗余、自然资源与人力资源的浪费、银行贷款不还、质量的恶化等。此外，这种工厂的大量存在还会不可避免地造成显著的环境恶化。随着产品质量的下降，腐败与不道德行为就会随之而来。这种不道德行为又会导致欺骗、腐败和贿赂成风，也会导致不安全的伪劣产品风行于世。资本主义制度和工业化最初在英国发展时，资本家很少考虑工人的福利。在今天的山西和河南两省的砖厂中，不少童工是从其他省份拐骗来的。最近，有关此类剥削情况的报道经常见诸媒体。

所有这些都严重损害了中国在国际上的声誉。我们必须以冷静的客观性和对工人的慈悲心认真地对待这些伦理危机。

重要的是搞清国际质量标准，系统地增加独立合格的实验室的检查工作。但同样，甚至更加重要的是，改变生产力和生产条件，从而生产出合格的产品，保护工人和农民。这种改变需要更大的经济规模以及农业与工业生产的重新整合，也需要摆脱盲目的消费主义的价值观。

七、价值

美国作家埃德加·斯诺曾为西方世界记录下 20 世纪中国革命史的大量内容。一位中国领导人曾跟他说过："当一个民族，像个人一样，仅仅在意自己的锅碗瓢盆，就会丢掉它的灵魂。"当消费主义和粗陋的物质主义支配了一个民族的生活，人们的渴望和主流的意识形态，以及人们对社会组织的诚实、同情、责任等都将恶化。马克思对于异化的尖锐批评，曾经涉及它的两种形式，1. 人类与人的异化，2. 人与自己本性的异化。异化支配且规定了社会结构的不和谐。因此，为了建造和谐社会，我们必须认识价值观念堕落的原因，以及随之不断增长的社会不和谐的原因。通过更敏锐深刻的理解，以及对人民更真挚的关爱，我们可以培养出积极改变人类价值观念所必需的环境。

怀特海在他的《过程与实在》一书中雄辩、深刻地表达出这种进步律令："观念的道德性与观念的普遍性密不可分。普遍的善和个人利益的对立只有在这样的情况下才能消除，即个人利益就是普遍的善，因此个人可以承受相对微小的损失，以便在一个更为广大、更为精致的利益组合中，重新发现它们。"

如果坚持"实事求是"的原则，我们就会发现，在20世纪后期的几十年中，中国的社会生活中出现了某种个人主义与物质主义倾向。这两种倾向将个人的金钱与物质积累作为最高的价值。在思想和实践上对等级制度的称颂与首肯，代替了缩小经济和社会差距的趋向，也取代了对公共利益的关注。沉溺于社会和经济等级不仅对社会结构造成了巨大的压力，而且最终将不可避免地导致社会的不稳定与不和谐。

众所周知，美国的法律体系既不阻止，也不限制正在增长的、巨大的社会两极分化，包括富裕与贫穷、闲暇与劳动，以及知识与无知等。两极分化的壕沟与正义、稳定、和谐等社会价值相矛盾。如果一种法律系统维护和增强社会的不和谐及两极分化，那么它就妨碍了社会的创造性进步这一基本目标的实现。商业伦理需要法治。但是，在一个和谐的社会中，法治需要一个以理性、原则和进步为基础的法律体系。一个以系统的、批评性的方式推动商业伦理的法律体系至少每隔25年就应重新接受检查。如果社会正处于从低级向高级持续发展的过程中，那么，引导法律决策和审议的原则必须与发展过程相对应，从而可以协调和指导进步的社会发展。

不仅在对罪犯的惩罚上，而且在挽救性的过程中，进步社会中的法律体系都必须系统而有效。为了建立更具挽救力的法律体系，法律体系必须同时评估与关注个人问题与社会问题。社会问题经常会引起个人问题。如果社会试图减少个人问题，那它就必须把社会问题减少到最小。法律体系必须建立在可以减少个人问题和社会问题，鼓励社会和谐的进步的价值观基础上。这种社会和谐即是公共利益。

和谐社会结构中的法律体系比资本主义的法律体系更加注重减少社会问题。由此中国经济与发达资本主义社会经济力量的发展倾向，即垄断、集中和集权形成尖锐的对比。经济实体中科研和工程力量的不足与生产力的快速扩大同步增加。因此，商业的伦理实践危机有着价值和经济结构的双重基础。

此外，如果市场是由数量不多的强大经济实体控制时，这些实体便具有操纵市场的购买力，可以压低由那些陷于相互竞争的弱小经济实体所提供的价格。这种降低价格的压力不可避免地联系着质量的下降。稳定的物价与稳定的质量控制需要卖者与买者之间的力量均衡。现在西方经济在聚集、巩固的过程中丢失了这种均衡，同时中国经济又经历着心得考验。经济力量与规模的更大均衡，对伦理化的商业环境非常关键。

八、生产力的重新整合

价值和结构上的这些巨大改变已不允许中国企业始终如一地遵循那些由大规模和集中化的经济实体所要求，并且目前正控制着西方经济的质量控制标准。西方实体不仅在规模上不断增长，而且强制性地要求某些更加复杂的质量控制标准。这些标准是有大公司和国家实验室中的资深工程师和科学家提出的。于是，一方面，某些中国企业在降低质量控制能力，另一方面质量标准越来越复杂。这种对比和矛盾已经引发了一种危机。它的解决需要中国经济生命的重新整合，也需要更大的生产规模以及遍及中国的经济单位及国家实验室的精确可靠的质量控制部门。

在经济和社会上合理、明智地重新整合，不仅与经济和社会和谐息息相关，也与环境的长期健康相关。水、土壤和空气的保护，全球变暖的真正改善，是阻止环境混乱和退化的关键。环境混乱与退化只会增加水灾、旱灾、热浪，冰川融化、海平面上升，盐分减少，动物和植物物种的减少，飓风与台风的肆虐。这些变化代表着极端严重的现象，不加控制，它们将危害农业生产，破坏适合人类的温度变动范围。过量生产的能力以及产品的冗余，深深地加剧了中国的内部环境压力以及全球变暖，没有"长城"可以遏制全球变暖的后果。

为了保护环境，我们有必要整合各方力量，包括国家的、省份的、城市的及乡村的社会团体。中国不能重复：1. 美国的汽车文化和分散的基础设施；2. 上个世纪美国的迁移经历，那时90%的人口从农村移到城市或城郊。中国拥有大量的农村人口，中国的经济结构、社会结构以及环境结构没有能力承受无政府状态、不稳定状况以及分离状况。

中国必须找出方法以整合城市与农村的经济、社会、生态发展。同时，中国还必须找出方法结合其他经济的积极方面，发展自己的创造能力与革新能力。计算机结构语言理论和它与中国教育体系改革的关系表明，中国所要实现的不是一个模仿的社会，而是一个革新的社会。

国家之内和国家之间的分离都会妨碍全球的有机依赖性。伦理学与经济环境保护之间原来隐匿的、模糊的联系现在变得越来越清晰。这种联系使得重新整合分离状况变为必要。

九、历史性倾向：协作与合作

通常的历史趋向是，朝向经济、科学、人类家庭的文化生活等方面的整合、相互依赖和相互学习。如同古代中国俗语所说，"天上许多星，地上一家人"。

计算机、汽车、半导体、飞机及其他现代运输工具的现代化工业生产显示出合作研究与努力提高产量的规模经济的价值与力量。在科学上，粒子物理研究有必要分享各个实验室粒子加速器的数据。这些实验室可以包括费米实验室、布鲁克海文实验室、欧洲粒子物理研究所，以及北京实验室。在天文学上，人们搜集与综合的数据来自全球各地的观察点，也有来自于人造卫星关于太空的记录。格外复杂且精细的人类基因研究同样由成千上万，工作于不同研究所和研究性大学的科学家合作进行。在遗传学上，多发性硬化研究是这种综合性科学研究的新例子，它由欧洲和美国的几所大学共同承担。科学、工业和农业间的整合是普遍深入而不可避免的。世界著名的贝尔实验室，在其贡献出大量发现和发明的创造时期，是有关各种科学综合研究的典型例子。在所有领域，历史都朝着更深、更宽的合作模式发展。就战略和实践因素而言，合作胜过竞争。

正如之前指出的，在美国，各自拥有大量土地的巨大家庭农场的数量正在下降。大的家庭农场正在被合并到美国的农业综合企业，这个企业控制并协调着成千上万农场的农业生产。在纽约的一次宴会中，中国前总理朱镕基提到了他的惊奇，他亲眼见到美国农场拥有如此大规模的农业生产，这与中国以小型化为特征的"家庭农业"体系形成鲜明对比。

中国经济必须告别分离式结构，极度的离散性，以及生产力关系的混乱。伴随着现代化过程，中国必须克服冗余与小型化的倒退倾向。就价值观而言，中国和世界必须走向一种能协调好抱负与责任，个人利益和社会团体利益的社会结构。

十、中国和克服异化

就价值而言，中国必须远离极端的、病态的消费主义，修复对劳动，包括智力劳动、文化劳动和手工劳动的纪律和尊严的深厚文化感。人类的才能和兴趣可以是广泛的、多样的、深厚的，这种对人类的更加丰满的解读必定要取代仅仅把人类看成是"消费机器"的狭隘观点。在进步与和谐的人类共同体中，这是可能实现的。

马克思所设想的社会主义不仅追求生产力的解放，而且也追求人类本性的解放。人类才能的充分释放是实现和谐社会的基础。当个人与其本性以及更加广泛的兴趣相分离时，人类便会异化于自己更深的本质与精神，由此社会结构也会发生动荡。引导我们克服人类异化的伦理动力也是社会追求和谐与经济有序的推动力。

中国在其漫长历史的现今阶段上，应该发展独立的、创造性的经济和科学基础设施，同时也应该重建对中国质量控制体系的信任、信心与尊重。为此，中国必须重新整合工业、科学和农业，并且提升那些可以为社会带来进步性目的的价值。

在与西方日益集中、巩固的工业的交锋中，没有经济的重新整合，中国将处于无法扭转的竞争劣势。没有中国经济的重新整合，为中国人民创造一个越来越和谐的世界这一目标将是空洞和难以实现的。

一种冷静、客观、战略性的评估是非常重要的，当然这并不是要评估西方辞藻和欺骗性的陈词滥调，而是评估西方的实践。正如美国俗语所说，"别听我说，看我做"。在过去三十年中，通过破产、合并、收购，美国资本主义已经创造了人类历史上最聚集、最集中的发达经济。马克思曾提出，人类历史的显著特征就是生产力不可避免地趋向更广泛的整合。西方经济每天都在实现更大的合并、集中与整合。

然而，重新整合并非意味着建立苏联式"由上而下的命令经济"。我们必须尊重、引导、重视区域性首创精神、创新能力及地方知识。地方与中心区域之间应该经常对话并相互影响。整合必须是民主的，而不是专制的。农业生产、工业生产和科学研究必须随着更充分的合作形态以及更合理的生产规模而不断进行调整、巩固。重新整合可以也必须根据历史背景以及被整合实体的具体特性而采取不同的方法。但是，推动经济朝着整合方向发展的基本理论可以描述如下：

285

"在极度分离、低整合性的社会与高度发达和高度整合的社会之间，前者将不可避免地处于从属的、次等的、被动的位置。"

正如全球其他地方所见，基于这样的原因，如果中国在工业、科学和农业等领域重新整合主要的经济单位，那就会大大提高自己在世界上的战略地位。

如果国家、企业或个人都在谋求自己的利益，进步的伦理实践无论在国际贸易中，在国内商业中，还是在个人生活中，都很难培养和持续。上面的公理意味着，社会的进步性变革需要认识和改变各种造成腐败、欺骗、低质量控制等不道德行为的原因。个人与社会问题源于具体的历史环境。由于这个原因，我们必须检查以前的改革，必要时，还必须实施"改革的改革"。在当前的历史时期，要建构和谐、稳定的社会，分离模式必须让位于进步性的重新整合。

十一、全球经济中的伦理实践、公平贸易和绿色贸易

在当今全球化的整合经济中，国际实践中坚持法律条款和道德行为一直受到好评。同时，"公平贸易"和"绿色贸易"的出现，也表现出公司和消费者的购买偏好。2007年6月，美国国际商用机器公司公布的一份消费者的调查报告显示，美国出现了新型消费者，他们要求了解产品的效果，产品制造厂的详情，包括个人，社会及其环境。而且，他们已经开始影响所有消费者的消费倾向与消费决策。中国经常被称为"世界工厂"，中国如何对待它的产业工人和大量农民以及如何处理环境，对中国与世界都有重大意义。我们必须理解这些伦理问题，因为它们将根本影响一个国家的产品及服务的销路，根本影响这个国家与国际社会的全部关系。

如果美国这样的国家的领导方式能够由保守转变为进步，那么公平贸易与绿色贸易的问题将对国际贸易关系产生越来越大的压力。我

们估计，美国正处在由少数保守派控制到更加进步的领导者掌权的政治转变过程之中。

胡锦涛主席号召全中国人民解决当前中国社会面临的矛盾，创造一个和谐、公正的社会。这一号召意味着，需要推行一种以关心和同情人民为基础的进步的、人性化的伦理学。

全球经济中，富裕与贫穷，悠闲与劳动，知识与无知之间的两极分化盛行于一个国家的内部，也盛行于国与国之间。它需要一种朝向更加和谐的秩序的伦理转变。就其转变的范围和影响而言，这种转变不仅是国内性的，而且是全球性的。这代表着国际关系中的一场令人振奋的改变。

十二、理解社会冲突并且用伦理学促进公共利益

过程理论的发展超越了经济和社会发展中的分离模式与整合模式的差异。同时，这种过程理论表现出美国实用主义与怀特海过程哲学的差别。前者强调短期成果，后者认为实在是一条持续不断的、永恒的事件之流。永恒流变的哲学与中国传统哲学有着深刻的一致性，它推动我们不仅要考虑短期结果，更要考虑有关事件的长期的、战略性的结果。这就要考虑不同事件的因果走向交汇的本质。这是一种战略性的视角，我们必须由此出发在伦理学意义上评价各种展示社会经济基础特点的政策与实践。短期效益可以造成长期的消极后果。这样的效益转瞬即逝而且最终会成为社会不和谐的根源。如果忍受短期压力可以导致具有长期战略价值的转变，那么这种压力是值得承受的。"改革的改革"是进步伦理学的关键，并且与过程哲学相一致。

十三、结论

如果打算为社会的进步性变革作出贡献，我们必须：1. 面对社会中的客观矛盾与冲突，2. 理解导致社会经济不和谐、异化和两极化的根本原因和社会问题。只有理解那些可以产生进步性的社会实在和发展政策的真实条件和动力，从而服务于并且养育出真正的人类兴趣，我们才能从各种陈词滥调，走向真正的社会变革。深刻地理解各种原因对于有效的伦理哲学而言乃是必需的，它反映在中国古代的名言中："先天下之忧而忧，后天下之乐而乐。"

哲学家和学者们必须履行他们的历史职责，立足于现实创造进步的伦理体系，用以管理商业和科学技术的建设性运用。我们希望大连理工大学举办的这次研讨会有助于唤起人们的警觉。怀特海在其伟大的哲学著作《过程和实在》中提到，需要一种伦理转变，从而使少数人的和个人的利益融进并且促成公共利益。伦理学、精神和文化必须指导变革，以便个人利益与社会利益实现和谐。在追求更加和谐、正义、可持续的现代社会的漫长过程中，需要做到，1. 经济整合，——随着农业合作以及新的相关法律的出现，这种整合已经处于萌芽状态，2. 社会伦理道德的转变，——它应该将同情、移情和社会正义的理想等超越狭隘的个人利益的因素融合进人类的目标。和谐社会的创造也必须包括解放那种具有丰富的复杂性和才能与兴趣的多样性的人类本质。我们应在克服异化的意义上看待农民、工人和学者。事实上，异化剥夺了个体的发展空间，剥夺了他们在一个经济正义和和谐的社会中的安全地位。

中国的漫长历史展现出许多伟大的成就。解放以来的情况也是如此。中国正在准备为世界经济、文化和先进科学作出更大的贡献。但是，为了使中国能够实现变革，从而确保光明的未来与更和谐的世界秩序，我们必须面对中国所面临的问题，并且弄清这些问题的原因。

关注全球经济健康的伦理学

大卫·施沃伦①（著）/秦明（译）

所谓"不道德做法"，指的是有损公共利益的行为。它曾流行于人类历史的各个时期。社会如何与其成员中的那些具有破坏性的、反生产性的思想和行为作斗争？当局通常会奖赏，从而鼓励建设性行为；惩罚，从而拒斥反社会性活动。它们的方法包括排斥和惩罚实施破坏性行为的个人和组织，以便褒奖和促进积极的行为。各种证据表明，这些策略只能在特定的情况下暂时奏效。我认为激发并维持建设性行为的唯一有效方法是，改变不道德行为背后的错误思想与观念。然而，在尝试改变我们的思想或行为之前，人们必须看清，今天的世界观是怎样发展起来的，为什么我们会坚持那些已经引发大规模冲突、贫穷和污染的信念体系？

我们的信念基础乃是宗教教义、文化传统、教育培训、个人经历、社会习俗、职业价值和家庭条件的综合物。这些文化的和教育的影响因素往往彼此强化，使我们很难客观地分析这些既定信念的有效性或结果。例如，美国人习惯于用各种奖励和惩罚，去鼓励某些预期的行为。父母经常用各种礼物贿赂孩子，以便使他们成绩优异，行为得体或睡觉按时。当这些孩子成人之后，提供贿赂和获得预期结果之间的这种联系依旧相当结实。它鼓励人们采取类似的策略，尽管贿赂本身显然效果不彰，而且失之公平。另外，还有一种被人们广泛接受并且影响深远的信念，即在试图确定一个事件或情况是否真实时，我们必须凭借自己的感官。换句话说，大部分人都相信，任何东西如果

---

① 大卫·施沃伦，男，美国"企业社会责任"理论的重要奠基者，美国企业社会责任研究中心主任，黑龙江大学《求是学刊》编委，主要研究方向为全球化伦理。

看不到、摸不到、感觉不到、尝不到或闻不到，就是不可信的。事实上，英语就是用"无意义"（non-sense）一词，描述各种与感知无关，因而是不可信的，甚至荒诞不经的信息。

在上述因素的基础上，我们确定了世界的运行方式，以及我们的最佳生存方式。我们进而根据这些难以改变的信念作出判定，何种选择最符合我们的利益。然而不幸的是，"自我利益"对不同的人有着不同的意义。事实上，某一行动今天符合我们的最大利益，明天便可能不符合我们的利益。例如，大家可能会想到2005年11月发生在中国哈尔滨的事件。某些雇员可能觉得，把有毒的化学品倒入松花江是最便宜、最有效的废品处理方式。现在，那些作出类似决定的人大概会对所谓废品处理最佳方式有了不同的看法。然而，人们通常认为，"自我利益"一词，指某些以尽快获取财物及相关利益为目的的自私行为。当下的喜悦成了充分实现自我满足的主要手段。在我看来，对于"自我利益"的这种理解并不确切。从短视的和个体本位的角度看待"自我利益"，一定会导致某些最终必然失败的不公正和不可持续的行为。

一、错误总汇

这种有关"自我利益"的无知看法依赖于以感官为基础的信息，并且可以使人们得出以下错误结论：

1. 没有足够的物品满足需求
2. 拥有越多我们就越高兴
3. 任何事情都是分立的、自足的
4. 我们的行为不会有什么后果

前两种信念紧密相连，而且至少表面上相当确切。在西方教育中，经济学被界定为一门有关如何分配稀缺资源的学问，多数大学生毕业以后仍然长久地坚持这一信条。此外，成千上万的人生活在贫困之中，以此匮乏似乎成了生活中不可避免的事实。这似乎也证明了，拥有越多我们就越幸福这一观念是合理的。因此，如果我不能及时拥有自己想要的一切，别人就会捷足先登，那我将是不幸的，并且会永远失去幸福生活。这种想法导致一种狭隘、短视的"自我利益"观。由此，我们受到诱惑，努力积累更多的财富，即便这意味着不公正地对待别人，或无节制地利用资源。这是一种最不道德的行为。

第二组信念描述出一个松散的世界，——在此，各种行为几乎不会有什么后果。这组信念的有效性同样依赖于所谓的感官获得物。粗粗看来，我生活在在这里，你生活在那里，似乎并没有什么值得一提的东西填补在你我中间。因此，顺理成章地，如果每一事物都是分离的、独立的，那么除了少数例外，我可以做我想做的一切，即使我的行为可能伤害他人，也可以免受惩罚。我们每个人都曾经看到，有人从事不道德行为而免受惩罚。无论什么行为都可以避免受罚这一结论乃是感官欺骗的另一例证。我们应该记住，对于分立性、自主性的信念其实是绝大部分不道德行为的基础。我们生活在一个无序的、没有关联的世界中这一信念引起了人们的恐惧——恐惧别人占了我们的便宜；恐惧这个四分五裂的、无组织的世界缺乏秩序与意义。这种思想导致那些个体本位的、具有破坏性的行为，从而伤害了各种关系，激发出一种人人皆输的恶性竞争和无聊冲突。

二、稀缺性与幸福经济学交织在一起

全球化最重大的贡献之一是几乎每个人都可以通过网络、报纸或电视等获得最新的资讯。世界范围内大量贫困人口的生活常常是媒体关注的焦点。因此，我们相信自然资源不能满足每个人的需要，这一点是可以理解的。如果衣、食、住等因素的供应是充分的，贫穷不是早就应该被根除了么？但是，媒体很少展现出人类可以多么富有创造力。只要思路恰当，任何一个问题都会有一个创造性的解决办法。贫穷问题最明显的一个解决方法是更加公平地分配可利用的资源。那些消费过剩的人们可以毫无痛苦地削减他们的消费。这样就可以使生活在贫困中的人们把注意力从生存转移到更高的追求中。事实上，贫穷的人总是关注每天的温饱问题，各种伦理因素自然不在他们优先考虑之列。另一方面，在财物可以使人幸福这一错误信念的驱使下，许多人都在积累财物。人们甚至想要证明，几乎任何可以满足其欲望的行为都是合理的。

奇怪的是，金钱和幸福的联系没有人们想象中的那样明显。世界范围内 50 年的研究结果表明，一旦个人的基本需求得到满足，财富的增长与幸福的增加几乎没有什么相关性。以美国为例，在过去的 50 年里，个人收入稳步增长，人均国内生产总值增长三倍。然而，美国人的生活满意指数却不见增加。类似情况也发生在日本、欧洲和其他社会中。不仅幸福指数并未与财富增加同步增长，而且焦虑度还在逐渐增长，压抑感更是增加了十倍。[1] 由于时间的限制，关于人类对幸福的痛苦追求，此处我不再多作评论，有兴趣的朋友可以参阅我最近在黑龙江大学学报《求是学刊》上发表的题为"快乐经济学"的文章。

关于需求与获得重要资源的错误信念，加上对幸福的错误追求，将许多人引向一种自私、短视的"个人利益"观。这些错误的信念推动某些人为了获得更多的财物而从事不道德行为，并且为此不公正地伤害别人，无节制地消费资源。

三、信仰孤立

数千年来，所有国家和文化中的先哲们都强调遵从"金律"的

① Ed Diener and Martin P. Seligman. "Beyond Money: Toward an Economy of Well – Being," Psychological Science in the Public Interest 5, (July 2004): 3.

重要性。"金律"的本质在于，已所欲，施予人；已所不欲，勿施于人。

　　我经常问我的听众，"有多少人同意这样的命题'我们共属一体'？"公开肯定这一命题者数量往往差别很大。同时，公开肯定下面问题的人数量又远远小于前者。这个问题是，"在那些相信任何事物都是密切联系的人中，有多少人能始终一贯地遵从'金律'，并且总是考虑公共利益？"沉默通常令人窒息。即使某些具有这种正确观念的人也不能实践他们的信念。为什么会那样？简而言之，我们中间的一部分人并不相信这一点！这部分人受到这样的教育——仅仅依赖感官材料，而且感官材料似乎表明各种事物是分立的。

　　全球化的一个最重要的贡献是，它为事物之间怎样地实际相连提供了生动的例证。我们在经济、政治、社会及环境等各方面，都紧密地联系在一起。如果亚洲的经济情况恶化，全世界的人们都会感受到它的影响。如果地球一角的火力发电站向大气中排放出有毒气体，酸雨就会落在几千英里之外的土地上。人们逐渐认识到，如果不通力合作，我们将全部遭受灾难。这种认识促成了全球环保人士的关系网。他们在积极反对各种破坏全球生态系统的工程。如果其他地区的人们忽视了某一地区当局做出的自我为中心，短视的决策，那么每个人都要为此付出高昂的代价。

四、伦理学与健康

　　当不道德的行为被揭露时，至少在西方，人们倾向于诉诸它的财务后果。但是，由于人们仅仅关注丑恶行为的财务损失，更广泛基础上的、隐伏的危害经常被忽略了。在各种观念工作场所中，经常会出现某些似乎没有严重后果的、往往不为人知的不公平事件。它们显然可以说明我的上述看法。例如，为争取新的或额外的生意，雇员可能被要求贿赂他或她的客户。一个单身父母可能被威胁超时工作，从而让孩子承受危险，独自在家等待。一个经理可能因为同某个他所中意的雇员的不恰当关系，或者因为对某位不起眼雇员的偏见，而决定提拔一个能力稍弱的雇员。在上述诸例中，从事不道德行为的人似乎都感到自己受到威胁和屈辱。这些权力滥用的后果通常要比人们现在所认识到的更为广泛，更具破坏性。

事实上，我们需要更全面地认识不道德行为，不光要考虑直接的受害者，也要考虑不当行为的肇始者，行为发生的目击者以及其他可能的受影响者，如家庭成员、朋友、合作者和整个社区。举例来说，当下属被要求撒谎或欺骗时，他的认识——这种行为将会伤害他人——可以使他本以相当糟糕的心境更趋恶劣。压力和忧虑可能影响整个家庭关系并引起夫妇之间的相互辱骂，吸毒或酗酒，甚至离婚。破碎的家庭通常是功能紊乱的，这无论对孩子的性格形成还是对他成人以后的生活都会产生深远的影响。医学研究表明，压力和紧张也会造成各种生理或情感疾病，比如失眠症或忧郁症，甚至整个免疫系统功能衰减。后者可能最终导致严重的疾病，例如心脏病或中风。

令许多人感到奇怪的是，作恶者可能也要忍受糟糕的后果。在一定程度上，那些不当行为的引发者可能会认识到其要求背后的自私与傲慢，并且因此感到沮丧与懊恼。有过内疚经历的人都知道这有多么痛苦，也知道这将如何产生严重的情感或生理症状。有些人认为，安然公司总裁肯尼思·莱的猝死可能源起于因丑闻而来的巨大生理压力。应该使作恶者意识到他们自己一手造成的疾病。这可以促使人们努力修正自己的行为，可以使道德行为成为一种自我推动的、自我持续的过程。即使作恶者似乎避免了不愉快的后果，但是圣贤已经告诉我们，从长远来看，没有人可以逃脱因果报应的法则。哪怕没有直接回报，因果链条也是很难割断的，天平的平衡是不可避免的。

总之，如果地球的管家——人类正在做出不道德的、破坏性的决定，那么地球上的任何事物都不可能以健康的，可持续的方式运行。改变我们的某些最根深蒂固的信念乃是改进我们现在难以为继的状况的唯一途径。

避免双方皆输——论企业伦理

丹尼尔·武斯特[①]（著）／徐琳琳[②]（译）

导言

企业伦理不同于企业家们在大众消费者面前所做的那些自我宣传。换言之，在商业实践过程中所遵循的道德规范问题与市场营销领域和公共关系领域涉及的伦理问题必然存在着一定的区别。因为，后者是一种市场营销手段，其重要性被商业人士广泛认同。而前者的价值并不那么容易被人们所领会。但在目前的情况下，它在两者中间更为重要。

虽然，我们经常可以看到企业的伦理丑闻，但是企业中的错误行为并不普遍；它是超常的而不是正常的。如果情况不是这样，公众的信任将会受到致命打击，商业活动也无法进行。然而，商业活动还在继续。其实我们担心的并不是腐败的突然爆发，如同科幻作品所描述的安然和世界通讯的克隆公司控制了整个世界，相反的，我们担心的是一种观念或策略的广泛传播。这种观念可以被归纳为以下三点：

1. 伤害他人——例如，投机取巧，弄虚作假或者欺骗——是可以接受的，甚至似乎是必要的。如果不如此行为，我们就一定会输给

① 丹尼尔·武斯特：美国克莱姆森大学哲学副教授，拉特兰郡伦理学院主任，主要研究方向为法律哲学、社会和政治哲学、职业伦理。

② 徐琳琳（1980－），女，辽宁抚顺人，大连理工大学哲学系在读博士生，研究方向为技术哲学。

其他商家，因为他们一定会尽其所能赢得商业竞争。

2. 承担社会责任事实上意味着放弃道德责任。因为很显然，如果我们如此行为那就一定无法完成我们对于投资者的责任。

3. 按照伦理学家的规定行事显然有悖于公司的自身利益。任何可以破坏我们的正常状态的事情，事实上都是不恰当的，所以遵循伦理学家的规定是错误的/不道德的。

这三个论点都包含一些错误。其中一些错误涉及到某些重大的哲学问题（比如道德绝对论）；另外一些涉及主要与义务和责任的范围与基础相关的基本认识混淆；还有一些源自于一种目的论的失误和事与愿违的结果。由于第二点和第三点似乎是第一点的核心内容的变形——在从事商业活动时，我们有理由忽视伦理学或者把它搁置——所以处理所有这些相关的问题已经超出了商业活动的范畴。这里，我将集中讨论第一个问题。在我看来存在着一种虽然相当基本但却更为重要的观点，即商业和工业领域的从业者们自愿如此行为，在此我将解释和追索这一观点的内在含义。至关重要的一点——自愿进入企业的一个结果——是他们被统治这个领域的规则所束缚。这些规范源于或者产生于这一领域所追求的那些目的。只要这些目的（在道德上）是好的，它们就应该被看作是符合道德的规范。那么此类行为就理所应当地被视为符合道德标准的。美国法哲学家朗恩·福勒（Lon Fuller）是第一个详细论述企业由其内部规范所支配这种观点的人。[1] 沿着福勒（Fuller）的思路我想证明，涉足（福勒所关注的）法律或者工商业领域的人们，负有一些与这一领域的道德观念特别相关的责任。这些责任，如果得到履行就可以维持该企业并且使那些介入企业工作的人有可能获得真正的成功。至少，遵照这些规范可以避免双方皆输的局面。我想指出在哪样的意义上，一个企业上述意义上的规范就其范围而言乃是跨文化的或者国际化的/全球化的。与此相关的主要观点是

① Lon Fuller, The Morality of Law revised edition（New Haven and London：Yale University Press，1969）（hereafter MOL）39.

（a）无论何时何地只要企业在追求它的目的，这类规范就会发生作用，并且（b）对于这种目的的追求并不仅是跨越国界的，而且显然是跨文化的。

一、实践和可接受性

我们来讨论这种观念：伤害他人——例如，投机取巧，弄虚作假或者欺骗——是可以接受的，甚至似乎是必要的。如果不如此行为，我们就一定会输给其他商家，因为他们一定会尽其所能，赢得商业竞争。

这种思想让我们联想起冷战时期和军备竞赛时期的一种相似理念。确实相当简单："如果他们停止，我们就停止。但是出于自卫/生存的需要，我们将把这类富有争议的事业进行到底——建造和储存大规模杀伤性武器，直到有一天你的敌人停止类似的活动为止。这样做其实非我们所愿，只是被逼无奈之举。"可以肯定的是，这两种情况差别很大。在冷战时期，敌手——"我们"和"他们"——彼此知道我与对方是敌我关系。此外，双方都很清楚，他们正在大规模制造的那些武器可能永远都不会真正投入战场，因为双方的储存和运输能力都已经达到彻底毁灭对方的水平。这是一种同归于尽的情况。在商业领域，情况则不同。虽然双方是明确的竞争关系，但是在商场上的竞争关系不是敌我关系，没有战争中敌我双方的那样好战和冷酷。此外，在大多数情况下，这些受到所谓的防卫行动伤害的人可能不是我们的竞争者；他们可能是你的客户或消费者，由于受到某些小小的诱惑，而从一位竞争者那里购买了产品和服务。但是尽管如此，我们还是会看到很多人不惜笔墨来维护此类观点，即出于自我保护/生存需要或经济利益所采取的不道德行为在商界是可以接受的。比如，《哈佛商业评论》（Harvard Business Review）中的一篇重要文章，曾经被广泛的重复印刷。在这篇文章中，作者阿尔伯特·卡尔（Albert

Z. Carr）提出，"商业活动具有类似于游戏的非人格特征，"① 就像扑克牌游戏有着"自身的伦理标准，该标准不同于文明的人类关系的伦理标准。"② 商业活动中的"特殊伦理"，不会将道德过错的标签贴在例如撒谎这类的行动上，因为整个道德传统都会认为那是错的。如同一切游戏方法那样，"对于商业活动中的每一步骤的主要测试标准是合法性和利益。如果一个人希望成为商场上的赢家，他必须具备一个游戏者的态度。"③

其实，卡尔的扑克牌类比方法禁不起认真的审视，因为除了其他原因以外，还存在某些重要的不可类比性。比如，扑克是一种游戏，对于大多数人而言，它仅仅是一种娱乐方式。商业对于某小部分人来说也许只是一种娱乐，但是对大多数涉足其中的人来说却是一种谋生的方式。总之，那是商业。更为重要的是，扑克和商业最显著的区别还在于（1）它们的影响程度，无论这种影响是积极的还是消极的，（2）它们对局外人的影响程度。此外，（3）在牌桌上谁是玩家一目了然——他们都坐在桌子旁边。可是卡尔的"商业游戏"理论中的一些玩家，特别是消费者，根本不知道他们就是游戏中的玩家之一。

就道德价值而言，卡尔的观点不会比他的论证更好。他的主要错误是，他把法律和职业规范看作一回事。他写道，一家公司可以做任何它想做的事，"只要［这种行为］没有超越法律设定的游戏规则底线。"④ 这种混同既是错误的也是常见的。通常情况下，可能是因为这是一个很方便的观念，所以它的典型错误常常不能引起人们的注意。（让我们设想有这样一位主管，当他正在凝思苦想一种道德上有问题但却是合法的行动时，那么卡尔的这种理论该是多么的诱人。）有趣的是，这种荒谬的理论竟然源自政治舞台。这里有个很生动的例

① Albert Z. Carr, "Is Business Bluffing Ethical?" Harvard Business Review, January/February (1968) 143–153（hereafter Bluff）; 144.
② Carr, "Bluff," 145.
③ Carr, "Bluff," 149.
④ Carr, "Bluff," 149 cf., 146.

子。维多利亚·托新（Victoria Toensing）是一位律师和资深共和党人，曾经协助起草了《1982年情报人员身份保密法案》（Intelligence Identities Protection Act of 1982）。该法案在瓦莱丽普雷姆身份泄漏事件中占据核心地位。2005年7月，当泄密调查开始时，她说到，布什总统在2005年7月所说的可能正是他想要说的。"当然你们会考虑，是否某一法律条款遭到破坏，但是如果某人行为错误但却没有违背法律，情况会怎么样呢？"[1] 卡尔曾经讨论过某些例证，这些例证中所包含的行为，对任何不接受扑克类比规矩的人来说都是不道德的。他在这一场合所说的话与上述托新的思路如出一辙。一位中西部企业家这样总结了卡尔（Carr）的观点：

只要一个商人遵守本国法律，没有恶意欺骗的意思，那么他就是道德的。如果成文法给一个人的凶杀留下了宽泛的空间，那么如果这个人不去利用的话，他一定是个傻瓜。因为如果他不利用，别人就会利用。没有什么能够约束他停止凶杀，并且考虑谁将受到伤害。如果法律告诉他可以如此行事，他的行为就有了合法的依据。[2]

这段评论涉及到很多细节问题，但是我想把注意力放在最后一句话上。很少有哪部法典明确表示许可做哪些事情，所以如果最后一句话前面的内容是真实的，那么我们所谈得很可能是通常意义上的许可，即隐性的法律许可：法律许可某种行动，因为而且仅仅因为它并没有明确禁止该行为。但是，"法律说他可以做某事"仅仅意味着："没有哪一条法律条款反对他做这件事"。没有法律条款反对某事并不能告诉我们很多内容。确实，如果这就是我们所知道的一切，某事是对的还是错的，最多是个悬而未决的问题。特别是，我们没有理由说，某事不是错的。无论如何，立法者有理由制定法律，一种反对身份盗窃的法律，其明显的理由之一是，身份盗窃是错误的。然而，就这个案例而言，应该清楚的是，某种行动可能是错误的，即便它没有

---

① "Bush Raises Threshold for Firing Aides In Leak Probe," Washington Post 19, July 2005; p. A01 (emphasis added).

② Carr, "Bluff," 146.

（或者现在还没有）在法律上被禁止。一个人没有责任不做某事，这一事实具有证明无罪的力量，即没有哪一条法律反对他做这件事情。然而，证明无罪与正义是完全不同的两回事。因此，这位中西部企业家的观点是错误的，那位想象出来的商人实在没有什么正义而言。这种立场是完全错误的。

让我们回到托新女士的问题上来。通过观察我们可以得出一个比较合适的答案：有些错误是合法的，有些错误是符合道德的，或者有些错误既是合法的也是道德的。比如，当我没有信守诺言时，我并没有触犯法律。然而，对于我立下诺言的人来说我的确做错了事情。可以确信的是，伦理和法律是高度重合的。这个事实多少有点麻烦，但却可以解释大部分因忽视伦理和法律之间区别而来的错误。但卡尔并不是仅仅未能注意到这种区别；他坚持认为，在商业中无论如何法律和道德之间没有区别。可悲的是，他关于这一观点所提出的所有支持性材料仅仅是一份报告，即许多商业主管们相信这一点。然而，即使这份报告是可信的，他也并没有给我们一个很好的理由去接受他和他们所相信的。毕竟，就像我们在扁平地球协会（Flat Earth Society）会员处所见的那样，相信一件事如此，并不能使之真的如此。我们也许有理由继续补充道，虽然没有多少东西可以证明，地球是扁平的这一信念，但是，许多东西可以证明这一错误信念，即在商业中，一个人可以自由地去做任何不触犯"由法律制定的游戏规则"的事情。

卡尔开始涉及到某些事情。他没有处理好这些事情，但是，如同经常发生的，错误的动机常常是有教育意义的。当考虑这些错误的动机时，我们便会从卡尔那里获得某些有益的教训。

卡尔注意到，在商业活动中，恶意炒作是相当普遍的，人们知道并且普遍接受这一点。在文章的开头，他也强调，许多人都相信，"这种恶意炒作不过是谎言的一种形式而已。"① 他显然是将此看作一种标准的观点。他的推论由下述假设出发，即根据普遍的标准，与谎

① Carr, "Bluff," 143.

言没有什么区别的恶意炒作是错误的。当看到这一观点与他的观察，在商业领域中"无所谓道德责任"①相矛盾时，他提出，商业领域有其自己的伦理标准。换言之，他的主张是，商业有其自己的"是非标准，［它们］不同于社会中普遍流行的道德传统"。②

如同我们看到的，在此卡尔做了一个错误的转换。如果像他主张的那样，商业伦理的规则就是"由法律所设定的游戏"规则，那么一个初看起来具有警世意味的商业伦理主张就完全变成了一种有关法律的主张，即恶意炒作不是不合法的。正如我们所见，这不能被合理地理解为一种有关伦理的主张，因为否则我们就不得不接受卡尔的错误，即否认伦理与法律的区别。进而言之，如果卡尔是对的，因为成文法在各个地区有所不同（例如，在美国州与州的法律不同，在全球范围内，国与国法律不同），那么明智的做法应该是，放弃关于商业伦理的讨论，直接关注各个地区的法律。毕竟，关于商业伦理的讨论涉及的是特殊事件的规范，而不是由政治实体造成和维护的规范。后文将重新回到这一问题。

卡尔的错误是可以避免的。我觉得他之所以错过了避免自己错误的机会，是因为他将伦理想做是一套或者要求行动，或者禁止行动的绝对的、必然的准则。当然，这不是卡尔一个人的错误；事实上，这是一个非常普遍的错误。总之，我们可以把卡尔的理论大概归纳如下。如果恶意炒作在商业中没有错（比如是许可的），而日常生活中的道德观念恰好与之相反（因为恶意炒作是谎言，而谎言是被禁止的/是错误的），那么主导商业行为的那套规则和非商业行为的规则就是截然不同的。因为，一般而言，当一个人说某种行为是法律允许的，他的意思是说，这件事法律没有明文禁止。这里的区别是明显的：一套规则包含着一个禁止恶意炒作/说谎的规则，而另外一套并没有。因此，卡尔总结说，商业有自己的伦理标准。如果人们的前提

① Carr, "Bluff," 145.
② Carr, "Bluff," 145.

是，道德规则是绝对的，那么好像找不到什么其他的方法去接受商业活动中的欺骗行为。

　　像卡尔一样，理查德·沃克奇（Richard Wokutch），和托马斯·卡森（Thomas Carson）认为把商业欺诈正当化还是有办法的。与卡尔不同，他们觉得，并不需要论证，商业有"自身的伦理标准，［该标准不同于］文明的人类关系的伦理标准"。① 他们避免了卡尔刚才犯过的错误，这主要是因为他们具有非伦理绝对论观念。他们追随哲学家 W. D. 罗斯（W. D. Ross），在讨论恶意炒作的可接受性时，运用了一个观念，即表面有罪的错误行为。一个例子很能说明问题。用暴力对付另一个人便属于表面有罪的错误行为。换句话说，我们首先就假设这种行为是错误的。但这种错误的预先推断，就像美国法律上的预先无罪推断一样，是有可能被推翻的。如果一个人出于正当防卫，而用暴力反抗另一个人，情况便是如此。说谎和欺骗别人就属于表面有罪的错误行为。要是这样，那么与用暴力反对另一个人是错误的假设一样，这种行为是错误的这一假设也同样可以被推翻。例如，如果与我打交道的一个人正在用谎言欺骗我或者正打算欺骗我，这个假就或许会被推翻。通俗一些讲，沃克奇和卡森提出了一个原则：在其他情况都相同的条件下，一个人可以对另外一个人做某事，即使是表面有罪的错误行为，如果做这件事情能够防止或者减轻别人做相同的事情所造成的伤害。②

　　这个原则在商业中有个显而易见的应用。毕竟，商业谈判中的欺诈乃是一种可以想象的，并且为人们所心安理得地实施的行为。谈判人知道这一点，考虑到防止和减轻损失，他们都会多少做一些欺骗。

---

　　① Carr "Bluff," 145.

　　② Richard E. Wokutch and Thomas L. Carson, "The Ethics and Profitability of Bluffing in Business," in Donaldson and Werhane, eds., Ethical Issues in Business, 3rd edition (Englewood Cliffs, New Jersey: Prentice Hall, 1988), 81, 83. 沃克奇和卡森提出了一个关于这个原则的正式陈述："在其他情况都相同的条件下，X 对 Y 做了 a，即使是表面有罪的错误行为，如果 X 对 Y 做的 a 这件事情能够防止或者减轻 Y 做相同的事情所造成的伤害，那么这种行为是可允许的。" Note 5, p. 83.

（自然，他们在如此行为时，考虑的是可能的收益或潜在的损失。）从这个原则出发，谈判的显著特征就是，反对欺诈的假设被推翻了。因此，沃克奇和卡森认为，在一个普通的商业谈判中，在涉及一方的谈判底线的问题上，不存在所谓反撒谎，或反欺骗其他人的假设。更确切地说，他们认为，以上原则可以证明夸大其词是对的，除非一方有特殊的理由去相信，（a）另一方不会夸大其词（如果某人同一个"异常谨慎或天真的"人做生意，那么他可以如此行为）或者（b）一方不会因另一方的夸大其词而受到伤害。① 由于某些后面将会清晰地看到的原因，我想最好对他们的观点做出这样一种不同的表述。商业谈判的过程包括这样一种假设，即夸大其词是允许的。然而，如果知道，在谈判中另一方不会夸大其词，或者一方不会因对方的夸大其词而受损时，那么就一定要抛弃这种假设。

有两件事在这里需要注意。第一，沃克奇和卡森的关于夸大其词的可允许性案例，并没有涉及卡尔意义上的商业"特殊伦理"。就像卡尔一样，他们倾向于尊重与一种稳定的实践相关的期待。但与卡尔不同的是，他们清楚，"某事是标准的实践行为或者被人们普遍接受这一简单的事实，尚不足以证明该事实是正确的。"② 事实上，反对者可以迅速地使用自己的归谬法：如果接受它，我们就不得不同意这样的观点，即美国的奴隶制，以及俄国人和德国人对犹太人的大屠杀都是正当的。所以他们的论证的正确性有赖于某些道德考虑。比如，（a）上述两个"特殊原因"中的第一个——公平性；它标志着不允许某人不正当地利用另一个人，（b）两个"特殊原因"中的第二个，达到最佳的结果，同时又不使自己利益的满足胜过他人利益的满足。显然，这类考虑只能证明，我们在道德上应该拒绝奴隶制和大屠杀。第二点是，沃克奇和卡森并不需要强调商业有其自己的"特殊伦理"，因为，与卡尔（Carr）不同，他们并不把伦理设想成一套要么

---

① Wokutch and Carson, "Ethics and Profitability," 82.
② Wokutch and Carson, "Ethics and Profitability," 81.

避免双方皆输——论企业伦理

303

要求行动、要么禁止行动的绝对的或必然的规则。

我到目前为止的讨论提出了这样的建议：与其把伦理想象成一系列要么要求行动、要么禁止行动的规则，不如将其想象成一系列考虑（价值、规范、原则）。它们（a）可以对某些表面正确或表面错误的行动做出说明，并且（b）可以被集合在一起，从而反驳一种假设。（与反驳某种假设相关的论证工作非常重要；尤其是，一个人仅仅满足于自己的论证是不够的，因为在这种情形下，人们将会成为自己案件的法官。）

这个伦理的概念十分适合于一个常见于实践伦理和职业伦理的讨论以及道德的法律强制的争论之间的区别，即在（a）制度性的或者肯定性的道德与（b）非制度性的或者批判性的道德之间的区别。在一种意义上，我们此前曾经遭遇过这种区别；它隐含在沃克奇和卡森的一个不同于卡尔的特殊观点之中，即承认这样的事实，——某事之成为"标准的实践，或者被普遍地接受尚不足以证明它是正确的"。① 正如法哲学家 H. L. A. 哈特（H. L. A. Hart）所解释的，这个区别分开了"'肯定性道德'，即一种道德为社会所实际接受和分享的道德，与各种用来批判实际社会制度，包括肯定性道德的普遍道德原理。"② 一个社群的肯定性道德，就像它的成文法，必须服从于批判性的道德评估。很多历史事例都能够解释这个事实的重要性。前面已经提到奴隶制和大屠杀。哈特（Hart）认为，肯定性道德也许是"建立在无知、迷信或者误解的基础上，"③ 他提醒其读者：英国人曾经"集体亢奋，"并且带着这样的道德情感"去烧死老年女性，因为［他们］在内心中感到，巫术是不能宽容的。"④ 关键的一点是，在

---

① Wokutch and Carson, "Ethics and Profitability," 81.

② H. L. A. H. L. A. Hart, Law, Liberty and Morality, （Stanford, California: StanfordUniversityPress, 1963）, 20.

③ H. L. A. H. L. A. Hart, "Immorality and Treason," in Morality and the Law, ed. Richard Wasserstrom（Belmont, California: Wadsworth Publishing Company, Inc, 1971）, 54.

④ Hart, "Immorality and Treason," 52, 53.

第三编　全球化时代的职业伦理

304

根深蒂固的道德信念面前，甚至在那些可以带来"集体亢奋——偏执、愤慨、和厌恶的三联体——的信念面前，我们都应该停下来好好想一想。"① 我们应该问一下，我们期望用来证明某事的东西，是否真的能够提供这种证明。如果除了普遍的接受这一事实之外，它没有任何其他支撑物的话，那么可以说，它完全缺少这种能力。

二、商业中的伦理：特殊实践规范和两种道德的观念

卡尔坚持认为，商业有它自己的规则。在思考了夸大其词案例之后他开始相信这一点，他将之看作商业中的标准实践。由于认为夸大其词就是撒谎的另一个名字，并且相信一般的道德标准无条件地谴责撒谎，他推论道，商业撒谎的可允许性必须由商业有其不同的规则这一事实做出解释。我们已经看到，卡尔想使他的主张成功所作的努力如何失败，失败在哪里。当然，基本观点是健康的和熟悉的。确实，在职业伦理中，这是一件平凡的事情，因为十分清楚的是，一个职业人员也许有义务做出某种按照非职业的标准乃是错误的事情。例如，如同戴维·鲁本（David Luban）所说，"当一个士兵杀死一个睡着了的敌人时，我们并不称之为谋杀，虽然如果你我如此行事的话，那一定是是不道德的。"② 类似的，那些切开活体，然后拿出并且丢弃身体里东西的外科医生，或者那些坚持保守机密的律师、心理学家或者神职人员等都没有做错，即使非职业人员确信这些机密应该公开。对于他们的职业角色来说，这些事是允许的，甚至是义不容辞的。他们的活动受制于特殊职业的伦理规范。

一种职业伦理是一种制度性的道德；它是一种职业或实践所特有

---

① Hart, "Immorality and Treason," 52.

② David Luban, "The Adversary System Excuse," in The Good Lawyer, ed. David Luban (Totowa, N. J.: Rowman and Allanheld, 1984), 87.

的。它的规范（a）立足于企业目的，并且或者（b）"为某些组织所创造、应用、遵循和强化，"或者（c）"在一些社群内部得到非正式，但却普遍的承认、遵循和执行。"① 因此，它们的范围局限于作为企业中的行为。② 非制度性的或者批判性的道德，其范围并不受此局限。比如，对于它的限制和要求不是源自于一名内科医生、一名律师、或者一名建筑师的本质，而是源自于一个正直的人的本质。保罗·卡梅尼希（Paul Camenisch）称之为"单纯和简单的伦理"。他将其对立于一系列"源自于商业的本质……［或者］用之于从事商业活动的人的要求和局限等。"这些规范应该是特殊职业的，因为它们与一种职业的"最核心的部分相连"；它们应该组成一种"商业伦理"。③

卡梅尼希（Camenisch）的直接触及事情本质的方法是直截了当的。他开始于询问商业的目的；他相信，对商业的目的或作用的询问将会揭露"商业的本质的或确定的元素"。他的调查提出，"任何有关商业的充分定义都包含有两种本质元素，即提供货物和服务，以及这样做的目的在于获利这一事实"。④ 重要的是，虽然他相信两者都是根本的，但他认为其中一个是首要的；这里存在一种手段——目的关系。他写道，商业的首要功能"是生产物品和服务以此来维持和提高人类生存水平。由于商业在市场上的作用方式，利润成了一种必要的手段，借助于这种手段，商业可以继续提供这样的货物和服务。"⑤ 卡梅尼希继续有力地声言，人们不应该，也不可能仅仅根据

---

① Carl Wellman, A Theory of Rights (Totowa, N. J.: Rowman and Allanheld, 1985), 118.

② The norms of an institutional morality are "dual aspect norms". They have both a directive and an evaluative function. See Wellman, A Theory of Rights, 113.

③ Paul Camenisch, "Business Ethics: On Getting to the Heart of the Matter," Business and Professional Ethics Journal 1 (Fall 1981): 59 – 69. Reprinted in Moral Issues in Business, 5th edition, William H. Shaw and Vincent Barry eds. (Belmont California: Wadsworth, 1992), 254.

④ Camenisch, "Heart of the Matter," 254 –255.

⑤ Camenisch, "Heart of the Matter," 256.

"赢利这一商业自身的内部动力和目的，而不根据社会的需要和目的"① 来评价商业。在一篇特别吸引人的文章中，卡梅尼希对于商业目的的分析，揭示出道德方向和评价的两种来源，即两种道德。我们可以说，其中一种道德内在于企业自身，另一种是有关企业的。前者暗含在市场企业运转的动力和目的之中。后者包含这样的企业存在和有理由被支持的原因。在道德方向和道德评价的两种来源之间存在着一种密切的关系；这类关系也存在于制度性的或者肯定性的道德与非制度性的或者批判性的道德之间。这是一种理由充分的关系：制度性的道德具有一种规范能力，它可以使某些事物成为可允许的或责任性的；我们将会看到，那种可以对此做出说明的案例是根据批判性道德而形成的。

以对罪犯实施惩戒为例。这里存在着两个论证任务，它们依次排列为：(a) 证明处罚实践的正当性，(b) 证明有关此类实践的案例的正当性。② 在论证对某人实施惩罚的正当性时，人们要诉诸有关这类实践的规范。(例如，一项对业已认定的谋杀罪执行关押的法律条款)。这类证明预先假定，像关押这样的强制性实践乃是正当的；这种证明将诉诸某些制度外的考虑，例如警示作用和改造作用等。我们并不看重处罚本身。我们看重这种实践所能提供的某种东西。卡梅尼希提出了一个关于赢利的类似观点：

"社会并不需要赢利本身。相反地，因为社会需要将现有的原材料转变成必需的物品和服务，还因为当代形态上的商业在这方面取得了显著的成果，所以社会自然而然地会产生、鼓励并支持商业。事实上，就当前的情况而言，也许只有商业才有财力，并且知道如何在必

---

① Camenisch, "Heart of the Matter," 257.

② John Rawls 在一篇著名的文章中介绍了这种区别，"规则的两个概念"，《哲学评论》64 (1955). 根据 Dorothy Emmet 的观点，这种区别是重要的，因为 "有些事情仅能通过按照规定运作的确立机构来实施，以保证人们在这些机构指定的模式下工作。" 她接着直接指出，"这就是当涉及到公共道德时候的最主要区别。" Dorothy Emmet, Rules, Roles and Relations (New York: St. Martin's Press, 1966; Boston: Beacon Press, 1975), 58–59.

需的范围内从事这项工作。"①

对于卡梅尼希，关键的问题是，"由企业生产的商品和服务提高还是降低了人类的生存条件，推动还是阻碍了人类的繁荣。"②

为了将讨论引向最熟悉的领域，让我们再次思考一下职业伦理问题。一种职业伦理可以使某事对于该职业的实践者说来是许可的，而对该职业以外的人则不然，因为职业伦理指导下的实践为人们所普遍接受，而且在道德上是合理的。就这一点而言，例如，医学和建筑学的实践与集中营的实践截然不同。当然，集中营管理很像是一种职业，因为它也拥有自己的内在动力和目标，以及能够被普遍接受的，有利于目的实现的行为模式。对于那些落入集中营的人说来，如果不遵循这些模式，便可能受到严厉的制裁。然而，与职业伦理的原则不同，集中营实践的原则没有能力使某些惯常情况下不允许的事情得到允许。为什么？因为从批判的道德观点来看，集中营实践不仅在道德上是不合理的，而且在道德上应该受到谴责。

制度性的道德的规范能力来自于根据批判性道德对于制度（或实践）的正当性证明。换句话讲，非制度性或者批判性道德与制度或者肯定性道德之间的关系是一种授权关系。这种权力的来源同时也是一种约束的来源。比如，美国的宪法既授予联邦政府的执法、立法和司法等分支机构以权力，也对其做出约束。与此相似，对于一个目标或者事业的真心实意的承诺可以使人们获得授权，即使其行动合理化，当然这种授权是有限的。目标本身就设定了界限：只要行动明显地成为实现规定的目标的手段，它们就是合理的。换句话说，承诺实现一种目的同时也意味着接受各种选择手段的标准，例如效率等；此外，在追求目标的过程中，这些标准可以否决任何可能使企业处于困境的手段。与这种关系相关的另外一个例子是专业能力。专业能力可以是授权的一种来源：我们称专家是他们的专业领域中的权威。然

① Camenisch, "Heart of the Matter," 256.
② Camenisch, "Heart of the Matter," 256.

而，很明显的是，专业能力使专家获得授权，同时也为其设下界限。如果一位经济学家以所谓权威口吻谈论分子生物学，那么他显然超出了自己的领域。

这种关于授权和约束的观点是很重要的，因为上述两种道德的观念引出了一个问题，即如何解决此二者之间的冲突。这种观点所遇到的挑战到处可见。例如，在一个联邦体系中，联邦法律和州法律之间的潜在冲突是实际存在的。美国的宪法在最高条款，第六项，第 CI2 条中直接强调了这个问题：

本宪法及依本宪法所制定之合众国法律；以及合众国已经缔结及将要缔结的一切条约，皆为全国之最高法律；每个州的法官都应受其约束，任何一州宪法或法律中的任何内容与之抵触时，均不得有违这一规定。

在卡梅尼希对于商业的目的性分析中，我们看到了两种道德之间存在的一种密切关系。这是一种正当的而且是一种权力授予的关系。它可以帮助我们理解商业实践的内在道德（比如一种职业伦理）是怎样获得规范能力，从而使某些事情成为可允许的和义务性的。职业伦理有能力允许某事出现在从业者中间，而不允许其出现在非从业者中间。但是，这种能力是有限的。同样地，职业实践的内部道德并不能为其从业者们提供一种全面的自由权利；相反地，它只是建立起一种一种有关可允许性（或义务性）的假定。在某些情况下，这种假定可以被否决。我们已经看到，在商业谈判中的夸大其词是允许的这一假设中，它是如何运作的。就像前面看到的，谈判中当得知另一方并不打算夸大其词，或者一方并不会因为对方的夸大其词而处于不利地位时，人们就可以坚决否定这一假设。对这种假设的否定是根据批判性的道德（例如，公平或者利益权衡中的公正）而做出的。由于一种授权的来源（此处是批判性道德）同时也是一种约束的来源，所以上述否定正是我们所期待的。① 在近代宪法中可以看到这种观点的真实表现。人们假定法规是符合宪法的，因为宪法赋予立法机关制定它们的权力。然而，可以发生，而且的确发生过这样的情况：当一种有争议的法规被证明是违反宪法时，该证明可以强有力地否定这种合宪法性的假设。②

三、商业的内在道德

就像我们所见到的，从我们一直称为批判性道德的角度来看，对于卡梅尼希，商业的关键性问题是，企业所生产的商品和服务是提高了还是降低了人类生存条件，增加了还是阻碍了人类繁荣。③ 卡梅尼希承认这个提法"充满问题"，最重要的是如何理解由商业服务引起的人类繁荣。尽管如此，根据朗恩·富勒的观察，"只有考虑到人类满足和人类发展这样的模糊概念，我们才能理解生产"。④ 结果是，我们除了尽最大的努力去处理这些问题外别无选择。卡梅尼希做了一项令人钦佩的工作，并且为我们提供了一个不屈不挠，工作到底的例证。然而，在这样做时，他将我们所谓的商业内部道德放在了一边。在这一点上，我不想继续他的思路。事实上，在下文中我将主要关注这种道德。

----

① See Emmet, Rules, Roles and Relations, 200 – 201. 埃米把批判性道德的抽象原则的理解，看做是道德评价的关键，因为这样理解"完全符合公共性的和组织性的生活中道德处境的复杂性"。

② 见《美国法律百科全书（第二辑）》宪法法第97条"每一部成文法或者定期颁布的立法法案，都是或者将是或者应该被认为是有效的而且合宪的，这是一个普遍接受的原则。"和第98条"法令具有合宪性的推定是有力的，但可反驳. ……推定可以被推翻，只要出示证据证明事实情况的实际存在，或者在这种情况下，该法令作为一部法律是不合宪的即可。"

③ Camenisch, "Heart of the Matter," 256.

④ Lon L. Fuller, "The Philosophy of Codes of Ethics," 74 Electrical Engineering 916 (1955) 918.

对于从事于建筑、商业或者工程一类的行业或者实践的人来说，好像存在着两套"应该问题"。它们中的任何一套都与一套原则相连；当与有关事实的考虑相结合时，这些原则可以引出对于相关问题的回答。比如，那些内在于建筑学或者工程学等活动中的原则就是方向和评估的一种来源。对于设计上的挑战的成功回应乃是坚持这些原则的预期结果。然而，由于设计所服务的目的也许在道德上令人厌恶，所以，坚持这些原则并不能保证那个过程的产品是好的。比如，人们也许会指出这种情况，即某工程师参与了用来杀害妇女和儿童的毒气车的最初设计和"技术改造"。"因为〔在希姆莱（Himmler）看来，它们〕比早期的处决方法——行刑队"更为有效和'人道'"（这些毒气车"用于毒气室和死亡集中营这种最终解决方法充分实施之前"）。① 然而，人们可能不能接受这样一种说法，即这些工程师实际上遵守了所有内在于工程过程的原则。这种争论所涉及的观念是，工程实践是道德中立的，它允许这样一种可能性，即一个人是一名好的工程师，但不是一个好人。② 大家都会同意，这些工程师的设计在道德上令人厌恶；真正的争议在于，这种判断是否完全或仅仅依据某种来自外部的、非工程学标准。当然，这恰好是卡梅尼希的著作关于商业问题所提到的问题。他的观点是，这种判断的基础并不是由外部强加的，而是来自企业的最核心部分。在下文，我将暂时搁置这个特殊的争论问题，而将重点放在内在于商业的原则上。就像我们即将看到的一样，它们构成了一种不依靠文化或宗教的，而是依靠企业目的本身的实质伦理。因为这一原因，这种伦理似乎是真正跨文化的，它并不属于特殊文化中的人们，而是属于所有自愿在企业中工作的人

---

① Steven Katz, "The Ethic of Expediency," College English 54. 3 (1992), 255 – 75. 讨论了"技术改造"被推荐用于"毒气车………用来杀害妇女和儿童，因为〔在希姆莱看来〕它更为有效和'人道'。"Quoting William L. Shirer, Rise and Fall of the Third Reich (Greenwich, CT: Fawcett, 1959). The article raises questions about ethics in the rhetorical practices of technical writers.

② This sort of distinction is discussed in detail in the articles included in The Good Lawyer, ed. David Luban (Totowa, N. J.: Rowman and Allanheld, 1984).

们，不论他们住在哪里，不论他们和谁居住。这可以说是一个一揽子交易：它伴随着这样一种承诺，即出色地追求企业的目的。虽然接受它的约束并不能保证成功，但这却是避免双方皆输的方法。

法哲学家朗恩·富勒在他的《法律的道德性》（The Morality of Law）和《法律剖析》（The Anatomy of Law）两本书中，阐述了这种观点，即一个企业存在一些内在的原则。他说到，顺从这些原则使法定的企业有可能存在，换句话说，为了达到"使人类行为服从于条例统治"① 这样的目标，人们需要顺从这些原则。在第一种情况下，他谈及法律的内在道德；在第二种情况下，他谈及了立法的内在规律，这使得我们较为容易看到，他正在谈论一个企业的原则。

在一个关于不幸的国王雷克斯（Rex）作为一个立法者在八个不同方面失败的故事中，富勒提出了法律有它自己的内部道德这个观点。在这个教训中我们所学到的是，立法者为了达到他们的目的，不得不遵从内在于法律行业的八个原则：法律必须是 1）普遍的，2）公开的，3）法律是前瞻的，不溯及既往，4）法律规定清晰明了。法律所要求的行动必须是 5）不自相矛盾的，也不是 6）不可操作的。此外，7）法律不应该频繁变换，最后 8）执法规则与公布的规则相一致。另外一个例子也许有助于我们了解这一切。富勒请求人们考虑一下投票实践。这个实践立足于人们对选举活动的稳定的期待：如果一个人为候选人 X 投了一张选票，这张选票将被算在候选人 X 的头上。"这是真的，"富勒解释道，"即使我的选票有可能被扔进废纸篓里，或者错算在另一个人头上，这种可能性也不会成为我的有意识的思考对象"。② 人们的期待——投下的票可以得到准确的计算就蕴含在投票实践中；如果这种期待破灭了，那么："投票者的参与

① Lon Fuller, The Morality of Law revised edition (New Haven and London：Yale University Press, 1969) (hereafter MOL), 74. 富勒通过在第二章第 33 到 38 页一个不幸国王雷克斯的故事，揭示出法律存在内在的道德。上文对内在道德的需求进行了总结。

② Fuller, MOL, 217.

［会丧失］它的全部的意义"① 而且投票这一制度性活动也将会"在任何的重要的意义上［停止］其作用"。② 那是一种强有力的主张。一个相对和缓的主张可能适用于更为复杂的事业。以立法单位为例，破坏该单位的规范要求将会妨碍它实现自己的目的。这种看法不仅是合理的，而且是真实的。

是否有可能以这种方法把商业实践考虑成一项有道德隐含在里面的事业呢？沃克奇和卡森对商业谈判的过程和期望的分析说明，这是可能的。克里斯多夫·麦克马洪（Christopher McMahon）在更为广泛的框架内思考了相关问题，并且更为全面地解说了亚当·斯密"看不见的手"的观念。据此，他比较详细地探讨了这种可能性，并且令人信服地指出，市场存在着一种"潜在的道德"。在我看来，关于这一观点的最好说法是，他探究了由卡梅尼希对商业的目的分析所揭示出来的道德方向和评价的两个来源之一。麦克马洪关心的是蕴涵在过程运动中的道德（即所谓的"内在道德"）和市场化企业的目的，而不是那种构成企业的合理存在理由的"关于"该企业的道德。

麦克马洪所谓的"市场的潜在道德"源自于对于具有明显的目的性的交易实践所作的分析。他开始于一种合理的假设，即最终的目标是经济效率；然而他正确地拒斥了一种观念，即商业实践中的规范性含义都可以概括为最大化利益或利润这一简单指令。③

如同前文所说，麦克马洪所说的市场的"潜在道德"的规范，源自于一种把经济效率作为对象或目标的分析。由此，他把其中最大部分称为"效率律令"。例如，"经济活动者要避免垄断实践"乃是必须的。为什么呢？因为垄断情况的存在导致了资源的分配不当，这将或多或少地使人们无法实现市场的全部效率潜能。④ 同样，经济活

---

① Lon L. Fuller, "The Forms and Limits of Adjudication," in The Principles of Social Order, ed. Kenneth I. Winston, (Durham, NC.: Duke University Press, 1981), 92.

② Fuller, "The Forms and Limits of Adjudication," 91.

③ Christopher McMahon, "Morality and the Invisible Hand," Philosophy and Public Affairs, Vol. 10, no. 3 (Summer, 1981), 247 –277.

④ McMahon, "Morality and the Invisible Hand," 255.

避免双方皆输——论企业伦理

313

动者也必须遵守承诺。因为如果在一项交易中无法对第一行动者保证，交易中的另一方将采取行动的话，那么唯一可能的就是多种交易同时发生。一个缺少承诺的市场将无法达到人们所期望的效率水平，无论在现实的市场中，还是在理想的市场中，情况都是如此。①

有效率的市场需要有关产品的质量、性能以及流行价格等信息。因此，市场的潜在道德包括可以促进信息流通的规范要求。我们可以认为，这样的要求为市场目标或目的所引导。我们或许可以称之为信息要求。麦克马洪写道，"首先，应该去除虚假广告中关于商品的性能和质量的谎言。其次也应该去除其他欺骗手段，比如欺骗性的商品包装。"他继续写道，"仅仅制止有意误导他人，还不足以满足要求……［在这一件事上］为了做到最好，人们必须纠正其交易对象所具有的、有关交易物的性能或市场价值的一切错误信念。"②

社会学家切斯特·巴纳德（Chester Barnard）在论及交易实践时给出了一个相似的论点：

"规则必须是这样的：只要有可能，你所提供的东西应该对你具有较小价值，但是对接受者具有较大价值；你所接受的东西应该对你具有较大价值，对提供者具有较小价值。这是起码的常识、好的商业常识、好的社会常识、好的技术，这也是维系任何类型的友善和建设性关系的基础。"

巴纳德（Barnard）强烈反对这样一种错误的"观点：不管交易物对我具有怎样的价值，交易都应该是，尽可能少的满足接受者的需要。"这种作法不能得出任何积极的结果。确实，如巴纳德所言："这种尽可能少的给与，尽可能多的获取别人的价值哲学乃是造成坏的客户关系、坏的劳动关系，坏的信用关系、及以及坏的技术的根源。成功合作的可能边际过于狭窄，它无法逃脱由这种哲学所蕴涵诱

---

① McMahon, "Morality and the Invisible Hand," 261, n. 24.

② McMahon, "Morality and the Invisible Hand," 257.

惑的摧残。①

市场中潜在道德的效率律令要求人们遵守诺言；同时它们也禁止垄断实践，禁止欺骗，禁止从那些不具有相应信息（或者可能受到误导）的人们那里获利。一个无论怎样强调都不会过分的要点是，这些规范性要求不是来自于外部。它们属于企业内部；它们是一些特殊实践的规范，约束着所有那些出于自己的选择，而投身企业工作的人们。由于这一原因，由于交易实践超出了国家和文化界限，所以这些规范性要求确实是跨文化的。

除了效率律令之外，麦克马洪还主张，潜在的市场道德包含这一规则，即"所有与道德相关的投资和决策"都必须由一个公司的所有者或者股东做出，而不是由管理层做出。② 这一重要观点具有两部分内容：（a）在管理一家公司方面，它的所有者的偏好是决定性的，并且（b）并不是所有这样的偏好都是"消费性偏好"。换句话说，某些偏好的对象可能是一些用钱换不来的东西。麦克马洪的观点是，虽然我们可能找到一种标准来处理消费性偏好（那些主张可以理性地区分经营权与所有权的人们通常都会强调这类偏好），但是同样的标准却不能被用之于非消费的偏好。这类偏好涉及关于投资和决策的道德和社会内容。因此，如同麦克马洪和卡梅尼希看到的，他们似乎与商业实践无法解脱地纠缠在一起。毕竟，商业实践发生在社会环境中，并且依赖于这种环境。毕竟，商业投资和商业决策可能使这种环境变好，也可能使它变糟。在他国维持、重置、或者开展商业的决定，以及对供应商的可疑劳务经营的处理等都是一些有助于说明上述观点的显证。③

避免双方皆输——论企业伦理

---

① Chester Barnard, The Function of the Executive (Cambridge, MA: Harvard University Press, 1942), 254–55.

② McMahon, "Morality and the Invisible Hand," 258.

③ McMahon, "Morality and the Invisible Hand," 259–260.

结论

在思考禁止"管理人员单方面地作出与道德问题相关"这一规则以后，我们看到某些异常重要的事情，因为事实上，遵从一种潜在的市场道德规范并不能保证遵从卡梅尼希所谓的"朴素和简单的伦理"。毕竟，由所有者或者股东投票决定与道德相关的问题并不能避免作出某些具有道德缺陷的决定。事实上，这类决定"阻碍而不是促进了人类的繁荣"。① 在此，我们应该记住前面讨论过的企业道德和批判性道德之间的授权、抑制关系。或者换一种说法，我们应该记住卡梅尼希的论点，即我们不应该而且不可能仅仅根据"商业自己的内部动力和目的，比如赢利，而不根据社会的需求和目的来评定商业"。② 这种看法使我们又回到本文起首处所讨论的紧张状态，这种紧张状态使某些人得出结论：商业和伦理是不可调和的。

如同我们所见，许多人都偏向于这样的观点，即在从事商业活动时，我们有理由忽略或逃避卡梅尼希所说的"朴素和简单的伦理"。这激发出阿尔伯特·卡尔的主张：商业有它"自己的伦理品牌，该品牌'不同于'文明的人类关系中的道德理想"。③ 卡尔并没有提出一个合理的论据来支持他的观点，人们可以从他的文章中推论出这样的看法，即商业受制于一套具有实践的特殊性的原则，但是他本人并未使这一观点得到充分论证。然而，根据卡梅尼希对商业的目的性的分析所揭示出的道德方向和评价的两个来源（即两种道德），并且接受麦克马洪对市场的隐含道德的描述，我们可以说：确实存在着具有实践的特殊性的商业规范，它们内在于一个企业，并且因为这个原

---

① Camenisch, "Heart of the Matter," 256; McMahon, "Morality and the Invisible Hand," 261.

② Camenisch, "Heart of the Matter," 257.

③ Carr, "Bluff," 145.

因，无论何时何地，只要企业在追逐其目的，它们就会发挥作用；因此，就交易实践跨越国家和文化的界限而言，这些规范确实是跨文化的、全球性的；最后，内在于商业实践的道德能够为其从业者提供某种许可，而对于非从业者来说，则无法享有这种许可，因为它关系着卡梅尼希的分析所揭示出的另一种道德（关于企业的道德，即批判的道德）。就此而言，它像是一种职业伦理。

这种思考方法的两个优点值得着重说明。首先，就内在于企业之中的特殊职业规范而言，商人可能比较容易充分地认识商业实践中的伦理的重要性。正如我们在本文起首处所讨论的，它是不同于市场宣传的伦理。关键的问题是，遵从内部道德的要求使企业存活，并且使那些参与其中的人有可能取得真正的成功；至少，遵守这些规范是一个避免双方皆输的方法。其次，基于同样的理由，人们可能更容易做出这样的主张，即当我们说到商业伦理时，我们其实是在谈论这样一些规范——它们是跨文化的，同时又真正属于那些参与到商业之中的人们。